计算机基础课程系列教材

网页与Web 程序设计

第2版

吴黎兵 彭红梅 赵莉 主编

周畅 黄苏雨 魏学将 黄磊 等参编

机械工业出版社
China Machine Press

图书在版编目（CIP）数据

网页与 Web 程序设计 / 吴黎兵，彭红梅，赵莉主编 . —2 版 . —北京：机械工业出版社，2014.1（2021.2 重印）

（计算机基础课程系列教材）

ISBN 978-7-111-44819-8

Ⅰ . 网⋯　Ⅱ . ①吴⋯　②彭⋯　③赵⋯　Ⅲ . 网页制作工具 – 高等学校 – 教材　Ⅳ . TP393.092

中国版本图书馆 CIP 数据核字（2013）第 274125 号

　　本书全面介绍了网页设计与制作技术，以及 JavaScript 脚本编程和 Web 数据库应用技术。它以目前比较流行的网页设计软件 Dreamweaver CS5 作为技术支持，由浅入深、系统地介绍了网页的构思、规划、制作和网站建设的全过程，同时还介绍了如何利用 Fireworks CS5 和 Flash CS5 制作网页图形图像和动画，以增强网站的表现力和感染力。全书构思清晰，结构合理，内容全面系统，语言简洁生动，图文并茂，实例新颖，特别注重实践能力的培养，实用性和可操作性较强。另外，各章后提供上机操作题，可供读者上机练习使用。本书可以帮助初学者在较短时间内快速掌握实用的网页设计与制作知识，并能进行一些脚本编程和 Web 数据库应用开发，从而能够构建功能完善的实用网站。

　　本书可作为高等院校网页设计与开发类课程教材，也可作为网站制作、Web 程序设计培训教材，还可作为网页设计与 Web 编程爱好者的自学参考书。

机械工业出版社（北京市西城区百万庄大街 22 号　　邮政编码　100037）

责任编辑：佘　洁

北京市荣盛彩色印刷有限公司印刷

2021 年 2 月第 2 版第 6 次印刷

185mm × 260mm · 21.75 印张

标准书号：ISBN 978-7-111-44819-8

定　　价：39.00 元

凡购本书，如有缺页、倒页、脱页，由本社发行部调换

客服热线：（010）88378991　88361066　　　　　投稿热线：（010）88379604

购书热线：（010）68326294　88379649　68995259　　读者信箱：hzjsj@hzbook.com

计算机基础课程系列教材
编委会

前　言

随着计算机网络的普及，网络应用日趋丰富，利用 Internet 足不出户就可以获取所需要的信息，实现购物、炒股、娱乐和在线学习等。Web 网站是 Internet 的重要组成部分，对于公司和企业，可以利用网站来展示企业形象、推介产品并进行电子商务活动，创造无限商机；对于个人，可以按照爱好和兴趣建立一个具有独特风格的网站，通过它来展示自我，共享资源；对于政府机关，可以利用网站宣传政策法规和进行网络办公，实现电子政务。因此，网页设计和制作技术受到越来越多的关注和重视。

目前，许多高等院校都开设了网页设计与网站开发相关课程，它已成为信息管理、电子商务和计算机网络等专业的必修课，并且也受到了其他专业学生的喜爱，成为选修率很高的一门课程。本书是一本全面介绍网页设计与制作技术，以及 JavaScript 脚本编程和 Web 数据库应用技术的教程。它以目前比较流行的网页设计三剑客 Dreamweaver CS5、Fireworks CS5、Flash CS5 作为技术支持，由浅入深、系统地介绍了网页的构思、规划、制作和网站建设的全过程，并着重讲解了如何使用 JavaScript 进行客户端编程和如何开发 Web 数据库应用。

本书分为三个部分：第一部分为基础篇（第 1 ~ 2 章），介绍了 Internet 和 WWW 的基本知识、网站建设概论以及制作网页的基本语言 HTML；第二部分为应用篇（第 3 ~ 11 章），详细介绍如何利用 Dreamweaver CS5 设计制作网页，以及 JavaScript 脚本编程、Web 数据库应用、网站发布和维护方面的知识；第三部分为图形动画篇（第 12 ~ 15 章），介绍了目前较常用的网页制作辅助工具 Fireworks CS5 和 Flash CS5，并给出一些制作实例。

本书由吴黎兵、彭红梅、赵莉拟订大纲和主编，并负责全书的统稿，周畅、黄苏雨、魏学将、黄磊参与了各章节的编写。本书是对第 1 版的改编，第 1 版由吴黎兵、熊建强、杨鏖丞、宋麟、黄磊、周畅、汤建琴、熊卿和余艳霞编写，在此感谢他们的辛勤劳动。本书在编写过程中得到了各级领导和机械工业出版社华章公司的大力支持，在此表示衷心的感谢。

限于作者水平，书中难免有不足与疏漏之处，敬请专家、同行及广大读者批评指正！

为便于老师教学，我们将为选用本教材的任课老师免费提供电子教案。需要者请登录华章网站（http://www.hzbook.com）免费下载，或通过电子邮件与我们联系（wufox@126.com）。

编者

2013 年 6 月

于武汉大学珞珈山

教 学 建 议

教学章节	教学要求	课时
第1章 WWW 技术简介	了解 WWW 的特点和结构 掌握 Web 服务器的配置和虚拟目录的创建	2
第2章 HTML 基础	了解 HTML 的概述 掌握文档结构标记、格式标记、文本标记、链接标记、图像标记、多媒体标记、表格标记、表单标记等常用标记	4
第3章 Dreamweaver CS5 概述	了解网页中的基本元素 掌握 Dreamweaver CS5 的界面 了解 Dreamweaver CS5 帮助的获取 了解站点的规划，掌握在 Dreamweaver CS5 中创建本地站点	2
第4章 制作简单网页	掌握在 Dreamweaver CS5 中创建网页，设置文件头和网页属性，在网页中插入文本、图像、表格、多媒体和超级链接对象及其属性设置	2
第5章 网页布局和框架	了解使用表格对网页进行布局的模式 掌握使用框架进行网页布局，设置框架的属性 掌握框架文件的保存	2
第6章 使用 CSS 样式	了解 CSS 样式的基本概念、类型和基本语法 掌握在 Dreamweaver CS5 中创建 CSS 样式和使用 CSS 样式 掌握 CSS 样式的设置 了解 CSS 滤镜的使用	2
第7章 JavaScript	掌握 JavaScript 的词法规则 掌握 JavaScript 的基本数据类型 掌握 JavaScript 的表达式和运算符 掌握 JavaScript 的基本语句 掌握 JavaScript 函数的定义及用法 掌握 JavaScript 对象和数组的定义和使用	4~6
第8章 表单	掌握表单和表单对象的插入和编辑	2
第9章 层与行为	了解层与行为的概念 掌握层的属性设置和在层中插入对象 了解吸附层到网格、层和表格的转换等层的其他操作 了解 Dreamweaver CS5 中行为的概念 掌握 Dreamweaver CS5 中行为的添加和更改	2
第10章 Web 数据库应用	了解静态网页和动态网页的处理过程 了解 Web 数据库的访问过程 了解数据库基础 掌握设置 Web 服务器、应用程序服务器和数据库的连接 掌握定义数据源 掌握添加动态内容 掌握添加服务器行为	4
第11章 站点管理	了解 Dreamweaver CS5 中站点的定义 掌握创建本地站点 掌握站点的编辑 掌握管理站点中的文件和文件夹 了解站点测试和上传发布网站	2

（续）

教学章节	教学要求	课时
第 12 章　Fireworks CS5 入门	了解 Fireworks CS5 概述 熟悉 Fireworks CS5 工作环境 掌握 Fireworks CS5 文档的操作 熟悉更改画布的相关操作 熟悉首选参数和快捷键的设置	2
第 13 章　Fireworks CS5 制作实例	掌握在 Fireworks CS5 中制作环绕文字、文字蒙盖图像、网页按钮和绘制常见卡通效果图 了解制作弹出菜单、网页切片和动画	2
第 14 章　Flash CS5 概述	熟悉 Flash CS5 的工作环境 掌握 Flash CS5 文档的基本操作 熟悉 Flash CS5 基本绘图工具的使用	2
第 15 章　基本动画制作	了解动画的概念和制作基础 熟悉帧、图层、元件与实例的操作 掌握逐帧动画的制作 掌握补间动画的制作 掌握遮罩动画的制作 掌握引导路径动画的制作	2
总课时		36 ~ 38

说明：

1）给出的课时是讲授课时，上机实践要另外安排 36 学时。

2）建议课堂教学全部在多媒体机房内完成，实现"讲－练"结合。

3）不同学校可以根据各自的教学要求和计划学时数对教学内容进行取舍。

目　录

第三部分　图形动画篇

第一部分 基 础 篇

第 1 章 WWW 技术简介

WWW 是 World Wide Web 的缩写，简称为 Web（万维网）。WWW 起源于 1989 年 3 月，是由欧洲量子物理实验室开发的主从结构分布式（客户机／服务器模式）超文本系统。为了将信息发送给在世界各地的研究人员，由 Tim B Lee 定义了超文本系统。"超文本"就是指页面内可以包含图片、链接、音乐和程序等非文字的元素。

1992 年 1 月，Web 的第一个版本在瑞士日内瓦刚一面世，便因其独特的信息发布和获取方式而深受喜爱，访问 Web 很快成为 Internet 上最重要的应用之一。

本章介绍 WWW 的特点和结构、Web 服务器的配置、创建虚拟目录。

1.1 WWW 的特点和结构

众所周知，Internet 是国际互联网，它拥有多个服务项目，如 WWW、BBS、FTP、Gopher、Mail、News 等。就好像一家大的商业广场，有游乐场、美食部、家电部等。WWW 是 Internet 的主要应用之一。

WWW 是一个全球性的信息系统，使计算机能够在 Internet 上相互传送基于超媒体的数据信息。WWW 也可以用来建立 Intranet（企业内部网）的信息系统。

WWW 是成千上万个网站连接而成的页面式网络信息系统。网站是一组位于 Web 服务器上的网页。网页是在浏览器中显示的页面，也称为超文本文档。首页就是当我们进入网站时，第一眼看到的网页。可见，网页构成网站，网站构成 WWW 信息资源。

WWW 犹如信息资源的海洋，三个要素保证了人们能够方便地在这片海洋中遨游：

1）统一的资源命名方式：URL（统一资源定位符，即网址）。

2）统一的资源访问方式：HTTP（超文本传输协议）。

3）统一的信息组织方式：HTML（超文本标记语言）。

HTML 是描述 WWW 信息的国际标准语言，WWW 服务器与浏览器均遵循这个标准。全球的 WWW 用户只需使用一种界面——浏览器界面，就能访问世界各地的 WWW 服务器。几乎在各种操作系统上都有现成的浏览器可供使用。为一个 WWW 服务器书写的 HTML 文档可以被所有操作系统平台的浏览器所浏览，实现了跨平台操作。

由此可见，WWW 具有以下特点：

1. 分布式的信息资源

Internet 的信息资源具有极强的分布特性。WWW 是一种基于超文本的网络信息资源服务，信息资源包含的链接可以引导用户端的浏览器从一台计算机转移到另一台计算机，这种转移对于用户是透明的。

2. 统一的用户界面

由于采用客户机 / 服务器的工作方式，在客户机上使用浏览器，为用户访问 Internet 资源提供了一个统一、简单和直观的操作界面。

3. 支持各种信息资源和各种媒体的演播

Internet 信息资源具有不同的信息结构，WWW 可以提供包括文本、图像、声音、动画和视频等多种类型的信息服务。

4. 广泛的用途

1）各种组织机构介绍和信息发布。

2）电子报刊。

3）电子图书馆和博物馆。

4）虚拟现实，例如，通过网络可以游览各地风景名胜，体验各种环境挑战。

5）在网上交流个人信息等。

WWW 的结构采用客户机 / 服务器模式，如图 1-1 所示。

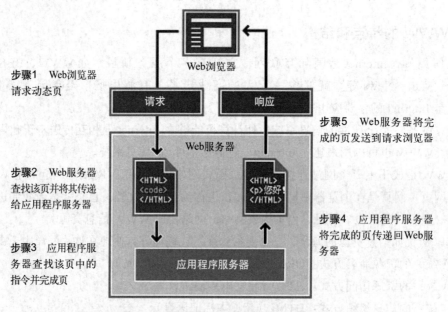

图 1-1   WWW 的客户机 / 服务器结构

网页存放在被称为 Web 服务器（Web Server）的计算机上，等待用户访问。在客户机上，访问网页的专用软件称为 Web 浏览器（Web Browser），如 Internet Explorer。

客户机 / 服务器的通信过程如下：

1）用户启动计算机的浏览器。

2）用户输入一个网址。浏览器将生成一个请求并把它发送到指定的 Web 服务器。

3）服务器将主页（Home Page）发回，浏览器将其显示在屏幕上。

Internet 发展到现在，Web 技术经历了 3 个发展阶段：

第一代：提供对静态网页的管理和访问。

第二代：提供对动态网页的访问和显示。

第三代：除动态网页生成和访问之外，还提供基于 Web 的联机事务处理能力。

静态网页是从放置到服务器以后，直到发送给浏览器都不会发生更改的网页，通常用 HTML 语言编写其代码，保存为 .htm 文件，仅由 Web 服务器处理。动态网页是在发送到浏览器之前由应用程序服务器修改的网页。动态网页的源文件一般为 .asp 文件，即 Web 应用程序，用 HTML 语言和 VBScript 或 JavaScript 等语言混合编写而成。

可见，Web 应用程序是一个包含多个页的 Web 站点，这些页的部分内容或全部内容是未确定的。只有当访问者请求 Web 服务器中的某个页时，才确定该页的最终内容。由于页面最终内容根据访问者操作请求的不同而变化，因此这种页称为动态页。应用程序服务器是一种软件，它帮助 Web 服务器处理包含服务器端脚本或标记的网页。当从服务器请求这样一个页时，Web 服务器先将该页传递给应用程序服务器进行处理，然后再将该页发送给浏览器。ASP（Active Server Page，动态服务器网页）是 Windows 系统中已有的应用程序服务器软件。

若要设置 Web 应用程序，必须配置系统、定义 Web 站点甚至连接到数据库。

1.2　Web 服务器的配置

Web 服务器也称为 HTTP 服务器，它是响应来自 Web 浏览器的请求，并且发送出网页的软件。当访问者在浏览器的地址文本框中输入一个 URL，或者单击在浏览器中打开的网页上的某个链接时，便生成一个页请求。

常见的 Web 服务器包括 Microsoft Internet Information Server、Microsoft Personal Web Server、Apache HTTP Server、Netscape Enterprise Server 和 Sun ONE Web Server。

可以使用 Dreamweaver 通过以下 5 种服务器技术中的任何一种生成 Web 应用程序：ColdFusion、ASP.NET、ASP、JSP 或 PHP。每种技术都与 Dreamweaver 中的一种文档类型相对应。为 Web 应用程序选择一种技术取决于多个因素，其中包括对各种脚本语言的熟悉程度以及所要使用的应用程序服务器。

例如，如果具有 ColdFusion MX Server，则可以选择 ColdFusion 作为服务器技术；如果具有运行 Microsoft Internet Information Server (IIS) 的服务器，则可以选择 ASP 或 ASP.NET；如果具有运行 PHP 应用程序服务器的 Web 服务器，则可以选择 PHP；如果具有运行 JSP 应用程序服务器（如 Macromedia JRun）的 Web 服务器，则可以选择 JSP。

ColdFusion MX 的开发人员版本可以从 Dreamweaver CD（仅限 Windows 版本）和 Macromedia Web 站点（www.macromedia.com/cn/software/coldfusion/）上获得。

有关更多信息，请参见"使用 Dreamweaver"帮助中的"设置应用程序服务器"。要了解 ColdFusion 的更多信息，请参见"使用 ColdFusion"（在 Dreamweaver "帮助"中）或访问 Macromedia Web 站点（www.macromedia.com/cn/software/coldfusion/）。要了解 ASP 的更多信息，请访问 Microsoft Web 站点（msdn.microsoft.com/library/psdk/iisref/aspguide.htm）。要了解 ASP.NET 的更多信息，请访问 Microsoft Web 站点（www.asp.net/）。要了解 JSP 的更多信息，请访问 Oracle Web 站点（http://www.oracle.com/technetwork/java/javaee/jsp/indes.html）。

要了解 PHP 的更多信息，请访问 PHP Web 站点（www.php.net/）。

假设使用 IIS 开发 Web 应用程序，Web 服务器的默认名称是计算机的名称。可以通过更改计算机名来更改服务器名称。如果计算机没有名称，则服务器使用 localhost。

服务器名称对应于 Web 服务器的根文件夹。Web 服务器的根文件夹（在 Windows 计算机上）通常是 C:\Inetpub\wwwroot。在浏览器中输入以下 URL 可以打开存储在根文件夹中的任何网页：

```
http:// 服务器名 / 文件名
```

例如，如果服务器名是 xjq，并且 C:\Inetpub\wwwroot\ 中存有名为 test.htm 的网页，则可以通过在本地计算机上运行的浏览器中输入以下 URL 打开该页：

```
http://xjq/test.htm
```

请记住，在 URL 中使用正斜杠而不是反斜杠。

还可以通过在 URL 中指定子文件夹来打开存储在根文件夹的任何子文件夹中的任何网页。例如，假设 test.htm 文件存储在名为 "gamelan" 的子文件夹中，如下所示：

```
C:\Inetpub\wwwroot\gamelan\test.htm
```

可以通过在计算机上运行的浏览器中输入以下 URL 打开该页：

```
http://xjq/gamelan/test.htm
```

如果 Web 服务器运行在本计算机即本地主机上，可以用 localhost 代替服务器名称。例如，以下两个 URL 在浏览器中打开同一页：

```
http://xjq/gamelan/test.htm
http://localhost/gamelan/test.htm
```

注意：除服务器名称或 localhost 之外，还可以使用另一种表示方式：127.0.0.1，如 http://127.0.0.1/gamelan/test.htm。127.0.0.1 是用于本机测试的 IP 地址。

本节提供两种系统配置方案：一种配置是将 Microsoft IIS 安装在本地 Windows 计算机硬盘中，另一种是将 IIS 安装在远程 Windows 计算机硬盘中，如图 1-2 所示。

如果采用 Windows 操作系统建立 Web 服务器，可以安装下列系统之一：

1）Windows 7 和 IIS 6.0。

2）Windows XP/2003 Server 和 IIS 5.1。

其中，IIS 表示 Internet Information Service（Internet 信息服务器）。

安装方法如下：

方法 1：Windows 7 和 IIS 6.0 安装。

在 Windows 7 里带有 IIS 6.0。进入 "控制面板" | "程序和功能"，单击左侧的 "打开或关闭 Windows 功能"，进入安装界面，如图 1-3 所示。此处注意：选择 " Internet 信息服务" 选项，以下有三个子选项：FTP 服务器、Web 管理工具、万维网服务。把 FTP 服务器、Web 管理工具的所有子项全部勾选。万维网服务一项，有一个 "应用程序开发功能" 子项，把下面的 ASP 等子项均选中，其他子项可以选择安装也可以全部安装。

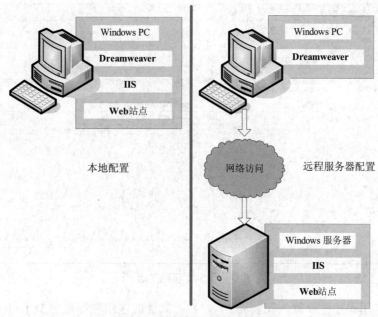

图 1-2 两种 Web 系统配置方案

图 1-3 "打开或关闭 Windows 功能"界面

在完成 IIS 的安装后,还要对其进行相关设置。步骤如下:

1)安装完 IIS,选择"控制面板"|"管理工具"|"Internet 信息服务 (IIS) 管理工具"打开 IIS 管理器,如图 1-4 所示;或选择"运行",输入命令 inetmgr.exe 即可直接打开管理器窗口。

图 1-4　IIS 管理器界面

2）更改应用程序池设置。安装完 IIS 以后，默认的应用程序池为 DefaultAppPool，托管管道模式为集成，标识是 ApplicationPoolIdentity，应用程序数量 1，就是默认网站。

①在应用程序池，单击右键选择"添加应用程序池"，进入添加页面，如图 1-5 所示。注意：名称为 Classic.NETAppPool，版本选择 .NET Framework v2.0.50727，托管管道模式选择"经典"；选择"立即启动应用程序池"复选框，单击"确定"按钮即可。

图 1-5　添加应用程序池界面

②为默认网站修改应用程序池。选择 DefaultAppPool，单击右键查看应用程序，进入应用程序界面，选择根应用程序，右键单击选择"更改应用程序池"，如图 1-6 所示。选择我们新建的 Classic.NETAppPool，单击"确定"按钮，就把默认网站应用程序的归属放在了新的应用程序池里。

③修改 Classic.NETAppPool 属性，终止 DefaulAppPool 运行。选择 Classic.NETAppPool，右击选择"设置应用程序池默认设置"，界面如图 1-7 所示。托管管道模式由 Integrated 改为 Classic，标识由 ApplicationPoolIdentity 改为 LocalSystem。

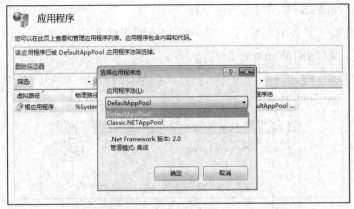

图 1-6　更改应用程序池界面

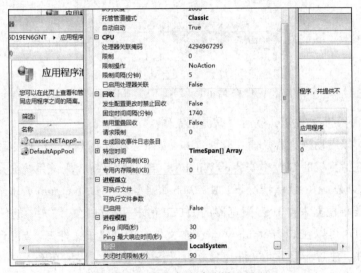

图 1-7　应用程序池默认设置界面

经过以上 3 个步骤，修改完的应用程序池如图 1-8 所示。

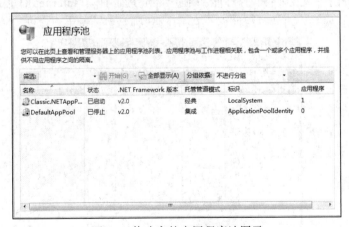

图 1-8　修改完的应用程序池图示

方法 2：在 Windows XP 中安装 IIS 5.1。

1）单击"开始"|"控制面板"，双击"添加或删除程序"。

2）单击"添加 / 删除 Windows 组件"。

3）出现"Windows 组件向导"对话框。在"Windows 组件"列表中，选中"Internet 信息服务 (IIS)"，如图 1-9 所示。

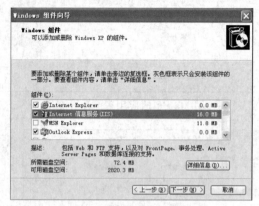

图 1-9　在 Windows XP 中添加 IIS 组件

4）单击"下一步"按钮，然后根据提示操作。

安装后，可以启动浏览器，输入地址：localhost。若显示其网页，则表示 IIS 正常安装。

假定读者在计算机的 C 盘中安装了 Windows XP 操作系统，则该系统会自动创建根文件夹 C:\Inetpub\wwwroot\。默认情况下，IIS Web 服务器会从 C:\Inetpub\wwwroot 文件夹提供页。Web 服务器将根据来自 Web 浏览器的 HTTP 请求，提供此文件夹中的任何页或其子文件夹中的任何页。可以在 C:\Inetpub\wwwroot 文件夹中创建子文件夹，如 MyPage，用以存放一组网页文件。注意：记下此文件夹名称，以备将来使用。以后在输入时，应确保使用与创建时一致的大小写。

设置默认网站主目录（根文件夹）的具体操作如下：

1）单击"开始"|"控制面板"|"性能和维护"|"管理工具"|"Internet 信息服务"；展开"本地计算机"列表，展开"网站"文件夹，右击"默认网站"，单击"属性"。如图 1-10 所示。

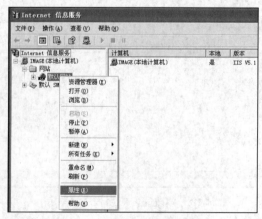

图 1-10　设置默认网站的属性

2）输入默认网站 IP 地址（本机测试用），如图 1-11 所示。

3）输入默认网站的主目录，以及为该文件夹启用脚本权限，如图 1-12 所示。

在"执行权限"弹出式菜单中，选择"纯脚本"选项。出于安全原因，请不要选择"脚本和可执行文件"选项，然后单击"确定"按钮。

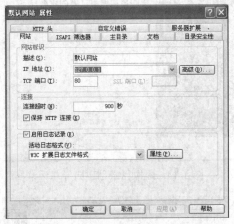
图 1-11　设置 Web 服务器的 IP 地址

图 1-12　设置本地路径

现在已完成了 Web 服务器的配置，它将根据 Web 浏览器的 HTTP 请求，提供根文件夹中的网页。假如建立网页文件 test.htm，将它放到默认网站的主目录 c:\inetpub\wwwroot 下，则其浏览地址为：127.0.0.1\ test.htm。

在配置完系统后，应当创建 Web 站点。Web 站点是一组位于服务器上的网页，使用 Web 浏览器访问该站点的访问者可以对其进行浏览。

远程站点：服务器上组成 Web 站点的文件，这是从网页设计者而不是访问者的角度来看的。

本地站点：与远程站点上的文件对应的本地磁盘上的文件。往往使用 Dreamweaver 在本地磁盘上编辑文件，然后将它们上传到远程站点。

1.3　创建虚拟目录

存放网页文件通常有两种做法：

第一种做法是将网页文件保存到默认网站的主目录里，如上节所述，默认网站的主目录直接采用 Windows 系统已经建立的 c:\Inetpub\wwwroot 根文件夹。

第二种做法是将网页文件保存到默认网站的主目录之外。这就需要建立一个虚拟目录，在建立虚拟目录的过程中指定虚拟目录及其实际目录，从而建立虚拟目录和实际目录的联系。虚拟目录是实际目录的别名，它代表存放网页的实际目录，在网址中使用。虚拟目录的名称可以与实际目录的名称相同，也可以不同。

例如，存放网页文件 test.htm 的实际目录为 D:\x1，若为该目录设置一个别名，即虚拟目录 zhang，则虚拟目录 zhang 就可以用在网址 127.0.0.1\zhang\test.htm 中代表存放网页的实际目录 D:\x1。

设置默认网站虚拟目录的具体操作如下：

单击"开始"|"控制面板"|"性能和维护"|"管理工具"|"Internet 信息服务"；展开，右击"默认网站"；单击"新建"|"虚拟目录"。创建过程如图 1-13 ～图 1-18 所示。

图 1-13 新建虚拟目录

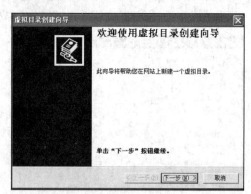

图 1-14 虚拟目录创建向导对话框

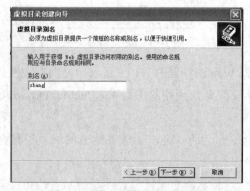

图 1-15 输入别名（虚拟目录）

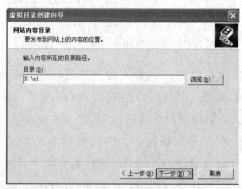

图 1-16 输入实际目录

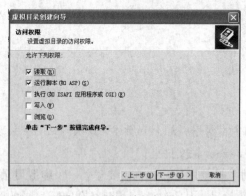

图 1-17 设置访问权限

图 1-18 "完成"对话框

在图 1-19 左边的窗口显示新建的虚拟目录 zhang，右边的窗口中显示其实际目录 D:\x1 的文件名 test.htm。

其实际目录 D:\x1 及网页文件 test.htm 如图 1-20 所示。

假如建立网页文件 test.htm，将它保存到实际目录 D:\x1 中。在浏览器中输入地址：127.0.0.1/zhang/ test.htm，结果如图 1-21 所示。

图 1-19 已建立的虚拟目录 zhang

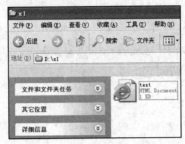

图 1-20 实际目录 D:\x1 及网页文件 test.htm

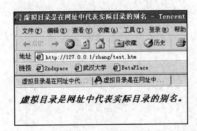

图 1-21 浏览结果

本章小结

本章首先介绍了与 WWW 相关的一些基本概念，如 HTTP、URL、HTML 等，同时对 WWW 采用的客户机 / 服务器模式进行了介绍，最后讲解了如何在 Windows 环境中安装配置 Internet 信息服务器。

思考题

1. WWW 的三个要素是什么？请分别给出详细定义。

2. 客户机 / 服务器的通信过程是怎样的？

3. IIS 中的虚拟目录能否指向另一台服务器的某个物理目录？

4. 如果想把多个企业的网站部署在一台 Web 服务器上，你认为有哪些可行的方法？简单描述一下。

上机操作题

1. 用 Windows 操作系统建立 Web 服务器。操作内容和要求：

1）将安装了 Windows 2003 Server 或 Windows XP 操作系统的计算机配置成为 Web 服

务器和应用程序服务器。

2）利用 Dreamweaver 建立一个网页文件 AboutMe.htm，网页内容为自我介绍。将该网页文件存放到主目录中，然后在浏览器窗口的地址栏中输入 URL 地址 "http://localhost/AboutMe.htm" 来访问它。

2. 创建虚拟目录。操作内容和要求：

1）在默认网站主目录下建立一个存放网页文件的实际目录 page1，然后为其建立一个虚拟目录 p1。

2）利用 Dreamweaver 建立一个网页文件 AboutMe.htm，网页内容为自我介绍。将该网页文件存放到实际目录 page1 中，然后在浏览器窗口的地址栏中输入 URL 地址 "http://localhost/ p1/AboutMe.htm" 来访问它。

第 2 章 HTML 基础

网页文档也称为 HTML 源文件，它是用超文本标记语言（HyperText Markup Language，HTML）编写而成的。HTML 语言是一种顺序符号标记语言。20 世纪 80 年代初，HTML 由万维网联盟（World Wide Web Consortium，W3C）制定。由于制作网页与编写文档很相似，所以 HTML 包括一些定义页面内容和格式的符号，称为标记。

现在，虽然可以用 Dreamweaver 等网页制作工具制作网页，但是为了阅读 HTML 源文件和编写 ASP（动态服务器网页）程序等，有必要掌握 HTML 语言的基本内容。本章介绍一些常用的 HTML 标记。

2.1 网页与 HTML 概述

1980 年，人们开发了一种创建文档的标记语言，用它创建的文档在不同硬件和操作系统的计算机上显示是一致的，称之为标准一般化标记语言（Standard and Generalized Markup Language，SGML）。HTML 是使用 SGML 定义的网页设计语言，它能够将文本、图像、声音和动画结合在一个网页文档中。这些文档可以使用 Web 浏览器显示，还可以使用超链接以访问其他信息资源。后来，人们进一步推出了 XML（扩展标记语言），该语言可以由程序员自己定义标记。

1. 网页的组成

网页由元素构成，每个元素用 HTML 代码和标记定义。标记是网页文档中的一些有特定意义的符号，这些符号指明如何显示文档中的内容。标记总是放在尖括号中，大多数标记都成对出现，表示开始和结束。标记可以具有相应属性即各种参数，如 text、size、font-size、color、width 和 noshade 等。

2. 网页美的标准

1）简洁实用。这是非常重要的，在网络特殊环境下，尽量以最高效率的方式将用户想要得到的信息传送给他，所以要去掉所有冗余的东西。

2）使用方便。满足使用者的要求，网页做得越适合使用就越显示出其功能美。

3）整体性好。一个网站强调的就是一个整体，只有围绕一个统一的目标所做的设计才是成功的。

4）网站形象突出。一个符合美的标准的网页能够使网站的形象得到最大限度的提升。

5）页面用色协调，布局符合形式美的要求。布局有条理，充分利用美的形式，使网页富有可欣赏性，提高档次。雅俗共赏是人人都追求的。

6）交互性强。发挥网络的优势，使每个使用者都参与到其中，这样的设计才能算成功的设计，这样的网页才算真正美的设计。

3. 网页设计中颜色的搭配方法

对于做网页的初学者可能更习惯于使用一些漂亮的图片作为自己网页的背景，但浏览一下大型的商业网站，你会发现他们更多运用的是白色、蓝色、黄色等作为网页的背景，使得网页显得典雅，大方和温馨。更重要的是，这样可以大大加快浏览者打开网页的速度。

一般来说，网页的背景色应该柔和一些、素一些、淡一些，再配上深色的文字，使人们看起来自然、舒畅。而为了追求醒目的视觉效果，可以为标题使用较深的颜色。例如，浅绿色底配黑色文字，或白色底配蓝色文字都很醒目，但前者突出背景，后者突出文字。红色底配白色文字，比较深的底色配黄色文字显得非常有效果。

4. HTML 文档的基本结构

HTML 文档的基本结构如下：

```
<html>                    (1)html 文档标记
  <head>                  (2)html 文档头部标记
    <title>               (3) 在浏览器标题栏显示的 HTML 文档标题标记
      ......( 文档标题 )
    </title>
  </head>
  <body>                  (4)html 文档主体标记
    ......( 文档主体 )
  </body>
</html>
```

在 HTML 文档中，结束标记和开始标记所用的符号相同，只是前面加一个斜杠。

5. 编写 HTML 网页文档的方法

启动 IE，然后使用"查看"菜单中的"源文件"菜单项，进入记事本，就可以编写程序了。在编写完之后，另存为 .htm（静态网页）或 .asp（动态网页）文件。在浏览器中输入该文件名，就能浏览 HTML 源文件的网页效果。

【例 2-1】编写可显示"网页制作练习"六个字的 HTML 文件。

启动 IE，使其处于脱网状态。

单击"查看"菜单中的"源文件"菜单项，进入记事本编辑状态。

单击"新建"菜单项，输入如下文档：

```
<html>
<head>
<title> 我们一起学习 HTML</title>
</head>
<body> 网页制作练习 </body>
</html>
```

输入完成后，单击"另存为"菜单项，选择存储路径为 C:\Inetpub\wwwroot，输入文件名 test2-1.htm，单击"保存"按钮。

在 IE 地址栏输入 C:\Inetpub\wwwroot\test2-1.htm 或者 127.0.0.1\test2-1.htm，得到如图 2-1 所示画面。

图 2-1 简单网页演示

2.2　文档结构标记和格式标记

1. 文档结构标记

1）文档标记。整个 HTML 文档内容均在 <html>…</html> 标记之中。浏览器从读到 <html> 标记开始，将逐句解释其后的语句，碰到 </html> 表示结束。

2）头部标记。整个 HTML 文档分头部和主体部分。头部使用 <head>…</head> 标记标识，凡是在此标记之内的内容均属于头部信息。头部信息不显示在 Web 页中。

3）头部标题标记。为了显示标题信息，通常为 HTML 文件设计一个头部标题。使用 <title>…</title> 标记标识。在此标记之间的内容将作为标题显示在浏览器的标题栏。注意：<title>…</title> 标记对只能放在 <head>…</head> 标记对之间。

4）主体标记。主体是 Web 页的主要部分，用 <body>…</body> 标记标识。例如"主页制作"属于主体部分，它被放置在 body 标记中。

对于任何一个 HTML 文档，这 4 个标记是最基本的标记，也是必不可少的标记，被称为文档结构标记。它们指明了一个 HTML 文档的基本结构。下面从格式标记开始，介绍在 <body>…</body> 标记对之间常用的各种标记。

2. 格式标记

1）<p></p>（段落标记）。<p></p> 标记用来创建一个段落，在此标记对之间加入的文本将按照段落的格式显示在浏览器上。另外，<p> 标记还可以使用 align 属性，它用来说明对齐方式，语法是：<p align=""></p>。align 可以取 Left（左对齐）、Center（居中）和 Right（右对齐）三个值中的任何一个。如 <p align="Center"></p> 表示此标记对之间的文本使用居中的对齐方式。

2）
（换行标记）。
 是一个很简单的标记，它没有结束标记，用来创建一个换行。使用
 还有一定的技巧。如果把
 加在 <p></p> 标记对的外面，将创建一个大的换行，即
 前面和后面的文本的行与行之间的距离比较大；若放在 <p></p> 的里面，则
 前面和后面的文本的行与行之间的距离将比较小。

3）<blockquote></blockquote>（两边缩进标记）。在 <blockquote></blockquote> 标记对之间加入的文本将会在浏览器中按两边缩进的方式显示出来。

4）<dl></dl>、<dt></dt>、<dd></dd>（列表标记）。<dl></dl> 用来创建一个列表，<dt></dt> 用来创建列表中的上层项目，<dd></dd> 用来创建列表中的最下层项目。<dt></dt> 和 <dd></dd> 都必须放在 <dl></dl> 标记对之间。

【例 2-2】创建一个普通列表。

```
<html>
  <head>
  <title> 一个普通列表 </title>
  </head>
  <body text="blue">
   <dl>
    <dt> 中国城市 </dt>
      <dd> 北京 </dd>
```

```
       <dd> 上海 </dd>
       <dd> 广州 </dd>
       <dt> 美国城市 </dt>
       <dd> 华盛顿 </dd>
       <dd> 芝加哥 </dd>
       <dd> 纽约 </dd>
    </dl>
    </body>
</html>
```

将例 2-2 的 HTML 代码存入文件 C:\Inetpub\wwwroot\test2-2.htm，在浏览器中显示的网页如图 2-2 所示。

5）<ol></ol>、<ul></ul>、<li></li>（标有数字或圆点的列表标记）。<ol></ol> 标记对用来创建一个标有数字的列表；<ul></ul> 标记对用来创建一个标有圆点的列表；<li></li> 标记对只能在 <ol></ol> 或 <ul></ul> 标记对之间使用，此标记对用来创建一个列表项，若 <li></li> 放在 <ol></ol> 之间则每个列表项加上一个数字，若在 <ul></ul> 之间则每个列表项加上一个圆点。

【例 2-3】标有数字或圆点的列表。

图 2-2 例 2-2 显示的网页

```
<html>
<head>
 <title></title>
</head>
<body text="blue">
 <ol>
    <p> 中国城市 </p>
    <li> 北京 </li>
    <li> 上海 </li>
    <li> 广州 </li>
 </ol>
 <ul>
    <p> 美国城市 </p>
    <li> 华盛顿 </li>
    <li> 芝加哥 </li>
    <li> 纽约 </li>
 </ul>
 </body>
</html>
```

将例 2-3 的 HTML 代码存入文件 C:\Inetpub\wwwroot\test2-3.htm，在浏览器中显示的网页如图 2-3 所示。

6）<div></div>（大块段落标记）。<div></div> 标记对用来排版大块 HTML 段落，也用于格式化表，此标记对的用法

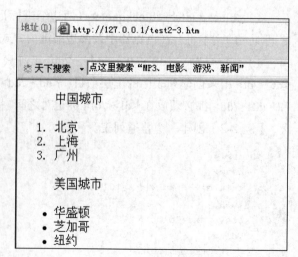

图2-3 例2-3显示的网页

与 <p></p> 标记对非常相似，同样有 align 对齐方式属性，读者可以自己试试看。

7）<section></section>。<section> 是 HTML 5 中定义的新标记，定义文档中的节（section，区段）。如章节、页眉、页脚或文档中的其他部分。

2.3　文本标记和链接标记

1. 文本标记

文本输出的字体，如斜体、黑体、带下划线等，现分别介绍一下。

1）<h1></h1>…<h6></h6>（文本标题标记）。HTML 语言提供了一系列对文本中的标题进行操作的标记对：<h1></h1>…<h6></h6>，即一共有六对标题的标记对。<h1></h1> 是最大的标题，而 <h6></h6> 则是最小的标题，即标记中 h 后面的数字越大标题文本就越小。如果 HTML 文档中需要输出标题文本的话，便可以使用这六对标题标记对中的任何一对。

2）<b></b>、<i></i> 和 <u></u>（黑体、斜体和下划线标记）。<b></b> 用来使文本以黑体字的形式输出，<i></i> 用来使文本以斜体字的形式输出，<u></u> 用来使文本以带下划线的形式输出。

3）<em></em> 和 <strong></strong>（斜体和加重标记）。<em></em> 用来输出需要强调的文本（通常是斜体加黑体），<strong></strong> 则用来输出加重文本（通常也是斜体加黑体）。

4）<font></font>（字体标记）。<font></font> 是一对很有用的标记，可以对输出文本的字体大小、颜色进行随意地改变，这些改变主要是通过对它的两个属性 size 和 color 的控制来实现的。size 属性用来改变字体的大小，它可以取值：–1、1 和 +1；而 color 属性则用来改变文本的颜色，颜色的取值是十六进制 RGB 颜色码或 HTML 语言给定的颜色常量名。比如，"#ff0000"，#ff0000 对应的是红色。引号内的 rrggbb 是用六位十六进制数字表示的 RGB（即红、绿、蓝）三色的组合颜色。此外，还可以使用 HTML 语言所给定的常量名来表示颜色：Black、White、Green、Maroon、Olive、Navy、Purple、Gray、Yellow、Lime、Agua、Fuchsia、Silver、Red、Blue 和 Teal。如 <body bgcolor="red" text="blue"> 表示 <body></body> 标记对中的文本以红色背景、蓝色文本显示在浏览器的框内。

5）<mark></mark>。<mark> 是 HTML 5 中定义的新标记，在需要的时候使用 <mark> 标记可以突出显示文本。

【例 2-4】文本标记的综合示例

```
<html>
 <head>
  <title> 文本标记的综合示例 </title>
 </head>
 <body text="blue">
  <h1> 最大的标题 </h1>
  <h3> 使用 h3 的标题 </h3>
  <h6> 最大的标题 </h6>
  <p><b> 黑体字文本 </b> </p>
  <p><i> 斜体字文本 </i> </p>
  <p><u> 下加一划线文本 </u> </p>
```

```
<p><em> 强调的文本 </em></p>
<p><strong> 加重的文本 </strong></p>
<p><mark> 突显的文本 </mark></p>
<p><font size="+1" color="red">size 取值 "+1"、color 取值 "red" 时的文本 </font></p>
</body>
</html>
```

将例 2-4 的 HTML 代码存入文件 C:\Inetpub\ wwwroot\test2-4.htm，在浏览器中显示的网页如图 2-4 所示。

2. 链接标记

链接是 HTML 语言的一大特色，正因为有它，浏览才能够具有灵活性和网络性。现分别介绍一下。

1）<a href=""></a>。href 是 <a></a> 标记对不可缺少的属性，用于指明要链接的地址。在该标记对之间可加入文本或图像超链，使用 <img src=""> 标记来加入图像超链。例如：

图 2-4　例 2-4 显示的网页

```
<a href="http://www.whu.edu.cn"> 武汉大学
网站 </a>
```

或加入图像超链：

```
<a href="http://www.whu.edu.cn"><imgsrc="d:\pic1.gif"></a>
```

在上例中，href 的值均是 URL 形式，即网址或相对路径，语法为 <a href="URL"></a>。href 的值也可以是 mailto: 形式，即发送 E-mail 形式，语法为 <a href="mailto:EMAIL"></a>，这就创建了一个自动发送电子邮件的链接，mailto: 后边紧跟想要自动发送的电子邮件的地址（即 E-mail 地址），例如：

```
<a href="mailto:abc@263.net"> 这是我的电子信箱 (E-Mail 信箱 )</a>
```

此外，<a></a> 还具有 target 属性，此属性用来指明浏览的目标窗口。如果不使用 target 属性，将在原来的浏览器窗口中显示网页；若 target 的值等于 "_blank"，点击链接后将会打开一个新的浏览器窗口显示网页。例如：

```
<a href="http://cc.whu.edu.cn/" target="_blank"> 在新窗口中显示网页 </a>
```

2）<a name=""></a>。<a name=""></a> 标记对要结合 <a href=""></a> 标记对使用才有效果。该标记对可以在 HTML 文档中创建一个书签。创建书签是为了在当前 HTML 文档中创建一些链接，以便转到同一文档中由书签指定的地方。要找到书签所在地，就必须使用 <a href=""></a> 标记对。属性 name 是不可缺少的，用它定义书签名，例如：

```
<a name="Top"> 此处创建了一个标签 </a>
```

并且，要找到 "Top" 这个书签，就要编写如下代码：

```
<a href="#Top"> 点击此处将使浏览器跳到书签名 "Top" 处 </a>
```

href 属性赋的值若是书签的名字，则必须在书签名前加一个"#"号。

【例 2-5】链接标记的综合示例。

```
<html>
 <head>
  <title> 链接标记的综合示例 </title>
 </head>
 <body>
  <p align="center" style="font-size:9pt;color:yellow;background:black"><br>
  <a name="Top"><font color="red"> 创建书签处 </font></a><br>
  <br><br><br><br><br><br><br><br><br>
  欢迎想要学习网页制作的同学访问网站 <br>
  <a href="http://www.whu.edu.cn"><font color="lime"> 武汉大学网站 </font></a><br>
  <br>
  <a href="http://www.whu.edu.cn"><img src="C:\Inetpub\wwwroot\Web.gif"></a>
  <br><br><br><br><br>
  本网站的主要内容 <br>
  <br>
  <a href="http://cc.whu.edu.cn/" target="_blank"> 在新窗口中显示网页 </a>
  <br>
  欢迎给我来信 , 我的 E-mail 是 :
  <a href="mailto:abc@263.net"><font color="lime">abc@263.net</font></a><br>
  <br>
  <a href="#Top"><font color="lime"> 点击此处回到书签处 </font></a><br>
  <br>
  </p>
 </body>
</html>
```

可以建立例 2-5 的 HTML 源文件和作为超链接的图像文件 C:\Inetpub\wwwroot\Web. gif，在浏览器中显示执行结果。

2.4　图像标记和多媒体标记

1. 图像标记

1）<img> 标记

如果只有文字而没有图像的话，网页将失去许多活力。在网页制作中图像是非常重要的一个方面，HTML 语言专门提供了 <img> 标记来处理图像的输出。

<img> 标记并不是真正地把图像加入 HTML 文档中，而是给标记对的 src 属性赋值，该值是图形文件的文件名，当然包括路径，这个路径可以是相对路径，也可以是网址。实际上就是通过路径将图形文件嵌入文档中。所谓相对路径是指所要链接或嵌入当前 HTML 文档的文件与当前文件的相对位置所形成的路径。假如 HTML 文件与图形文件 logo.gif 在同一个目录下，则可以将代码写成 <img src="logo.gif">；假如图形文件放在当前的 HTML 文档所在目录的一个子目录（子目录名假设是 images）下，则代码应为 <img src="images/logo. gif">；假如图形文件放在当前 HTML 文档所在目录的上层目录（目录名假设是 home）下，则必须用 "../"，代码应为 <img src="../home/logo.gif">，若 home 是 king 下面的一个子目

录，则代码应为 <img src="../king/home/logo.gif">。

src 属性在 <img> 标记中是必须赋值的，是标记中不可缺少的一部分。除此之外，<img> 标记还有 alt、align、border、width 和 height 属性。align 表示图像的对齐方式。border 表示图像的边框，可以取大于或者等于 0 的整数，默认单位是像素。width 和 height 属性表示图像的宽和高，默认单位也是像素。alt 属性是当鼠标移动到图像上时显示的文本。

【例 2-6】图像标记举例。

```
<html>
 <head>
  <title> 图像标记的综合示例 </title>
 </head>
 <body>
 <p align="center"><img src="../logo468_60.gif" alt=" 网 页 制 作 " WIDTH="468"
 HEIGHT="60"></p>
 </body>
</html>
```

说明：若事先在文件 logo468_60.gif 中存放一幅图像，则可以通过例 2-6 的 HTML 文档在浏览器窗口中显示它。其中，alt=" 网页制作 " 属性表示可以用文字 " 网页制作 " 代替该图像先显示出来。

2）<canvas> 标记

<canvas> 标记是 HTML 5 中定义的新标记，它用来定义图形，比如图标和其他图像，但是 <canvas> 标记只是图形容器，必须使用脚本来绘制图形。

大多数 Canvas 绘图 API 都没有定义在 <canvas> 元素本身上，而是定义在通过画布的 getContext() 方法获得的一个"绘图环境"对象上。Canvas API 也使用了路径的表示法。但是，路径由一系列的方法调用来定义，而不是描述为字母和数字的字符串，比如调用 beginPath() 和 arc() 方法。一旦定义了路径，其他方法如 fill()，都是对此路径操作。绘图环境的各种属性，比如 fillStyle，说明了这些操作如何使用。

2. 多媒体标记

1）设置音乐播放的链接。在 Windows 中，可播放的音乐文件格式常用的有 au、mid 及 wav 三种。若要提供音乐文件让浏览者播放，则可建立指向音乐文件的超链接。当浏览者单击该超链接时，将会调用 Windows Media Player 进行音乐的播放。例如：

```
<a href="sweet.wav"> 甜美音乐 </a>
```

2）设置影像播放的链接。常见的影像文件格式有 mov、mpg 和 avi，可建立超链接到影像文件。当浏览者单击超链接时，将会调用 Windows Media Player 进行影像文件播放。例如：

```
<a href="traffic.avi"> 本市交通 </a>
```

3）直接将音乐或影像嵌入网页。可以用 <embed> 标记，即：

```
<embed src=" 音乐或影像文件名称 " width= 宽度 height= 高度 autostart=true loop= 播放次数 >
```

若"播放次数"设为 true，则无限次播放，直到单击关闭或停止。若设为 no（默认值），则只播放一次。

4）播放网页背景音乐。可运用 <bgsound> 标记，即：

```
<bgsound src=" 音乐文件名 " loop= 次数 >
```

若"次数"设为 Infinite，音乐将循环播放，直到网页关闭为止。

5）Web 上的视频。HTML 5 规定了一种通过 <video> 标记来包含视频的标准方法。当前 video 元素支持 Ogg 和 MPEG4 两种格式的视频。例如：

```
<video src="movie.ogg" controls="controls"></video>
```

<video> 标记的属性和用途见表 2-1。

表 2-1　<video> 标记的属性和用途

属　　性	值	描　　述
autoplay	autoplay	如果出现该属性，则视频在就绪后马上播放
controls	controls	如果出现该属性，则向用户显示控件，比如播放按钮
height	pixels	设置视频播放器的高度
loop	loop	如果出现该属性，则当媒介文件完成播放后再次开始播放
preload	preload	如果出现该属性，则视频在页面加载时进行加载，并预备播放。如果使用 "autoplay"，则忽略该属性
src	url	要播放的视频的 URL
width	pixels	设置视频播放器的宽度

6）Web 上的音频。大多数音频是通过插件（如 Flash）来播放的，然而，并非所有浏览器都拥有同样的插件。HTML 5 规定了一种通过 <audio> 标记来包含音频的标准方法。当前 <audio> 标记支持三种音频格式，即 Ogg Vorbis、MP3、wav 格式。如需在 HTML 5 中播放音频：

```
<audio src="song.ogg" controls="controls"></audio>
```

<audio> 标记的属性和用途见表 2-2。

表 2-2　<audio> 标记的属性和用途

属　　性	值	描　　述
autoplay	autoplay	如果出现该属性，则音频在就绪后马上播放
controls	controls	如果出现该属性，则向用户显示控件，比如播放按钮
loop	loop	如果出现该属性，则每当音频结束时重新开始播放
preload	preload	如果出现该属性，则音频在页面加载时进行加载，并预备播放。如果使用 "autoplay"，则忽略该属性
src	url	要播放的音频的 URL

2.5　表格标记和表单标记

1. 表格标记

表格标记对于制作网页是很重要的。现在很多网页均使用多重表格，主要是因为表格不但可以固定文本或图像的输出，而且还可以任意地进行背景和前景颜色的设置。以下分别进行介绍。

1）<table></table>（创建一个表格）。<table></table> 标记对用来创建一个表格。<table> 标记的属性和用途见表 2-3。

表 2-3   <table> 标记的属性和用途

属 性	用 途
<table bgcolor="">	设置表格的背景色
<table border="">	设置边框的宽度，若不设置此属性，则边框宽度默认为 0
<table bordercolor="">	设置边框的颜色
<table bordercolorlight="">	设置边框明亮部分的颜色（当 border 的值大于等于 1 时才有用）
<table bordercolordark="">	设置边框昏暗部分的颜色（当 border 的值大于等于 1 时才有用）
<table cellspacing="">	设置表格格子之间空间的大小
<table cellpadding="">	设置表格格子边框与其内部内容之间空间的大小
<table width="">	设置表格的宽度，单位用绝对像素值或总宽度的百分比

注：以上各个属性可以结合使用。有关宽度、大小的单位用绝对像素值，而有关颜色的属性使用十六进制
　　RGB 颜色码或 HTML 语言给定的颜色常量名（如 Silver 为银色）。

2）<tr></tr>、<td></td>（创建表格中的每一行和每一格）。<tr></tr> 标记对用来创建表格中的每一行。此标记对只能放在 <table></table> 标记对之间使用，而在此标记对之间加入文本将是无用的，因为在 <tr></tr> 之间只能紧跟 <td></td> 标记对才是有效的语法，<td></td> 标记对用来创建表格中一行中的每一个格子，此标记对也只有放在 <tr></tr> 标记对之间才是有效的，要输入的文本也只有放在 <td></td> 标记对中才有效（即才能够显示出来）。

此外，<tr> 还有 align 和 valign 属性。align 是水平对齐方式，取值为 left（左对齐）、center（居中）、right（右对齐）；而 valign 是垂直对齐方式，取值为 top（靠顶端对齐）、middle（居中间对齐）或 bottom（靠底部对齐）。<td> 具有 width、colspan、rowspan 和 nowrap 属性。width 是格子的宽度，单位用绝对像素值或总宽度的百分比；colspan 设置一个表格格子跨占的列数（默认值为 1）；rowspan 设置一个表格格子跨占的行数（默认值为 1）；nowrap 禁止表格格子内的内容自动断行。

3）<th></th>（创建表头）。<th></th> 标记对用来设置表头，通常是黑体居中文字。

【例 2-7】表格标记的综合示例。

```
<html>
 <head>
  <title>表格标记的综合示例</title>
 </head>
 <body>
 <table border="1" width="80%" bgcolor="#E8E8E8" cellpadding="2"
 bordercolor="#0000FF" bordercolorlight="#7D7DFF" bordercolordark="#0000A0">
  <tr>
    <th width="33%" colspan="2" valign="bottom">意大利</th>
    <th width="36%" colspan="2" valign="bottom">英格兰</th>
    <th width="36%" colspan="2" valign="bottom">西班牙</th>
  </tr>
  <tr>
    <td width="16%" align="center">AC 米兰</td>
```

```
      <td width="16%" align="center">佛罗伦萨 </td>
      <td width="17%" align="center">曼联 </td>
      <td width="17%" align="center">纽卡斯尔 </td>
      <td width="17%" align="center">巴塞罗那 </td>
      <td width="17%" align="center">皇家社会 </td>
    </tr>
    <tr>
      <td width="16%" align="center">尤文图斯 </td>
      <td width="16%" align="center">桑普多利亚 </td>
      <td width="17%" align="center">利物浦 </td>
      <td width="17%" align="center">阿森纳 </td>
      <td width="17%" align="center">皇家马德里 </td>
      <td width="17%" align="center">…… </td>
    </tr>
    <tr>
      <td width="16%" align="center">拉齐奥 </td>
      <td width="16%" align="center">国际米兰 </td>
      <td width="17%" align="center">切尔西 </td>
      <td width="17%" align="center">米德尔斯堡 </td>
      <td width="17%" align="center">马德里竞技 </td>
      <td width="17%" align="center">…… </td></tr>
  </table>
 </body>
</html>
```

将例 2-7 的 HTML 代码存入文件 C:\Inetpub\wwwroot\test2-7.htm，在浏览器中显示的网页如图 2-5 所示。

图 2-5　例 2-7 显示的网页

2. 表单标记

表单在 Web 网页中供访问者填写信息，从而获得用户信息，使网页具有交互功能。通常，将表单放在一个 HTML 文档中，当用户填写完信息后提交（submit），表单的内容便从客户端的浏览器传送到服务器上，经过服务器上的 ASP 程序处理后，再将用户所需信息传送回客户端的浏览器，这样网页就具有了交互性。下面介绍表单设计所使用的标记。

1）<form></form>。<form></form> 标记对用来创建一个表单，即定义表单的开始和结束位置，在标记对之间的一切都属于表单的内容。<form> 标记具有 action、method 和 target 属性。

action 的值是表单处理程序的文件名（包括网络路径：网址或相对路径），如：<form action="ASP 程序文件名">。当用户提交表单时，服务器将执行该处理程序。method 属性用来定义处理程序从表单中获得信息的方式，可取值为 GET 和 POST 中的一个。GET 方式是处理程序从当前 HTML 文档中获取数据，然而这种方式传送的数据量是有所限制的，一般限制在 1KB 以下。POST 方式与 GET 方式相反，它是当前的 HTML 文档把数据传送给处理程序，传送的数据量要比使用 GET 方式大得多。target 属性用来指定目标窗口。

2）<input type="">。<input type=""> 标记用来定义一个用户输入区，用户可在其中输入信息。此标记必须放在 <form></form> 标记对之间。<input type=""> 标记中共提供了八种类型的输入区域，具体是哪一种类型由 type 属性决定，如表 2-4 所示。

表 2-4　八种类型的输入区域及其示例

type 属性取值	输入区域类型	输入区域示例
<input type="TEXT" size="" maxlength="">	单行的文本输入区域，size 与 maxlength 属性用来定义此种输入区域显示的尺寸大小与输入的最大字符数	
<input type="SUBMIT">	将表单内容提交给服务器的按钮	Submit
<input type="RESET">	将表单内容全部清除，重新填写的按钮	Reset
<input type="CHECKBOX" checked>	一个复选框，checked 属性用来设置该复选框默认时是否被选中，右边示例中使用了三个复选框	你喜欢哪些教程： □ HTML 入门　☑动态 HTML □ ASP
<input type="HIDDEN">	隐藏区域，用户不能在其中输入，用来预设某些要传送的信息	
<input type="IMAGE" src=> "URL"	使用图像来代替 Submit 按钮，图像的源文件名由 src 属性指定，用户点击后，表单中的信息和点击位置的 X、Y 坐标一起传送给服务器	
<input type="PASSWARD">	输入密码的区域，当用户输入密码时，区域内将会显示"*"号	请输入您的密码：
<input type="RADIO">	单选按钮，其 checked 属性用来设置单选框默认时是否被选中，右边示例中使用了三个单选按钮	10月3日中韩国奥队比赛结果会是： ⊙中国胜　○平局　○韩国胜

此外，八种类型的输入区域有一个公共的属性 name，此属性给每一个输入区域一个名字。这个名字与输入区域是一一对应的，即一个输入区域对应一个名字。服务器就是通过调用某一输入区域的名字的 value 属性来获得该区域的数据的。而 value 属性是另一个公共属性，它可用来指定输入区域的默认值。

3）<select></select> 和 <option>。<select></select> 标记对用来创建一个下拉列表框或可以复选的列表框。此标记对用于 <form></form> 标记对之间。<select> 具有 multiple、name 和 size 属性。multiple 属性不用赋值，直接加入标记中即可使用，加入此属性后列表框就成为可多选的了；name 是此列表框的名字；size 属性用来设置列表的高度，默认时值为 1，若没有设置（加入）multiple 属性，显示的将是一个弹出式的列表框。

<option> 标记用来指定列表框中的一个选项，它放在 <select></select> 标记对之间。此标记具有 selected 和 value 属性，selected 用来指定默认的选项，value 属性用来给 <option> 指定的那一个选项赋值，这个值是要传送到服务器上的，服务器正是通过调用 <select> 区域的名字的 value 属性来获得该区域选中的数据项的，如表 2-5 所示。

表 2-5 value 属性及其示例

HTML 代码	浏览器显示的结果

`<form action="cgi-bin/tongji.asp" method="post">`
`<p> 请选择最喜欢的男歌星：`
`<select name="gx1" size="1">`
`<option value="ldh"> 刘德华`
`<option value="zhxy" selected> 张学友`
`<option value="gfch"> 郭富城`
`<option value="lm"> 黎明`
`</select>`
`</form>`
	请选择最喜欢的男歌星：
	
	张学友 ▼

`<form action="cgi-bin/tongji.asp" method="post">`
`<p> 请选择最喜欢的女歌星：`
`<select name="gx2" multiple size="4">`
`<option value="zhmy"> 张曼玉`
`<option value="wf" selected> 王菲`
`<option value="tzh"> 田震`
`<option value="ny"> 那英`
`</select>`
`</form>`
	请选择最喜欢的女歌星：
	
	张曼玉
	王菲
	田震
	那英

4）`<textarea></textarea>`。`<textarea></textarea>` 用来创建一个可以输入多行的文本框，此标记对用于 `<form></form>` 标记对之间。`<textarea>` 具有 name、cols 和 rows 属性。cols 和 rows 属性分别用来设置文本框的列数和行数，这里列与行是以字符数为单位的，如表 2-6 所示。

表 2-6 `<textarea>` 标记的属性及其示例

HTML 代码	浏览器显示的结果

`<form action="cgi-bin/tongji.cgi" method="post">`
`<p> 您的意见对我很重要：`
`<textarea name="yj" cols="20" rows="5">`
请将意见输入此区域
`</textarea>`
`</form>`
	您的意见对我很重要：
	
	请将意见输入此区域

【例 2-8】建立一个输入密码，以及具有"确定"按钮和"重输"按钮的表单。

```html
<html>
 <head>
  <title></title>
 </head>
 <body>
  <p>请输入密码 :</p>
  <form method="POST">
   <p>
    <input type="password" size="20" name="passwd">
    <input type="submit" name="B1" value=" 确定 ">
    <input type="reset" name="B2" value=" 重输 ">
   </p>
  </form>
 </body>
</html>
```

将例 2-8 的 HTML 代码存入文件 C:\Inetpub\wwwroot\test2-8.htm，在浏览器中显示的网页如图 2-6 所示。

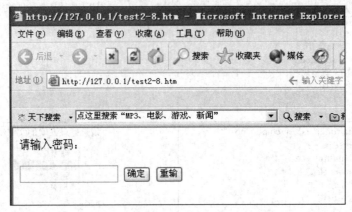

图 2-6   例 2-8 显示的网页

2.6   其他常用标记

1. 空格标记

建立 HTML 源文件时，若用空格键输入多个空格，都将被视为一个。因此，如果想要输入多个空格时，必须用多个空格标记 。

2. 原始排版有效标记 \<pre> 和 \</pre>

若要使 HTML 源文件保留原始的文件排版方式（如 Enter 表示换行等），只需在该文本前加入 \<pre> 标记以及在文本结束后加上 \</pre> 标记，即可使浏览器显示文件原始排版方式。

例如：在 HTML 源文件中使用上述标记。

```
<html>
 <head>
  <title> 标记使用实例 </title>
 </head>
 <body>
 <pre>
  信物       席慕容 <p>
  有谁会将诗集放在行囊里离去 <br>
  等待在独居的旅舍枕边   一页一页地翻开 <p>
  灯熄之后      窗里窗外 <br></pre>
 </body>
</html>
```

注：再在文字中加多个空格、Enter 键试试看。

3. 自动切换标记 \<meta>

\<meta> 标记能使网页显示几秒钟后，自动切换到另一网页。语法如下：

```
<meta http-equiv="refresh" content=" 秒数 ;URL= 文件名称或网址 ">
```

说明：

1）<meta> 标记应当置于 <head> 标记之后。

2）设置 http-equiv 属性为 "refresh" 表示自动更新。

3）" 秒数 ;URL= 文件名称或网址 " 用于指定几秒后将执行自动更新以及更新后所连接的网页地址与名称。

4. 水平线标记 <hr>

<hr> 标记是在 HTML 文档中加入一条水平线，它可以直接使用，具有 size、color、width 和 noshade 属性。size 是设置水平线的厚度，而 width 是设置水平线的宽度，默认单位是像素。noshade 属性用来加入一条没有阴影的水平线。

例如，<hr width="600" size="1" color="#0000FF">。

5. 滚动的文本 <marquee>

<marquee> 标记间的文本会进行移动，大家经常在一些网站中可以看到有滚动公告或滚动新闻，一般都是通过该标记实现。<marquee> 标记的语法如下所示：

```
<marquee direction=" 方 向 "behavior=" 方 式 "loop=" 循 环 次 数 "scrollamount=" 速 度 "scrolldelay=" 延时 ">
```

例如：

```
<marquee behavior=scroll loop=3 width=50% scrolldelay=500 scrollamount=100> 啦啦啦，我一圈一圈绕着走！</marquee>
```

一个比较实用的示例如下：

```
<html><body>
<marquee direction=up height=25 onMouseOut=this.start() onMouseOver=this.stop()
                                scrollamount=2 scrolldelay=50 width="100%">
        <span class="style6"> 欢迎您访问本站点！<br>
        <a href="fushi.htm"> 电子信息学院 2013 复试名单 </a></span>
        </marquee>
</body></html>
```

6. 公历的时间或日期 <time>

HTML 5 <time> 标记定义公历的时间（24 小时制）或日期，时间和时区偏移是可选的。

该元素能够以机器可读的方式对日期和时间进行编码，这样，举例说，用户代理能够把生日提醒或排定的事件添加到用户日程表中，搜索引擎也能够生成更智能的搜索结果。

下面用一个例子描述它的使用：

```
<p> 我们在每天早上 <time>9:00</time> 开始营业。</p>
<p> 我在 <time datetime="2014-02-14"> 情人节 </time> 有个约会。</p>
```

本章小结

本章主要对 HTML 语言中的常用标记做了详细介绍，并通过示例进行了用法说明。初学者可能难以快速记住这些标记，应通过上机练习掌握网页中常用的标记及其主要参数。（**特别提示**：由于在 Dreamweaver CS5 中文版中，将 HTML 标记如 <p>、<table>、<img> 等称为 HTML 标签，因此在本书后面章节中都采用"标签"这一术语。）

思考题

1. 采用 HTML 语言编写网页，可使用哪些编辑软件？
2. 如何给一幅图像创建热点链接呢？
3. 如何设置让用户在点击超级链接时在新窗口中打开网页？
4. 表单中可包含哪些元素？
5. 如何在网页中插入背景音乐？
6. <marquee> 标记中如何指定文字的移动方向？

上机操作题

1. 使用 HTML 结构标记编写一个网页源文件，将页面标题设置为"HTML 结构标记示例"，并在页面上显示文本"HTML 结构标记练习"。

2. 操作内容和要求：

1）使用 HTML 文本格式标记编写一个网页源文件"test1.htm"，页面显示如图 2-7 所示。

图 2-7 "test1.htm"网页显示结果

2）使用 HTML 表格标记编写一个网页源文件"test2.htm"，页面显示如图 2-8 所示。

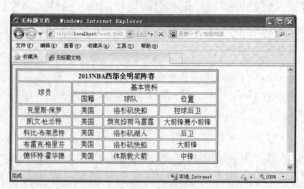

图 2-8 "test2.htm"网页显示结果

3. 使用 HTML 链接标记和图像标记编写一个网页源文件，图文并茂地展示个人基本情况。

第二部分 应 用 篇

第 3 章　Dreamweaver CS5 概述

Dreamweaver CS5 在原来的 Dreamweaver CS4 的基础上增加了许多新的特性，使其功能更加灵活和强大，让用户工作起来显得格外轻松。下面重点介绍一下网页中包含的基本元素及 Dreamweaver CS5 中的界面元素。

3.1　网页中的基本元素

在初次设计网页之前，首先应该认识一下构成网页的基本元素，只有这样，才能在设计中得心应手，根据需要合理地组织和安排网页内容。

网页中可以包含文本、图像、影片、声音以及多媒体内容。其中文本与图像是构成一个网页的两个基本元素。而由于声音和影片的介入，使网页呈现更加丰富多彩，下面就来介绍这些元素。

3.1.1　文本

网页中的信息主要以文本为主。与图像相比，文字虽然不如图像那样能够很快引起浏览者的注意，但却能准确地表达信息的内容和含义。为了克服文字固有的缺点，人们赋予了网页中文本更多的属性，如字体、字号、颜色、底纹和边框等，通过不同格式突出显示重要的内容。这里讲的文字是文本文字，而并非图片中的文字。此外，用户还可以在网页中设计各种各样的文字列表，来清晰表达一系列项目。这些功能都给网页中的文本赋予了新的生命力。文本页面如图 3-1 所示。

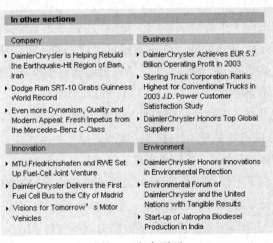

图 3-1　文本页面

3.1.2 图像

在网页中，图像能提供信息、展示作品、装饰网页、表达个人情调和风格，具有画龙点睛的作用。美观的图片会为网站添加新的生命力，给浏览者留下深刻的印象。虽然使用图片可加强网页的视觉效果，但就网络传输的速度而言，有的图形文件要比文本文件大数百倍。因此并不是所有格式的图片都适用于网页。用户可以在网页中使用 GIF、JPEG(JPG)、PNG、PSD 等格式的图片，其中获得浏览器全面支持并可以通用的是 GIF 和 JPEG 两种格式的图片。当用户使用所见即所得的网页设计软件在网页上添加其他非 GIF、JPEG 或 PNG 格式的图片并保存时，这些软件通常会自动将少于 8 位颜色的图片转化为 GIF 格式，或将多于 8 位颜色的图片转化为 JPEG 格式。如图 3-2 所示就是一幅图像。

此外，在页面中比较常用的图片还包括背景图。但由于背景图使用不当，容易妨碍浏览者浏览背景上的页面内容，所以背景图的使用需要注意整个页面的浏览效果。

图 3-2 图像示例

3.1.3 多媒体

1. 动画

动画是网页上最活跃的元素，通常认为制作优秀、创意出众的动画是吸引浏览者最有效的方法。随着对动画制作要求越来越高，动画制作手段越来越多，技术发展也越来越快。尽管各种形式的动画使用形式不一，GIF 动画依旧是占据主体地位的网页动画之一。因为 GIF 动画的标准简单，在各种类、各版本的浏览器中都能播放。另一种现在正逐渐成为最重要的 Web 动画形式的是 Flash，Flash 不仅比 DHTML 易学，而且有很多重要的动画特征，如关键帧补间、运动路径、动画蒙版、形状变形和洋葱皮等。它显示连贯，文件体积小，还可以增加声音。设计者不仅可以建立 Flash 电影，而且可以把动画输出为 QuickTime 文件、DIF98a 文件或其他许多文件格式。

2. 音频与视频

声音是多媒体网页的一个重要组成部分。当前存在着一些不同类型的声音文件，也有不同的方法将这些声音添加到 Web 页中。在决定添加声音之前，需要考虑的因素包括其用途、格式、文件大小、声音品质和浏览器差别等。不同浏览器对于声音文件的处理方法是非常不同的，彼此之间很可能不兼容。

用于网络的声音文件格式多样，常用的有 MIDI、WAV 和 MP3 等。

- WAV：具有较好的声音品质，许多浏览器都支持此类格式文件并且不要求配备插件。可以从 CD、磁带、传声器（俗称麦克风）等录制自己的 WAV 文件。但是，其较大的文件大小严格限制了可以在用户的 Web 页面上使用声音剪辑的长度。
- MP3：它最大的特点是以较小的比特率、较大的压缩比达到接近于完美的 CD 音质。
- MIDI：这是一汇总乐器格式。现在大多数浏览器都支持 MIDI 文件，而且不要求配备插件。访问者的声卡种类不同，声音效果也会有所不同。很小的 MIDI 文件也可以提供较长时间的声音剪辑。MIDI 文件不能被录制并且必须使用特殊的硬件和软件在计算机上合成。

.RA、.RAM、.RM 或 REAL AUDIO 格式：它们具有高压缩比，文件大小要小于 MP3。歌曲文件可以在合理的时间范围内下载。访问者必须下载并安装 Realplayer 辅助应用程序或插件才可以播放这些文件。

视频文件的格式也非常多，常见的有 Realplayer、MPEG、AVI 和 MOV 等。视频文件的采用让网页变得精彩而有动感。

- Realplayer：由于 Internet 带宽的限制和数据传输较慢的特点，Realplayer 声音和电影文件都有一个共同的特点，即都是流式播放。这种播放方式即使在网络非常拥挤或效果很差的拨号连接的条件下，也能提供清晰、不中断的影音给观众。
- MOV：原来是苹果电脑中的视频文件格式，自从有了 Quicktime 驱动程序后，也能在 PC 上播放 MOV 文件了。
- MPG、MPEG：它是活动图像专家组（Moving Picture Experts Group，MPEG）的缩写，MPEG 实质是电影文件的一种压缩格式。MPG 的压缩率比 AVI 高，画面质量却比它好。
- AVI：微软公司推出的视频格式文件，它应用非常广泛，是目前视频文件的主流。

3.1.4　超级链接

超级链接技术可以说是万维网流行起来的最主要的原因。它是从一个网页指向另一个目的端的链接，例如指向另一个网页或者相同网页上的不同位置。这个目的端通常是另一个网页，但也可以是一幅图片、一个电子邮件地址、一个文件、一个程序或者是本网页中的其他位置。在一个网页中含有超链接的对象通常称为热点，热点可以是文本、图片或图片中的区域，也可以是一些不可见的程序脚本。

有超级链接的地方，鼠标指到时会变成"小手"形状。当浏览者单击超级链接热点时，其目的端将显示在 Web 浏览器上，并根据目的端的类型以不同方式打开或运行。例如，当指向一个 AVI 文件的超级链接被单击后，该文件将在媒体播放软件中打开；如果单击的是指向一个网页的超级链接，则该网页将显示在 Web 浏览器上。

3.1.5　表单

使用超级链接，浏览者和 Web 站点便建立起了一种简单的交互关系。网页中的表单通常用来接收用户在浏览器端的输入，然后将这些信息发送到用户设置的目标端。这个目标可以是文本文件、Web 页、电子邮件，也可以是服务器端的应用程序。表单一般用来收集联系信息、接收用户要求、获得反馈意见、设置来宾签名簿、让浏览者注册为会员并以会员的身份登录站点等。

表单由不同功能的表单域组成，最简单的表单也要包含一个输入区域和一个提交按钮。站点浏览者填写表单的方式通常是输入文本、选中单选按钮或复选框，以及从下拉列表框中选择选项等。

根据表单功能与处理方式的不同，通常可以将表单分为用户反馈表单、留言簿表单、搜索表单和用户注册表单等类型。

3.1.6 导航栏

导航栏是用户在规划好站点结构，开始设计主页时必须考虑的一项内容。导航栏的作用就是引导浏览者游历站点。事实上，导航栏就是一组超级链接，这组超级链接的目标就是本站点的主页以及其他重要网页。在设计站点中的各个网页时，可以在站点的每个网页上显示一个导航栏，这样，浏览者就可以既快又容易地转向站点的其他网页。

一般情况下，导航栏应放在网页中较引人注目的位置，通常是在网页的顶部或一侧。导航栏既可以是文本链接，也可以是一些图形按钮。

3.1.7 其他常见元素

网页中除了以上几种最基本的元素之外，还有一些其他常用元素，包括悬停按钮、Java特效、ActiveX 等各种特效。它们不仅能点缀网页，使网页更加活泼有趣，而且在网上娱乐、电子商务等方面也有着不可忽视的作用。

3.2 Dreamweaver CS5 的界面元素介绍

Dreamweaver CS5 的编辑环境非常灵活，可以适应不同层次的用户，大部分的操作可以通过面板来完成，非常灵活和直观，改进后的代码视图窗口也在很大程度上方便了代码编写者的设计过程。新建或打开一个网页，进入编辑窗口如图 3-3 所示。

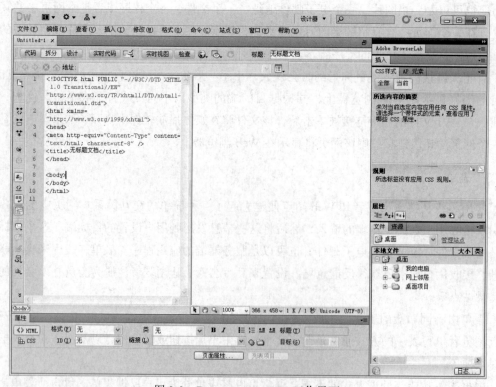

图 3-3　Dreamweaver CS5 工作界面

3.2.1　工作区布局

在 Windows 中集成的 Dreamweaver CS5 工作区预设布局与 Dreamweaver CS4 中的布局种类相同，有经典、编码器、编码人员（高级）、设计器、设计人员（紧凑）和双重屏幕几种布局模式，其中，默认的是"设计器"界面。如图 3-4 所示。每一种工作区布局模式都有其明显强调的重点，设计者可以根据需要做不同的选择。

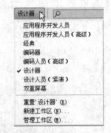

若用户想修改操作界面的风格，切换到自己熟悉的开发环境，可单击如图 3-4 所示的标题栏上的工作区布局，或者选择菜单"窗口" | "工作区布局"命令，弹出子菜单，如图 3-5 所示，在子菜单中选择一项命令，页面布局风格会发生相应的改变。

图 3-4　Dreamweaver CS5
工作区预设布局

图 3-5　选择工作区布局

Dreamweaver CS5 为文档提供了"设计"与"代码"两种视图，用户可以根据需要从中选择一种视图。设计视图是所见即所得的直观视图，代码视图是文档对应的代码，更加适应手工编码人员使用。Dreamweaver CS5 启动后系统默认为"拆分"方式，左边显示文档的代码窗口，右边显示其设计窗口。

3.2.2　起始页

在打开的文档窗口中，可以看到起始页对话框，该对话框由三个栏目组成，如图 3-6 所示。
- 打开最近的项目。在这一栏中列出了最近使用过的文档。只需单击其中的图标就可以打开文档。
- 新建。该栏目列出了可以创建的文档类型，单击其中的任意一项，就可以创建文档。
- 主要功能。该栏列出了 Dreamweaver CS5 中主要功能的网上视频教程。

起始页对话框的下方提供了该软件的快速入门、新增功能、资源和帮助等信息的在线帮助链接。初次使用 Dreamweaver 的用户能够从中了解该软件的基本情况，帮助信息可以通过网络不断更新。如果希望以后启动 Dreamweaver 时不打开起始页对话框，则可以选中该窗口最下面的"不再显示"复选框。

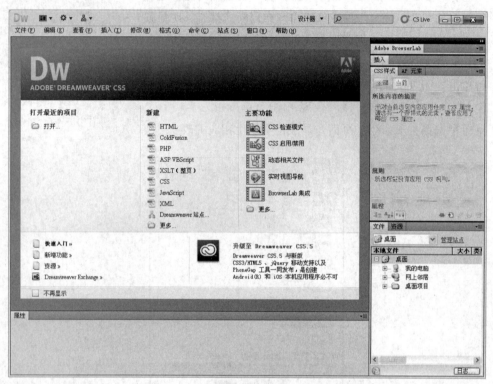

图 3-6　起始页

3.2.3　窗口布局

Dreamweaver CS5 的编辑窗口可以分为标题栏、菜单栏、文档窗口、工具栏、属性检查器和面板组。

1. 标题栏

在标题栏上整合了网页制作中最常用的 5 个命令（窗口操作、布局、扩展 Dreamweaver、站和界面布局），并新增了 Adobe CS5 系列统一添加的 CS Live 服务，如图 3-7 所示。这样的布局能节省大量时间，让用户集中精力于设计。这 5 个常用命令可以从菜单栏或工具栏中找到相应的选项。

图 3-7　标题栏

2. 菜单栏

主菜单包含 10 类：文件、编辑、查看、插入、修改、格式、命令、站点、窗口和帮助，几乎涵盖了 Dreamweaver CS5 中的所有功能。使用菜单栏提供的命令可以对对象进行操作与控制。各菜单按照功能的不同进行了相应的划分，使用户在使用时更方便。这 10 类菜单的功能如表 3-1 所示。

表 3-1　菜单栏基本功能

菜单名称	功　　能
文件	用来管理文件，如新建、打开、保存、导入、输出及打印等
编辑	用来编辑文本等，如剪切、复制、粘贴、查找、替换及参数设置等
查看	用来切换视图模式及显示 / 隐藏标尺、网格线等辅助视图功能
插入	用来插入各种元素，如图片、多媒体组件、表格、框架及超链接等
修改	实现对页面元素修改功能，如在表格中拆分 / 合并单元格、对齐对象等
格式	用来对文本进行操作，如设置文本格式及检查拼写等
命令	收集了所有附加命令项
站点	用来创建和管理站点
窗口	用来显示 / 隐藏控制面板及切换文档窗口
帮助	实现联机帮助功能，如按下 F1 键，即可打开程序的电子教程

3. 文档窗口

文档窗口是编辑网页时的主要窗口，新建或打开一个网页后，即可进入如图 3-8 所示的窗口界面。它主要由项目选择标签、水平标尺、垂直标尺、编辑区域和状态栏构成。

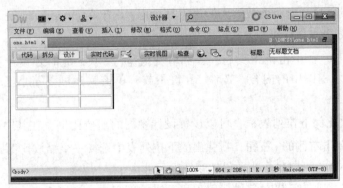

图 3-8　文档窗口

（1）项目选择标签

项目选择标签的作用是当用户打开多个网页文件时，将为每个文件显示一个标签，如图 3-9 所示。单击其中一个标签可以在文档窗口中显示该文件的内容，并进行编辑。

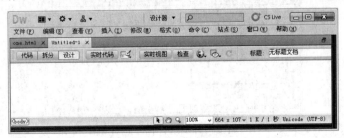

图 3-9　项目选择标签

（2）水平标尺和垂直标尺

水平标尺和垂直标尺分别位于编辑区域的上方和左侧。可通过单击菜单"查看"|"标尺"下的"标尺"命令来显示或隐藏标尺。用户在编辑网页时可以查看网页中对象的坐标位置，而且可以为编辑区域添加辅助线。添加辅助线的方法是：将鼠标指针移动到水平或垂直标尺上，按住鼠标左键不放，拖动到需要的位置释放鼠标，即可添加一条辅助线。如果需要移动辅助线的位置，可以将鼠标指针指向辅助线，当鼠标指针变为双向箭头时，按住鼠标并拖动到新的位置即可。

（3）状态栏

状态栏位于编辑区域的下方，从左到右为标签选择器、选取工具、手形工具、缩放工具、设置缩放比例下拉列表框、窗口大小栏、下载文件大小／下载时间栏和默认编码栏等项目，如图 3-10 所示。

<body>　　　　　　　　　　　　　　　　　　　　　⟨body⟩　　　　▶ ✍ Q 100%　∨ 531 x 499 ∨ 1 K / 1 秒 Unicode (UTF-8)

图 3-10　状态栏

1）标签选择器：在标签选择器中显示了一些常用的 HTML 标签，灵活运用这些标签可以很方便地选择编辑区域中的某些对象。例如，要选择整个表格，可以将鼠标指针去单击⟨table⟩标签，如图 3-11 所示。

2）选取工具 ▶：单击该工具，可以选择设计视图中的各种对象。

3）手形工具 ✍：当网页被放大后该工具可用，用于在 Dreamweaver 界面中拖动网页画面移动其位置来查看设计细节。

4）缩放工具 Q：单击该工具后，鼠标将变为 ⊕ 形状，此时在设计视图中单击鼠标左键可以放大显示视图中的内容，按住 Alt 键不放，单击鼠标可以缩小显示设计视图中的内容。

5）设置缩放比例下拉列表框：可以设置设计视图的缩放比例，在其中可以直接输入需要的缩放比例或单击右侧的 ∨ 按钮，在弹出的下拉列表中选择一个缩放比例即可。

6）窗口大小栏：可以显示当前设置视图的尺寸大小。

7）下载文件大小／下载时间栏：用于显示当前网页文件（包括所有相关文件，如图像和其他媒体文件）的预计大小以及预计下载时需要的时间。

8）默认编码栏：显示文档默认的编码。

图 3-11　运用"标签选择器"选择整个表格

4. 工具栏

Dreamweaver CS5 包含了四种工具栏面板："样式呈现"、"文档"、"标准"、"浏览器导航"。这些面板的显示与隐藏通过选择菜单命令"查看"中的"工具栏"命令。另外，还包括在"窗口"菜单中选择的"插入"面板（工具栏）。

（1）"样式呈现"工具栏

"样式呈现"工具栏在默认情况下处于隐藏状态，使用比较特殊，只有在文档使用依赖于媒体的样式表时该工具栏才有用。"样式呈现"工具栏中的按钮可帮助查看设计在不同媒体类型中的呈现方式。例如，在使用过程中，样式表可为投影设备指定某种正文规则，而为打印设备指定另一种正文规则。"样式呈现"工具栏如图 3-12 所示。

图 3-12 "样式呈现"工具栏

通常，Dreamweaver 会显示屏幕媒体类型的设计（该类型显示页面在计算机屏幕上的呈现方式）。可以通过在"样式呈现"工具栏中单击相应的按钮来查看各种媒体类型的呈现。各按钮名称及功能如表 3-2 所示。

表 3-2 "样式呈现"工具栏中各按钮及功能

图 标	名 称	功 能
	呈现屏幕媒体类型	显示页面在计算机屏幕上的显示方式
	呈现打印媒体类型	显示页面在打印纸张上的显示方式
	呈现手持型媒体类型	显示页面在手持设备上的显示方式
	呈现投影媒体类型	显示页面在投影设备上的显示方式
	呈现 TTY 媒体类型	显示页面在电传打字机上的显示方式
	呈现 TV 媒体类型	显示页面在电视屏幕上的显示方式
	切换 CSS 样式的显示	允许启用或禁用 CSS 样式，此按钮可独立于其他媒体按钮之外工作
	设计时样式表	可用于指定设计时样式表
	增加文本大小	在设计时增加文本大小以便于查看，文本的格式不变
	重置文本大小	在设计时使文本回到正常大小
	减小文本大小	在设计时减小文本大小以便于查看，文本的格式不变
:l	显示 :link 伪类的样式	在设计界面显示 :link 伪类的样式
:v	显示 :visited 伪类的样式	在设计界面显示超链接 :visited 伪类的样式
:h	显示 :hover 伪类的样式	在设计界面显示超链接 :hover 伪类的样式
:a	显示 :active 伪类的样式	在设计界面显示超链接 :active 伪类的样式
:f	显示 :focus 伪类的样式	在设计界面显示 :focus 伪类的样式

（2）"文档"工具栏

如图 3-13 所示的"文档"工具栏中，各按钮的名称及功能如表 3-3 所示。

图 3-13 "文档"工具栏

表 3-3　"文档"工具栏中按钮及功能

图　标	名　　称	功　　能
◇ 代码	显示代码视图	在"文档"窗口中显示代码视图
◇ 拆分	显示代码视图和设计视图	在"文档"窗口中显示代码视图和设计视图
◇ 设计	显示设计视图	在"文档"窗口中显示设计视图
实时代码	显示实时代码视图	在代码视图中显示实时视图源且不能编辑
◇	检查浏览器兼容性	用于检查 CSS 是否对于各种浏览器均兼容
实时视图	将设计视图切换到实时视图	显示不可编辑的、交互式的、基于浏览器的文档视图
检查	打开时视图和检查模式	用于快速地在许多浏览器和它们不同的版本中检查代码
◎	在浏览器中预览 / 调试	在浏览器中预览或调试文档
◎	可视化助理	进行是否显示可视化元素的设置
↻	刷新设计视图	在代码视图中进行更改后刷新文档的设计视图
标题：无标题文档	文档标题	设置文件的标题，它将显示在浏览器的标题栏中
↕↑	文件管理	显示"文件管理"弹出菜单，包含一些在本地和远程站点间传输文档有关的常用命令和选项

（3）"标准"工具栏

该工具栏在默认工作区的布局中是不显示的，如果需要显示该工具栏，可以选择"查看"菜单中的"工具栏" | "标准工具栏"命令。如图 3-14 所示，各按钮的名称及功能见表 3-4。

图 3-14　"标准"工具栏

表 3-4　"标准"工具栏中各按钮的名称及功能

图　标	名　　称	功　　能
◻	新建	创建一个新文档
◻	打开	打开已有的文档
Br	在 Bridge 中浏览	启动 Br 软件浏览并浏览对应的文件夹
◻	保存	保存当前编辑的文档
◻	全部保存	保存当前打开的所有文档
◻	打印代码	将代码打印出来
✄	剪切	将内容剪切到剪贴板上，原内容删除
◻	复制	将内容复制到剪贴板上，原内容不变
◻	粘贴	将剪贴板上的内容粘贴到当前位置
↶	撤消	撤消上一次操作
↷	重做	对撤消操作进行恢复

备注：在 Adobe CS5 套件中，Adobe Bridge CS5 被认为是公用的图像管理软件。Photoshop、Flash、Dreamweaver 等都可以使用 Bridge 为当前创建的项目寻找、收集合适的图片素材。

（4）"浏览器导航"工具栏

"浏览器导航"工具栏在"实时"视图中成为活动状态，并显示正在"文档"窗口中查看的页面的地址。"实时"视图的作用类似于常规的浏览器，因此即使浏览到本地站点以外的站点，Dreamweaver 也将在"文档"窗口中加载该页面，如图 3-15 所示。

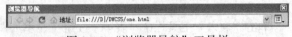

图 3-15 "浏览器导航"工具栏

默认情况下，"实时"视图中的链接并不激活。选择或单击"文档"窗口中的链接文本，不进入链接页面。若要在"实时"视图中测试链接，可通过从地址框右侧的"视图选项"菜单中选择"跟踪链接"或"持续跟踪链接"，启用一次性单击或连续单击。

（5）"插入"工具栏

"插入"工具栏涵盖了在设计网页时最常用的项目，包含用以创建和插入对象的按钮，而这些按钮则按其功能分门别类地组织到各个选项卡中。"插入"工具栏按类分为："常用"、"布局"、"表单"、"数据"、"Spry"、"InContext Editing"、"文本"、"收藏夹" 8 个选项卡。工作区预设布局为"经典"模式时，"插入"工具栏直接显示在菜单栏和"文档"工具栏之间，如图 3-16 所示；但工作区预设布局为"设计器"模式时，"插入"工具栏则在窗口右边的功能面板中显示，如图 3-17 所示。工作区预设布局为"设计器"模式时，将"插入"面板按住鼠标左键拖到菜单栏下，当出现一根蓝色线条时松开，其也显示在如图 3-16 所示的位置。

图 3-16 "插入"工具栏

图 3-17 "插入"面板

1）"常用"选项卡。它是"插入"工具栏中默认的选项卡，用户可利用它插入图像、表格、链接、媒体之类最常用的对象，如图 3-18 所示。

图 3-18 "常用"选项卡

2）"布局"选项卡。单击"插入"工具栏中"布局"按钮，显示如图 3-19 所示的"布局"选项卡。用于处理表格、Div 标签、AP Div 和框架，通过这些对象可以定义页面布局，提供标准视图和扩展视图两种模式来使用表格。

图 3-19 "布局"选项卡

3）"表单"选项卡。单击"插入"工具栏中"表单"按钮，显示如图 3-20 所示的"表单"选项卡，其为用户提供了用来创建基于网页表单的基本构件。

图 3-20 "表单"选项卡

4）"数据"选项卡。单击"插入"工具栏中"数据"按钮，显示如图 3-21 所示的"数据"选项卡，该选项卡主要用来添加与网站后台数据库相关的动态交互元素，如记录集、重复区域以及插入表单和更新记录表单等。

图 3-21 "数据"选项卡

5）"Spry"选项卡。单击"插入"工具栏中"Spry"按钮，显示如图 3-22 所示的"Spry"选项卡。Spry 构件是一个 JavaScript 库，具有 XML 驱动的列表和表格、折叠构件、选项卡式面板、Spry 工具提示等元素，为网页设计人员提供便利，创建给站点访问者带来更多丰富体验的网页。

图 3-22 "Spry"选项卡

6）"InContext Editing"选项卡。单击"插入"工具栏中"InContext Editing"按钮，显示如图 3-23 所示的"InContext Editing"选项卡。该选项卡中包含"创建重复区域"和"创建可编辑区域"两个供生成 InContext 编辑页面的按钮。

图 3-23 "InContext Editing"选项卡

7）"文本"选项卡。单击"插入"工具栏中"文本"按钮，显示如图 3-24 所示的"文本"选项卡。该选项卡用于插入各种文本格式和列表格式的标签。它包含最常用的文本格式的 HTML 标签，如强调文本、改变文本字体或创建项目列表需要的选项。"文本"类别 包含了一些字符按钮和特殊字符。

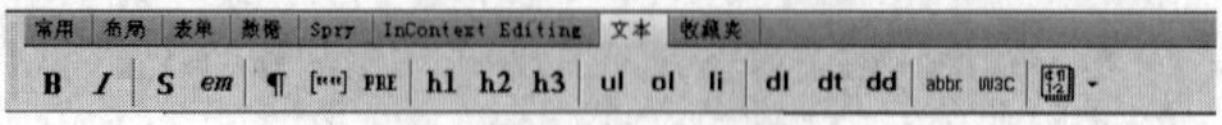

图 3-24 "文本"选项卡

8）"收藏夹"选项卡。单击"插入"工具栏中"收藏夹"按钮，显示如图 3-25 所示的"收藏夹"选项卡。

图 3-25 "收藏夹"选项卡

右击该选项卡，选择弹出的下拉菜单中"自定义收藏夹"命令，随即打开如图 3-26 所示对话框。用户根据需要添加常用的按钮进行收藏，然后单击"确定"按钮即可。

图 3-26 "自定义收藏夹对象"对话框

"插入"工具栏有两种显示方式：选项卡显示和菜单显示。如果需要菜单样式，右击"插入"工具栏，在弹出的下拉菜单中选择"显示为菜单"命令，如图 3-27 所示，可以将"插入"工具栏恢复为菜单显示方式，如图 3-28 所示。在菜单显示方式下，单击"常用"按钮，在弹出的下拉菜单中选择"显示为制表符"命令。可以转换到选项卡显示方式，如图 3-29 所示。

图 3-27 选项卡式"插入"工具栏

图 3-28 菜单式"插入"工具栏

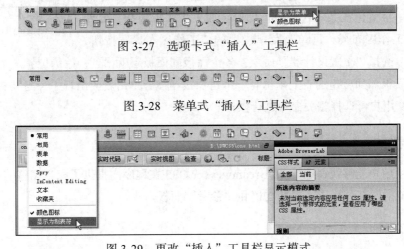

图 3-29 更改"插入"工具栏显示模式

5. 属性检查器

Dreamweaver CS5 中的属性检查器可以显示并编辑当前选定的页面对象以至整个网页的属性。选择"窗口"菜单中的"属性"命令或者直接按 Ctrl+F3 组合键，就可以显示或隐藏属性检查器，如图 3-30 所示。

在属性检查器中修改被选中对象的属性，会直接在文档窗口中反映出来。属性检查器中一般显示的是所选对象的常用属性。如需查看对象的详细属性，单击面板右下角的扩展／折叠按钮即可。

图 3-30　属性检查器

6. 面板组

Dreamweaver 提供一套面板和面板组以处理不同的复杂界面。每一个面板组都包含数个面板，每个面板都有自己的标签。可以拖动每一个标签在面板间移动。面板组可以是浮动的，也可以停放在一起。面板组内的面板显示为选项卡，如图 3-31 所示。

单击面板右上角的"折叠为图标"（██）或者"展开面板"（██）图标可以折叠和展开面板。用户可将鼠标指针放在文档编辑窗口与面板交界的框线处，当鼠标指针呈现双向箭头时拖拽鼠标，调整编辑区的大小，还可按 F4 键将面板隐藏以得到更大的文档编辑区。

图 3-31　面板组

在众多的面板组集合的部分，如果要将其中的一个面板或者面板组拖出来，用户可以将鼠标指针放在其面板名称（标签名）上或者面板组名称的后面，按下鼠标左键就可将其拖出。拖出来的面板也再拖回原来的位置，直接将它拖向原来的位置，当看到在上方面板组旁出现一根蓝色线条时松开鼠标即可。如果将面板拖乱，要恢复到初始的工作区布局，可单击菜单栏上的"工作区布局"按钮，在下拉菜单中选择"重置设计器"命令，各个面板和面板组就回到初始的位置。

在每个面板和面板组的右上角都有一个选项按钮██，单击就会出现一个与其功能相关的下拉列表框，用户可选择相关命令进行操作。

3.3　获取帮助

为了方便用户能够快速地学习，Dreamweaver CS5 在程序内提供了相当完整的帮助文件，整个帮助系统由两部分构成：帮助文档和"参考"面板。

3.3.1　帮助文档

选择"帮助"菜单中的"帮助"可以打开在线帮助文档，它分为左右两个窗口，如图 3-32 所示。左边是搜索选项，右边是分类的帮助教程。

3.3.2　"参考"面板

"参考"面板为用户提供了标记语言、编程语言和 CSS 样式的快速参考工具。它提供了有关用户在"代码"视图（或代码检查器）中处理的特定标签、对象和样式的信息。"参考"面板还提供了可粘贴到文档中的示例代码。

在编辑窗口中选择"窗口"|"结果"|"参考"命令。打开的面板如图 3-33 所示。"书籍"下拉列表框包括了 CSS、HTML、JavaScript、ASP.NET、PHP、JSP 等参考信息。如果用户

需要查看某个标签的使用方法，可以先在"Tag"下拉列表框中选中要查看的标签名称，再在右侧的下拉列表框中选择与该标签相关的属性或描述。

图 3-32　Dreamweaver CS5 帮助窗口

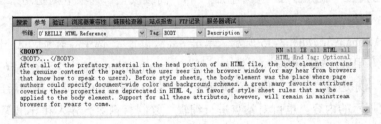

图 3-33　"参考"面板

3.4　创建本地站点

站点是存储所有 Web 网站文件和资源的地方，在开始使用 Dreamweaver CS5 之前，应创建本地站点。一个本地站点需要有一个名称和一个本地目录，以告诉 Dreamweaver CS5 将要存放所有站点文件的位置，每个网站都需要有自己的站点。

3.4.1　规划站点结构

在做任何事情之前都要做好充分的准备工作。用户在制作一个网站时，除了要收集或制作网站中需要的图像素材，还需要对这个网站的相关信息进行详细了解，文字资料的收集也很重要。有了这些资料，就要对网站的布局进行规划，同时要考虑与这个网站相关的一些外部影响因素。

规划站点结构是指利用不同的文件夹将不同的网页内容分别保存在各个文件夹中，合理地组织站点结构。

在规划站点结构时，用户应在本地磁盘上创建一个文件夹作为站点的根目录，根据站点内容，所有被创建和编辑的网页都保存在该文件夹或下属子文件夹中。发布站点时，只需将站点文件夹中所有内容上传到 Web 服务器上即可。

由于站点是提供给全球各地用户浏览的，因此有必要保证不同操作平台的用户都可以访问页面。在对文件及文件夹命名的时候，应回避中文和长文件名，最好使用小写。

3.4.2 引例

如图 3-34 所示的站点是通过 Dreamweaver CS5 新建出来的，如何来操作呢？

在 Dreamweaver CS5 中，站点通常包含两部分：本地站点和远程站点。本地站点是本地计算机上的一组文件，远程站点是远程 Web 服务器上的一个位置。用户将本地站点中的文件发布到网络上的远程站点，供公众访问它们。通常先在本地磁盘上创建本地站点，然后创建远程站点，再将这些本地站点的网页副本上传到一个远程 Web 服务器上。本节只介绍如何创建本地站点。

图 3-34   站点结构图

进入 Dreamweaver CS5 工作界面后，选择"站点"菜单中的"新建站点"命令，弹出"站点设置对象未命名站点 2"的站点定义对话框，这个对话框包括"站点"、"服务器"、"版本控制"和"高级设置"4 个选项卡，"站点"选项卡可以完成一个本地站点建立过程，"服务器"、"版本控制"和"高级设置"选项卡则是用来设置站点的各个属性。在此"站点"对话框选项卡中输入新建站点的名称"wuhan"，本地站点文件夹选择或输入"D:\wuhan\"，如图 3-35 所示。单击"高级设置"，选中"本地信息"选项，在"默认图像文件夹"中选择输入相应的文件夹，如"D:\wuhan\images\"，如图 3-36 所示。

各项内容填好之后，单击"保存"按钮，一个站点就建好了。站点建好后用户需要创建网页来组织要展示的内容。也可对站点进行编辑、复制、删除、导入和导出等操作。新建、删除、复制、移动文件和文件夹操作也可直接在资源管理器中操作。

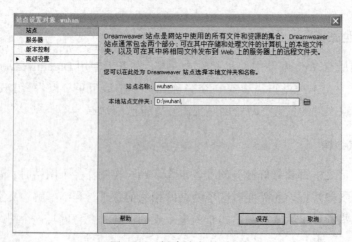

图 3-35   创建站点对话框

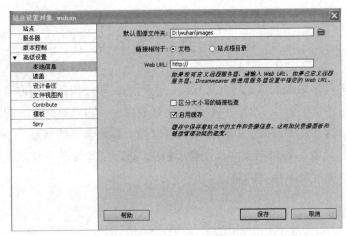

图 3-36 创建站点对话框

本章小结

本章重点讲解了网页中的基本元素、Dreamweaver CS5 的界面元素、如何获取帮助和创建本地站点等内容。通过对这些知识点的学习，用户对网页中的基本元素不再陌生，特别是创建本地站点的内容，这也是制作一个好网站的必要前提。掌握了这些基本知识，对以后的学习起着重要作用。

思考题

1. Dreamweaver CS5 有哪几种保存网页的方式，它们之间有什么区别？

2. 网页中的基本元素有哪些？

3. Dreamweaver CS5 的工作区主要包括哪些内容？

4. 常用面板包括哪些内容？

5. 如果你需要的面板找不到，怎么处理？

6. 简述创建站点的流程。

上机操作题

1. 访问新浪网主页（http://www.sina.com）或武汉大学主页（http://www.whu.edu.cn），将其网页另存为 HTML 文档，并在 Dreamweaver 中打开它，查看各种网页元素并找出其 Logo 图片。

2. 创建一个如图 3-37 所示的本地站点。

3. 在 Dreamweaver CS5 中新建一个名为 index.htm 的网页。

操作要求：标题为"我的个人网站"，插入一幅背景图片，网页中插入三行文字，设置格式为居中，大小为 24px。输入第一行文字为"欢迎光临我的个人网站"，第二行文字为"这是我做的第一个网页"，第三行文字为"请多多指教"，并在 IE 浏览器中预览网页效果。在编辑界面查看各项菜单有哪些命令；对面板组进行操作，显示 / 隐藏各面板等。

图 3-37 本地站点

第 4 章　制作简单网页

网页是网站的基本组成元素，因此要建立一个网站，第一步就是创建和编辑网页。对网页的基本操作包括网页的创建、网页的命名、网页的保存，以及打开已有的网页和设置网页的基本属性。有了这些基本设置，在网页中就可以插入各种常见的对象，并对这些对象的属性进行设置。这些对象主要包括文本、图像、Flash 动画、背景音乐等元素。通过本章的学习，用户就能独立完成简单网页的制作了。

4.1　文本及排版

文本是网页制作的核心内容，网页中除了图像，文本占绝大的比重。因此在网页制作过程中文本的设置也显得至关重要。设置文本时一般会用到 HTML 样式与 CSS 样式，以节省文本格式的重复设置。在输入文本时不可能一点儿错误也不犯，为方便查找更正错误录入，Dreamweaver 为用户提供了"查找和替换"与"拼写检查"功能。

4.1.1　插入文本

在页面中插入文本的方法大致有三种。第一种是直接输入法，在打开 Dreamweaver 文档窗口时，将光标定位到需要输入文本的地方，直接键盘输入即可。第二种方法是复制和粘贴，选取合适的文本，直接复制到 Dreamweaver 文档窗口中的光标所在处。最后一种方法是导入已有 Word 文档，在 Dreamweaver 文档窗口中，将光标定位到要导入文本的地方，选择菜单"文件" | "导入" | "Word 文档"命令，弹出"导入 Word 文档"对话框，在其中选择要导入的 Word 文档，单击该对话框的"打开"命令，就可以导入文本了。

在网页中插入文本对象的同时，还可以选择"插入"面板中"文本"选项卡的 按钮插入一些特殊符号，如果在下拉列表中没有合适的符号，就单击 按钮，在弹出的"插入其他字符"对话框中进行选择，如图 4-1 所示。

通常有些用户还会在网页中插入水平线，可以用来分隔整个网页内容。

图 4-1　"插入其他字符"对话框

4.1.2　引例

　　小强在上网浏览一些网页时，觉得有些文本排版看起来很舒服，如图 4-2 所示，听朋友说可以通过文本排版来实现，他很想知道如何进行文本排版，下面我们就来讲解一下如何完成文本的排版及文本的排版还有哪些功能。

送别

"送战友踏征程，默默无语两眼泪汩耳边响起驼铃场声。路漫漫雾蒙蒙，革命生涯常分手，一样分别两样情。战友啊，战友，亲爱的弟兄，当心夜半北风寒，一路多保重⋯⋯"

图 4-2　经过排版后的文本

4.1.3　格式化文本

　　文本格式一般包括文本的字体、字号、颜色及文本的对齐方式等。

　　Dreamweaver CS5 将两个属性检查器（CSS 属性检查器和 HTML 属性检查器）集成为一个属性检查器。属性检查器中的各种属性都按照类别划分到相应的 HTML 代码和 CSS 样式标签下。两个标签将 HTML 格式和层叠样式表（CSS）格式完全分开，我们可以有选择性地设置文本属性。当选择 HTML 格式时，属性检查器中呈现与 HTML 相关的选项，设置完成后，Dreamweaver CS5 会将属性添加到页面正文的 HTML 代码中。同样，如果应用了 CSS 样式，Dreamweaver CS5 就会将属性写入文档头或单独的样式表中。CSS 使 Web 设计人员和开发人员能更好地控制网页设计，同时提供辅助功能并压缩文件大小。CSS 属性检查器既能够访问现有样式，也能创建新样式。

　　选中一段文本，如果属性检查器没有打开，则将其打开（选择菜单"窗口"｜"属性"或按"Ctrl+F3"组合键），并单击"CSS"按钮，如图 4-3 所示。

图 4-3　属性检查器

在属性检查器中编辑 CSS 规则，通过各个选项对该规则进行更改。

- "目标规则"下拉列表框中的选项显示正在编辑的规则。在对文本应用现有样式的情况下，在单击页面的文本时，将会显示影响文本格式的规则。如果要创建新规则，在"目标规则"下拉列表框中选择"新 CSS 规则"选项，然后单击"编辑规则"按键，在打开的"新建 CSS 规则"对话框中进行设置。
- "编辑规则"按钮用于打开目标规则的"CSS 规则定义"对话框。如果从"目标规则"弹出菜单中选择了"新 CSS 规则"并单击"编辑规则"按钮，Dreamweaver 则会打开"新建 CSS 规则"对话框。
- "字体"下拉列表框用于更改目标规则的字体。
- "大小"下拉列表框用于设置目标规则的字体大小。
- "文本颜色"选项可以将所选颜色设置为目标规则中的字体颜色。单击颜色框选择 Web 安全色，或在相邻的文本框中输入十六进制值的颜色值（如 #FF0000）。
- "粗体"按钮用于向目标规则添加粗体属性。
- "斜体"按钮用于向目标规则添加斜体属性。
- "对齐"按钮用于向目标规则添加各个对齐属性，如左对齐，居中对齐等。

注意："字体"、"大小"、"文本颜色"、"粗体"、"斜体"和"对齐"属性始终显示应用于"文档"窗口中当前所选内容的规则的属性。在更改其中任何属性时，将会影响目标规则。

在属性检查器中选择 <> HTML 按钮，如图 4-4 所示，可对常用的 HTML 标记（如段落 p 等）进行设置。

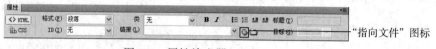

"指向文件"图标

图 4-4   属性检查器

各选项的含义如下：

- "格式"下拉列表框用于设置所选文本的段落样式。"段落"应用 <p> 标签的默认格式，即"标题 1"添加 H1 标签等。
- "ID"下拉列表框用于为所选内容分配一个 ID。"ID"下拉菜单将列出文档的所有未使用的已声明 ID。
- "类"下拉列表框用于显示当前应用于所选文本的类样式。如果没有对所选内容应用过任何样式，则弹出菜单显示"无"。如果已对所选内容应用了多个样式，则该菜单是空的。
- "粗体"按钮用于根据"编辑"菜单中的"首选参数"对话框中"常规"类别设置的样式首选参数，将 <b> 或 <strong> 应用于所选文本。
- "斜体"按钮用于根据"首选参数"对话框中"常规"类别设置的样式首选参数，将 <i> 或 <em> 应用于所选文本。
- "项目列表"按钮用于创建所选文本的项目列表。如果未选择文本，则启动一个新的项目列表。
- "编号列表"按钮用于创建所选文本的编号列表。如果未选择文本，则启动一个新的编号列表。
- "内缩区块"和"删除内缩区块"按钮用于通过应用或删除 <blockquote> 标签，缩进所选文本或删除所选文本的缩进。在列表中，缩进创建一个嵌套列表，而删除缩进则取消嵌套列表。
- "链接"下拉列表框用于创建所选文本的超文本链接。可单击"文件夹"图标浏览站点中的文件；或输入 URL；或将"指向文件"图标拖到"文件"面板中的文件；或将文件从"文件"面板拖到框中。
- "标题"文本框用于为超级链接指定文本工具提示。
- "目标"下拉列表框用于指定将链接文档加载到哪个框架或窗口：_blank 将链接文件加载到一个新的、未命名的浏览器窗口；_parent 将链接文件加载到该链接所在框架的父框架集或父窗口中；_self 将链接文件加载到该链接所在的同一框架或窗口中，此目标是默认的，因此通常不需要指定它；_top 将链接文件加载到整个浏览器窗口，从而删除所有框架。

1. 设置字符格式

在网页中，用户往往使用一些加粗、倾斜的文字，或者通过更改文字的大小、字体及颜色来美化网页。设置字符字体、字号、斜体、加粗等，可以通过设置"属性检查器"来实现。

【例 4-1】将图 4-2 页面中的"送别"设置为 24 号、隶书、粗体，颜色代码为 #36C。

1）选择文档中的"送别"字样。

2）单击"属性检查器"中的"CSS"按钮，在"目标规则"下拉列表框中选择"新内联样式"。

3）单击"字体"下拉列表框，从中选择"隶书"选项。如果字体列表框中没有所需的字体，可以通过单击"编辑字体列表"来添加，如图 4-5 与图 4-6 所示。

图 4-5　字体列表

图 4-6　"编辑字体列表"对话框

4）单击"大小"下拉列表框，从中选择"24"选项或直接输入数值。

5）在"颜色"右侧的文本框中输入颜色代码"#36C"或"#3366CC"，也可以直接用选色棒在拾色器上取色，如图 4-7 所示。

6）单击 **B** 按钮，得到如图 4-2 所示的效果。

CSS 代码为：

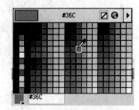

图 4-7　拾色器

```
<p style="font-family: '隶书 '; font-weight: bold; font-size: 24px; color: #36C;">送别 </p>
```

以上操作也可通过选择"新 CSS 规则"进行设置。

2. 使用段落和标题

使用 HTML 属性检查器中的"格式"下拉列表框，可设置所选文本（一般是标题文本）的段落样式。"段落"应用 <p> 标签的默认格式，如"标题 1"添加 <H1> 标签，设置该选项可以将所选的文本设置成各种标题。Dreamweaver 中提供的标题号越小，字体越大，如图 4-8 所示。

要为某个段落设置标题样式，只需将光标置于该段或选择整个段落，然后选择 HTML 属性检查器的"格式"下拉列表框中的任意一种标题样式即可。

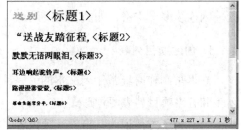

图 4-8　不同标题字体不同

3. 对齐文本

在编辑文本过程中，有时需要采用不同的对

齐方式。用户通过 CSS 属性检查器中的"对齐"按钮来完成文本的对齐。对齐方式有右对齐、居中对齐、左对齐、两端对齐。

4. 缩进与扩展

如果要让段落整体向中间缩进，可以单击 HTML 属性检查器中的"内缩区块"按钮≡；如果要让段落整体向左侧展开，可以单击 HTML 属性检查器中的"删除内缩区块"按钮≡。也可通过"格式"菜单中"缩进"和"凸出"命令来实现。

5. 首行缩进

在中文书写中，习惯每段第一行文字都要缩进两个汉字的宽度。由于浏览器将会忽略代码中的空格，所以希望用户使用"插入"工具栏插入空格符。在"插入"工具栏中切换到"文本"选项卡（经典模式下），如图 4-9 所示。

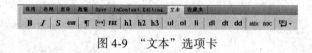

图 4-9 "文本"选项卡

然后在选项卡中单击"换行"按钮后的下拉按钮，在展开的下拉列表中选择"不换行空格"，如图 4-10 所示。此时会打开警告窗口，提示由于文档中使用的不是西欧字符，有些浏览器可能不会正常显示特殊字符，如图 4-11 所示。勾选"以后不再显示"复选框，然后单击"确定"按钮。再插入 3 个不换行空格，此时将在段落文本前出现两个字的空格。此外，还可以在代码视图中输入" "进行空格的输入，或使用全角模式输入空格：选择一种中文输入法，将半角切换为全角后，再按空格键就可以添加多个空格。

图 4-10 选择"不换行空格"

图 4-11 警告窗口

另外，输入连续的多个空格，可在"编辑"菜单的"首选参数"对话框中进行设置，勾选"常规"类中"编辑选项"栏的"允许多个连续的空格"，单击"确定"按钮后就可以直接输入连续多个空格，如图 4-12 所示。

4.1.4 创建项目列表

在网页制作时经常用到文本的另一种形式，这就是项目列表。项目列表可分为无序项目列表和有序项目列表两种形式。

有时为了方便说明某事或某项内容，在使用项目列表时可能还会用到嵌套项目列表，即在当前项目列表下还包含一层或多层项目列表。

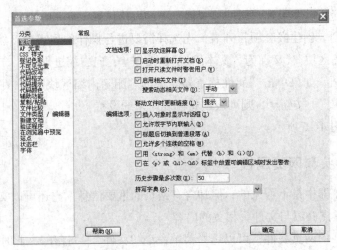

图 4-12 "首选参数"对话框

1. 无序项目列表

无序项目列表通常用各种几何符号来表示其列表关系，其主要用于一种并列关系的元素组合，各列表项之间并不存在先后主次的顺序。

如果要创建无序项目列表，应先选择要应用无序项目符号的所有段落。然后单击 HTML 属性检查器中的"项目列表"按钮 ≣ 即可为文本添加项目符号。默认状态下使用的项目符号为"点"，可以根据需要单击"列表项目"按钮，在"列表属性"对话框中更改项目符号，如图 4-13 所示。

图 4-13 "列表属性"对话框

选择要添加无序项目符号的段落，单击"项目列表" ≣ 按钮，如图 4-14 所示。

· 战友啊，战友，亲爱的弟兄，当心夜半北风寒，一路多保重……" ｜

图 4-14 无序列表文本

将光标放在文本的末尾，然后按下回车键，此时将出现列表的第 2 项，然后在后面输入文字。依此类推，就可以将所有列表项中的文本填写完整。在输入最后一项后，连续两次按下回车键，项目符号就会消失，即结束列表制作。

2. 有序项目列表

有序项目列表也称为编号列表，代表一种进程，各列表项之间存在着先后过程，通常用阿拉伯数字或字母等有序符号表示。

如果要创建有序列表，只要在开始时按下"编号列表"按钮即可，创建出的列表如图 4-15 所示。

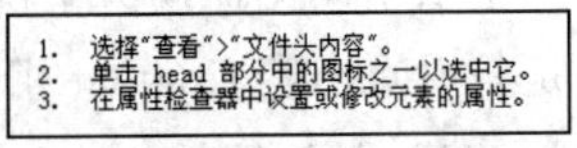

1. 选择"查看">"文件头内容"。
2. 单击 head 部分中的图标之一以选中它。
3. 在属性检查器中设置或修改元素的属性。

图 4-15 创建出有序列表

如果需要将无序列表转换为有序列表，可以先选中所有列表中的文字，然后单击"属性检查器"上的"编号列表"按钮 ≣。如果要将有序列表转换为无序列表，可以在选中文字后单击"项目列表"按钮 ≣。

3. 嵌套项目列表

如果想把不同级别的文本内容用列表的形式表现出来，则需要用到项目列表的嵌套。创建项目列表的嵌套，需要用到"属性检查器"上的段落扩展 / 缩进按钮。

　　要利用项目列表创建嵌套项目列表，先选择需要进行操作的列表项。然后单击"属性检查器"中的"内缩区块"（又称为"文本缩进"）按钮 ，向右缩进形式不同级子列表项。如果单击"属性检查器"中的"删除内缩区块"（又称为"文本扩展"）按钮 ，则列表项将恢复原来的设置。

　　嵌套列表如图 4-16 所示。

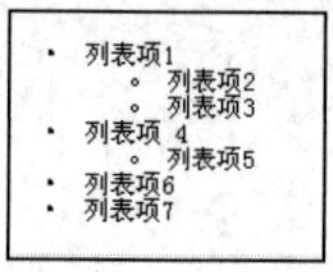

図 4-16　嵌套项目列表

4.2　设置文件头和网页属性

　　文件头在浏览器中是不可见的，但却含有网页的重要信息。它还可以实现一些非常重要的功能，以下将重点介绍与文件头相关的内容。

　　对于已经存在的网页文件，可以选择菜单命令"文件"|"打开"，此时将打开如图 4-17 所示对话框。在站点根目录 wuhan 下找到并选中已经存在的文件 index.htm，然后单击"打开"按钮将其在编辑窗口中打开。

图 4-17　"打开"对话框

4.2.1　设置网页的编码

　　在设计视图下选择菜单命令"查看"|"文件头内容"，将在快捷工具栏下显示文件头窗口，如图 4-18 所示。默认情况下文件头窗口中有三个图标，其中前两个图标各代表一个头部对象。双击其中的第一个图标 ，在打开的"属性检查器"上可以查看该对象的属性，如图 4-19 所示。该对象定义了网页的编码类型为 gb2312（简体中文国标码），其中"属性"项用来表示浏览器网页中使用的是 HTTP 通信协议；"值"表示浏览器下面的"内容"项定义是与网页内容 Content 相关的；而"内容"项定义的是网页的编码方式和字符集，通过修改"内容"文本框内 charset 的值即可设置网页的编码。

　　设置编码的好处在于：不论访问者使用何种浏览器，也不论是中文版还是西文版，都不必对浏览器进行任何语言设置。浏览器打开该网页时就会根据该对象中的设定自动找到合适的字符集，从而解决不同语种间的网页不能正确显示的现象。

图 4-18 文件头窗口

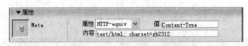

图 4-19 "属性"面板

4.2.2 设定文档标题

前面介绍了第一个图标 的功能，第二个图标可以用来指定网页的标题文本，网页标题是打开网页时标题栏位置上的文字。默认情况下，Dreamweaver 中新建文件的标题为"无标题文档"。

单击该图标打开对应的"属性"面板，在其中可以输入新的网页标题，如图 4-20 所示。

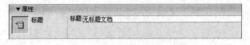

图 4-20 修改网页标题

4.2.3 添加关键字

文件头中除了定义字符集、文档标题外，还可以添加很多对象。例如，可以为当前文档定义关键字，关键字用来协助网络上的搜索引擎寻找网页。很多浏览者都是先通过搜索引擎找到该网页的。

在"插入"面板上中选择"常用"类，单击其中的"文件头"按钮，在展开的"文件头"下拉菜单中选择"关键字"命令，如图 4-21 所示。

也可通过菜单操作，单击"插入"|"HTML"|"文件头标签"，在弹出的菜单中选择"关键字"命令。此时将打开"关键字"对话框，在其中的文本框中输入与网站相关的关键字，如果有多个关键字，可以用逗号将关键字分隔开，如图 4-22 所示。

图 4-21 "插入"面板

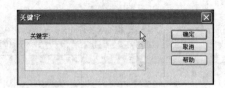

图 4-22 "关键字"对话框

4.2.4 设置网页的刷新

网页刷新通常用于两种情况:第一种情况是在打开某个网页后的一定时间内,让浏览器自动跳转到一个新网页;第二种情况是用于需要经常刷新的网页,可以让浏览器每隔一段时间自动刷新自身网页。

在"文件头"下拉菜单中选择"刷新",此时将会打开"刷新"对话框,如图 4-23 所示。

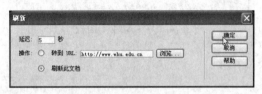

图 4-23 "刷新"对话框

如果希望在 5 秒后让网页自动跳转到新网页中去,就应该在"延迟"文本框中设置刷新间隔的时间为 5 秒,然后在"转到 URL"文本框中输入要跳转到的网页的路径。此处设置跳转后的网站是武汉大学。

如果要自动刷新当前网页,在"操作"选项组中选择"刷新此文档"。

4.2.5 插入 meta 对象

meta 标签是记录有关当前页面的信息(如字符编码、作者、版权信息或关键字)的文件头元素。这些标签也可以用来向服务器提供信息,如页面的失效日期、刷新间隔和 PICS 等级。(PICS 是 Internet 内容选择平台,它提供了向 Web 页分级(如电影等级)的方法。)

- "属性"指定 meta 标签是否包含有关页面的描述性信息(name)或 HTTP 标题信息(http-equiv)。
- "值"指定在该标签中提供的信息类型。
- "内容"是实际的信息。

如果需要添加作者信息的话,在"文件头"下拉菜单中,选择的是"META",此时打开了 meta 对话框,在对话框中的"属性"下拉列表框中选择"HTTP-equivalent",然后在"值"文本框中输入 meta 内容的类型"author",并在"内容"文本框中输入作者的具体信息。然后单击"确定"按钮后插入该对象。

当添加上面这些对象后,将在文件头窗口中显示一系列图标,如图 4-24 所示。如果需要删除头对象,选择头对象,按 Delete 键即可。

图 4-24 文件头窗口

通过以上设置,网站首页的头部就设定好了。选择菜单"文件"|"保存"即可。

4.3　插入表格

使用过文字处理的用户，对于表格一定不会陌生，表格能让所有的版面看起来更加井然有序，把表格应用到网上也有这样的效果，它可以进行数据输入、分类列表，也是网页进行版面布局常用的结构。

4.3.1　引例

在网上浏览时，总会发现一些制作精美的表格（如图 4-25所示），我们如何利用 Dreamweaver 制作类似这样的表格呢？

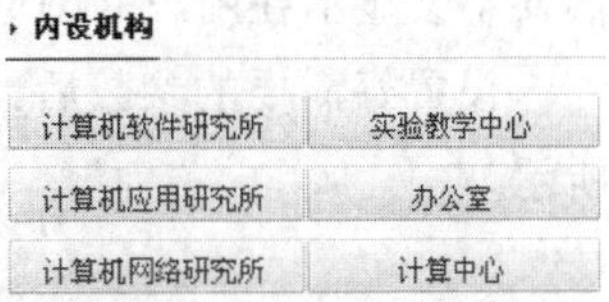

4.3.2　制作表格

1. 制作简单表格

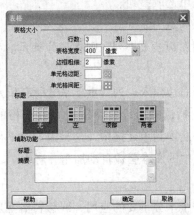

图 4-25　精美表格

将光标定位到要插入表格的地方，单击"插入"菜单中的"表格"命令，或单击"插入"面板中"常用"类的"表格"命令，打开如图 4-26 所示的"表格"对话框。"表格"对话框中分为："表格大小"、"标题"和"辅助功能"三部分，它们被三条灰色的线分开，对话框中有一些默认的参数值。

1）在"表格大小"栏的"行数"输入框中设置要创建的表格的行数为 3。在"列数"输入框中设置表格的列数为 3。

2）"表格宽度"输入框用于设置表格的宽度，右侧的列表中可选择"像素"或"百分比"，各选项的含义如下：

- 像素：若选择该项则将表格设置为固定宽度。
- 百分比：若选择该项，则按占浏览器窗口的百分比指定表格的宽度。

3）"边框粗细"输入框用于设置表格边框的粗细。输入大于 0 的整数表示有边框，若输入 0 表示在网页中不显示边框，在设计页面中以虚线表示。此时设置为 2。

图 4-26　"表格"对话框

4）"单元格边距"输入框用于输入单元格边框和单元格内容之间的像素数。

5）"单元格间距"输入框用于输入单元格与单元格间的间距值，值越大间距越宽。

6）"标题"栏用于设置"标题"（表头或页眉）在表格中的位置，它们的含义如下：

- 无：插入不带表格标题列的表格。
- 左：插入左侧为表格标题列的表格。
- 顶部：插入顶部为表格标题列的表格。
- 两者：插入左侧和顶部都为表格标题列的表格。

7）"辅助功能"栏中的"标题"栏用于设置表格的标题，对应的 HTML 标记为 <caption>。"摘要"部分是对这个表格的一些说明，屏幕阅读器可以读取摘要，不过，这个摘要不会显示在用户的浏览器中。

设置好需要的参数后，单击"确定"按钮即可将设置的表格插入设计页面中。如图 4-27 所示。

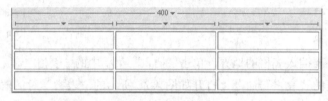

图 4-27 插入表格

8）单击插入表格中的表格宽度数值"400"旁的向下箭头。各选项的含义如下：

- 选择表格：选择该项，就可选取整个表格。
- 清除所有行高：选择该项，表格高度为默认值。
- 清除所有宽度：选择该项，表格宽度缩为一个字符宽。
- 使所有宽度一致：固定为第一行中所有单元格的宽度。
- 隐藏表格宽度：选择该项后表格中的宽度显示线被隐藏。此时，可选择"查看"|"可视化助理"|"表格宽度"命令使其显示。

9）单击表格宽度数值"400"下方的向下箭头按钮。各选项的含义如下：

- 选择列：选择该项，就可选取整列。
- 清除列宽：选择该项，列宽为默认值。
- 左侧插入列：在当前列左边插入一列，则将平分单元格宽度，同时每个单元格下方出现列按钮。
- 右侧插入列：在当前列右边插入一列，重新平分所有单元格宽度。

如果插入表格时"标题"栏选中的是"两者"，那在表格的第 1 行中输入文字，就会发现单元格中的文字自动加粗并居中到单元格中，这是因为第 1 行中的单元格被定义成了一种特殊的单元格——表头。表头中的文本会被自动加粗并居中。

2. 制作嵌套表格

嵌套表格是表格布局中一个十分重要的应用，嵌套表格就是在一个表格的单元格中再插入一个表格。嵌套表格的宽度受所在单元格的宽度限制。

插入嵌套表格的步骤：

1）将光标定位到要插入表格的单元格中。

2）单击"插入"面板中"常用"类的"表格"按钮囲，打开"表格"对话框。

3）根据需要分别输入行数、列数、宽度和边框等项。然后单击"确定"按钮。如图 4-28 所示。

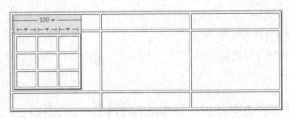

图 4-28 嵌套表格

4.3.3 编辑表格

1. 编辑表格的基本操作

（1）选择表格

如果需要编辑、修改表格，首先必须选中表格，选中表格后它的周围就会出现一个黑边框，其右边和下边带有黑色的控制点。选择表格的方法有以下几种：

- 将鼠标移到表格上鼠标变为🖱图标时，单击鼠标左键即可。
- 将鼠标移到表格的边框线上，表格四周的边框线呈现红色，并且光标变为➕时单击鼠标左键即可。
- 将光标定位到表格中，表格弹出绿线的标志，单击标有宽度大小的绿线中的▼按钮。然后从列表中选取"选择表格"项即可。
- 在表格中任意位置处单击，然后单击标签选择器上该表格对应的 <table> 标签，就可以把整个表格选中。
- 在表格中任意位置处单击，然后按下"Ctrl+A"组合键两次就可以将整个表格选中。

（2）选择行列

- 将光标移到要选定的行的左侧，当所选行的边框线变为红色时单击鼠标左键即可。外层表格行的选定如图 4-29 所示，嵌套表格行的选定如图 4-30 所示。

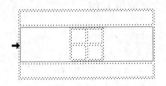

图 4-29 外层表格行的选定

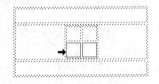

图 4-30 嵌套表格行的选定

- 将光标定位到所选行最左侧的单元格中，再水平拖动鼠标到该行中最终一个单元格中释放鼠标也可选定嵌套表格的行。
- 在表格中要选中行的任意位置处单击，然后单击标签选择器上该行对应的 <tr> 标签，就可以把整行选中。

列的选取方法与行类似，只是从上方来选取，如图 4-31 所示为选取外层表格的列，图 4-32 所示为选取嵌套表格的列。

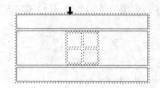

图 4-31　选取外层表格的列

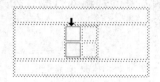

图 4-32　选取嵌套表格的列

（3）选择单元格

选择单元格分为单选单元格和多选单元格两种情况。

- 单个单元格的选定方法很简单，只需将光标定位到要选定的单元格中即可。
- 选择相邻的多个单元格的方法：将鼠标光标定位到开始的单元格中，按下鼠标左键不放，并开始拖动鼠标到同一个表格中需要选取的单元格区域的最后一个单元格中释放鼠标即可。
- 选中不相邻的单元格的方法：按住键盘的 Ctrl 键，用鼠标单击要选中的单元格，可以选定任意多个不相邻的单元格。

（4）合并与拆分单元格

合并与拆分单元格是设计网页中经常用到的操作。

合并单元格的步骤如下：

1）选取要合并的单元格区域。

2）单击 HTML 属性检查器左下角的 按钮即可。如果未见 按钮，则点击右下角 按钮可使 按钮出现。

拆分单元格时，可以将单元格拆分成几列，也可以将单元格拆分成几行，其拆分方法相同。下面以拆分成若干行为例来介绍拆分操作：

1）将光标定位于要拆分的单元格中。

2）单击"属性检查器"中的 按钮，弹出"拆分单元格"对话框。

3）在"把单元格拆分"栏中，选中"行"单选项。

4）在"行数"框中输入要拆分的行数，如输入 3。

5）单击"确定"按钮，即可按设置的参数拆分指定的单元格。

拆分列的方法与拆分行的方法类似。

（5）插入行列

- 插入单行

插入单行有两种情况：一种是在当前行上方插入行；另一种是在当前行下方插入行。在当前行的下方插入行的方法与在当前行的上方插入行的方法基本相同。

下面以在当前行的上方插入行为例说明插入步骤：将光标定位到要插入行的单元格中，选择"插入"|"表格对象"|"在上面插入行"命令，即可在当前行的上方插入一行，并且该行成为当前行。选择"修改"|"表格"|"插入行"命令，或在当前单元格上单击鼠标右键，在弹出的菜单中选择"插入行"命令也可以实现插入行功能。

● 插入多行

插入多行的步骤：将光标置于表格中希望插入多行的位置上，单击鼠标右键，在弹出的菜单中选择"表格"|"插入行或列"命令，如图 4-33 所示，此时将打开一个"插入行或列"对话框。在"插入"选项组中选择"行"，在"行数"文本框中输入数值 3，在"位置"选项组中选中"所选之上"。单击"确定"按钮后就能在光标所在的单元格之上插入 3 行。

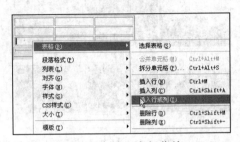

图 4-33　插入多行菜单

● 插入列

插入列有两种情况，一是在当前列的左边插入一列，另一种是在当前列的右边插入一列。两种情况基本类似。

插入列的步骤：在要插入列的位置单击鼠标左键，再单击该列下方的 按钮，从弹出的列表中选择"左侧插入列"或"右侧插入列"项即可将列插入对应的位置。插入多列与插入多行的方法基本类似。

（6）删除行列

删除行或列的方法有以下两种：

● 选定要删除的行或列，按 Delete 键即可删除。
● 选定要删除的行或列，或将光标定位到表格中要删除的行或列中，单击鼠标右键，从弹出的快捷菜单中选择"表格"|"删除行"或"删除列"命令即可。

2. 编辑表格的高级操作

（1）引例

小强看到网页上的一张表格没有单元格之间的分隔线（如图 4-34 所示），他也想制作像这样没有分隔线的表格，可惜在面板上却找不到这样的设置选项，那么如何才能达到那样的效果呢，现在我们就来谈谈这个问题。

（2）隐藏单元格之间的分隔线

操作步骤如下：

1）在文档中插入一个 4×3 的表格，将"边框粗细"设为 1 像素，其他参数为默认状态，然后为单元格插入图片和文字，如图 4-35 所示。

2）选中表格，单击"文档"工具栏中的"拆分"按钮，将编辑窗口切换为拆分状态，在表格的 <table> 标签后输入 rules="rows"标签值，如图 4-36 所示。

3）"rules"参数有 3 个参数，分别是"cols"、"rows"和"none"，选取不同参数可以实现不同的效果。当取"rows"时，只能看到表格的行框线，隐藏的是表格的纵向分隔线。当取"none"时，行框线和列框线全部隐藏。当取"cols"时，只能看到表格的纵向分隔线，隐藏的是表格的行框线。

4）表格边框的显示与隐藏可以用"frame"参数来控制，它只控制表格的边框，而不影响单元格的框线。"frame"的参数有 3 个，分别是"vsides"表示只显示左、右边框，"above"表示只显示表格的上边框，"below"表示只显示表格的下边框。

图 4-34 精美表格

图 4-35 插入表格并添加内容

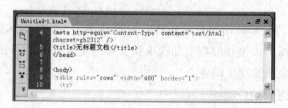

图 4-36 设置"rules"属性

4.3.4 表格属性检查器的使用

1. 引例

如图 4-37 所示的网页效果图，是由表格排版制作的页面，如何来完成这样的表格设置呢？了解表格与单元格属性检查器的设置后，运用本章所学的知识，即可轻松完成。

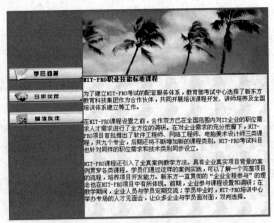

图 4-37　利用表格排版网页效果图

2.设置表格格式

设置表格格式的步骤：选定表格，打开窗口底部的"属性检查器"，如图 4-38 所示。

图 4-38　表格"属性检查器"

- "表格"输入框用于输入表格名，如输入"table1"。
- "行"和"列"输入框用于修改表格的行数和列数，修改完后按 Enter 键进行确认。此例均为"2"。
- "宽"输入框用于修改表格的宽度，并在其后的列表框中选择"像素"或"百分比"。此例宽度为"536"。
- "填充"输入框用于修改单元格中的内容和单元格边框之间的距离。
- "间距"输入框用于设置相邻单元格之间的距离。
- "对齐"下拉列表框中选择表格与同一段落中的文本或图像的对齐方式。此例为"居中对齐"。
- "边框"输入框用于设置边框线的粗细。此例为"3"。
- "类"下拉列表框用于选择设置的 CSS 样式。
- 单击 按钮可清除表格的列宽，单击 按钮可清除行高。
- 单击 按钮可将表格宽度从浏览器窗口的百分比转换为像素。单击 按钮则从像素转换为百分比。

设置完成后，按 Enter 键进行确认。

3.设置单元格格式

设置行、列或单元格属性的步骤：选定要设置属性的单元格、行或列，"属性检查器"显示如图 4-39 所示参数。

- "水平"下拉列表框用于设置单元格中文本在水平方向上的对齐方式；"垂直"下拉列

表框用于设置单元格中文本在垂直方向上的对齐方式。

- "宽"和"高"输入框用于分别设置单元格的宽度和高度。默认的是像素,若用百分比则应在数值后加上百分号(%)。
- "背景颜色"和"边框"色块用于设置单元格、列或行的背景颜色和边框颜色。此例背景色为"#0066CC"。

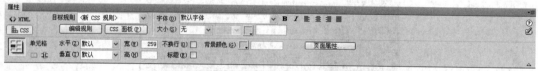

图 4-39 单元格"属性"面板

4.4 使用图像

图像是网页中必不可少的元素之一。用户不但可以在网页中插入网页支持的 GIF 等格式的图片,还可以插入鼠标经过时变化的动态对象,或者使用图像作为网页的背景。

4.4.1 插入图像

新建一文件名为 images.htm,保存在站点目录"wuhan"以下。在 Dreamweaver 中打开该文件,然后在"插入"面板中切换到"常用"类,并单击其中的"图像"按钮,如图 4-40所示。

图 4-40 单击"图像"按钮

在弹出的下拉菜单中选择单击"图像"按钮,在打开的"选择图像源文件"对话框中找到要插入的图像,在对话框的右侧可以预览该图像,也可以查看图像文件的大小以及图像的长度、宽度等,如图 4-41 所示。单击"确定"按钮,将该图像插入文档中。

图 4-41 "选择图像源文件"对话框

如果图像文件在站点外部,系统会自动将该文件保存在站点内部的图片文件夹中,并且插入网页中。

在插入图像文件时，如果在"首选参数"对话框的"辅助功能"选项卡中选中了"图像"复选框，将会弹出"图像标签辅助功能属性"对话框，如图 4-42 所示。此对话框用于设置图像标签辅助功能选项。根据需要，可以输入一项或两项属性。

- 替换文本：为图像输入一个名称或一段简短描述，在此处输入的信息应限制在 50 个字符左右。
- 详细说明：输入单击图像时显示的文件的位置，或者单击其后面的"文件夹"图标选择文件，该文本框提供指向与图像相关或者提供有关图像更多信息的文件链接。

设置完毕后，就可以将图像插入文档中。得到如图 4-43 所示的效果。

图 4-42 "图像标签辅助功能属性"对话框

图 4-43 插入图像预览图

4.4.2 插入鼠标经过图像

鼠标经过图像是一种在浏览器中查看并使用鼠标指针移过它时变化的图像，这种图像由主图像和次图像（变化后的图像）两幅图像组成。鼠标经过图像中的这两个图像应大小相等，否则 Dreamweaver 将自动调整第 2 个图像的大小以匹配第 1 个图像的属性。

要创建鼠标经过时变化的图像，将插入点置于要显示该图像的位置后，单击"插入"面板中"常用"类的"图像"按钮右侧的箭头，从弹出的菜单中选择"鼠标经过图像"命令，弹出如图 4-44 所示的对话框。

- 图像名称：此文本框用于输入鼠标经过的图像的名称。
- 原始图像：此选项用于指定在载入网页时显示的图像。可在文本框中输入文件的路径，也可以单击其右侧的"浏览"按钮进行选择。

- 鼠标经过图像：此选项用于指定在鼠标滑过原始图像时显示的图像。
- 预载鼠标经过图像：此复选框用于将图像预先载入浏览器的缓存，以便在用户经鼠标指针滑过图像时不发生延迟。
- 替换文本：此文本框的内容是可选的。如果在此文本框输入文本，当访问者使用只显示文本的浏览器时，可以看到描述该图像的文本。
- 按下时，前往的 URL：此选项用于指定当用户按下鼠标经过图像时要打开的文件。

设置好图片后，在浏览器中查看效果如图 4-45 所示。

图 4-44　"插入鼠标经过图像"对话框

图 4-45　鼠标经过时效果

4.4.3　插入图像占位符

在网页布局时，网站设计者需要先设计图像在网页中的位置，等设计方案通过后，再将这个位置改成具体图像。为满足这一要求，Dreamweaver 提供了"图像占位符"这一功能。

要创建图像占位符，将插入点置于要显示该图像的位置后，单击"插入"面板中"常用"类的"图像"按钮右侧的箭头，从弹出的菜单中选择"图像占位符"命令，弹出如图 4-46 所示的对话框。或选择"插入"|"图像对象"|"图像占位符"命令。

在"图像占位符"对话框中，按需要设置图像占位符的名称、大小和颜色，并为图像占位符提供文本标签，单击"确定"按钮，完成设置。效果如图 4-47 所示。

图 4-46 "图像占位符"对话框

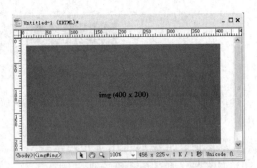

图 4-47 插入图像占位符后的效果

4.4.4 设置图像属性

可以在图像的"属性检查器"中设置图像的属性,用户选择网页中的一幅图像时,在属性检查器上将反映图像的属性。

1. 图像名称

图像名称一般用在程序代码中,如果要为图像指定名称,在 ID 名称文本框中输入名称即可,如图 4-48 所示。

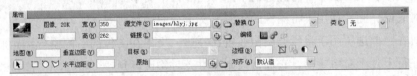

图 4-48 图像属性检查器

2. 图像大小

选中图像,然后在"属性检查器"上的宽或高文本框中输入图像新的大小值,如图 4-48 所示。也可以将光标移到文档编辑窗口中的图像上,然后通过拖动图像上的控制句柄调节图像的大小。此处尺寸一旦发生变化,"属性检查器"上的宽和高的值也会随之发生变化。如果要恢复图像原来的大小,可以撤消修改。

3. 替代文本

有时在浏览网页时,将鼠标放在图像上时,鼠标旁边会出现一些文本。这些文本就是替代文本。加入替代文本的好处是,在图像没有被下载时图像的位置上就会显示替代文本,这样浏览者就可以事先知道该图像所代表的内容。

4. 边框宽度

选中图像后,通过在"边框"文本框中输入数值来定义边框宽度。当图像上没有超级链接时,边框颜色默认为黑色。当图像上添加超级链接时,边框的颜色将与链接文字颜色一致,默认为深蓝色。如果要删除边框,可以在"边框"文本框中将边框宽度修改为 0。

5. 对齐方式

为了方便查看效果,这里在文档中加入一些文本,并插入站点目录 images 下的图像 pic0091.gif,如图 4-49 所示。

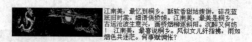

图 4-49   插入图像与文本

在图像"属性检查器"中的"对齐"下拉列表框中选择要使用的对齐方式，如图 4-50 所示。

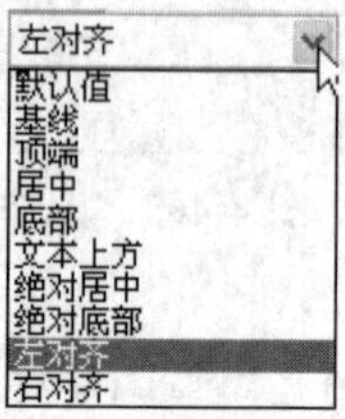

- 默认值：此项通常用于指定基线对齐。根据站点访问者的
浏览器，默认值也会有所不同。
- 基线：此选项用于将文本或同一段落中的其他对象的基线
与选定对象的底部对齐。
- 顶端：此选项用于将图像的顶端与当前行中最高项的顶端
对齐。

图 4-50   对齐下拉列表框

- 居中：此选项用于将图像的中部与当前行的基线对齐。
- 底部：此选项用于将选定的图像的底部与文本或同一段落中的其他对象的基线对齐。
- 文本上方：此选项用于将图像的顶端与文本行中最高字符的顶端对齐。
- 绝对居中：此选项用于将图像的中部与当前行中文本的中部对齐。
- 绝对底部：此选项用于将图像的底部与文本行的底部对齐。
- 左对齐：此选项用于将所选图像放置在左边，文本在图像的右侧换行，如果左对齐文
本在行上处于对象之前，它通常强制左对齐对象换行到一个新行。
- 右对齐：此选项用于将所选图像放置在右边，文本在图像的左侧换行，如果右对齐文
本在行上处于对象之前，它通常强制右对齐对象换行到一个新行。

6. 边距

边距分为"垂直边距"和"水平边距"两部分，可以分别设定在水平或垂直方向上若干
像素内为空白区域。设置的方法是，选中图像后在"垂直边距"和"水平边距"文本框中输
入边距数值，如图 4-51 所示，此时图像的上下左右都出现了 30 像素的空白区域。

7. 链接

选中图像后，在"链接"文本框中可以直接输入要链接的对象的路径，或者单击"浏览"
按钮找到要链接的文件，如图 4-52 所示。

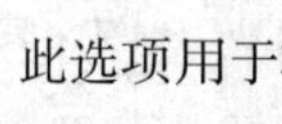

图 4-51   修改边距

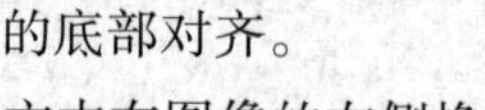

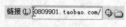

图 4-52   添加链接

如果希望在单击图像时，链接的文件是在新文档窗口中打开的，可以在"属性检查器"
上的"目标"下拉列表框中选择"_blank"。

8. 原始

"原始"用来指定在载入主图像之前应该载入的图像，这个文件很小，一般是只包含黑
白两色的图像，因为它可以迅速载入，让访问者对他们等待的内容事先有所了解。

在使用该项前，我们必须用图像编辑软件制作一个文件大小很小的图像文件，然后单击"原始"后的"浏览"按钮，在打开的"选择图像源文件"对话框中找到该文件。

9. 编辑

"属性检查器"的"编辑"栏为用户准备了一些图像处理的工具，虽然 Dreamweaver 不是专业的图像处理软件，但是通过编辑栏也可以对插入的图片进行简单的处理。它们的含义如表 4-1 所示。

表 4-1 "编辑"选项图标

图　标	名　称	功　能
	编辑	启动在首选参数中指定的外部编辑器，并打开选定的图像以进行编辑。这里的编辑器是 Fireworks 软件，显示的是 Fireworks 图标，如果是其他图形处理软件就会显示其对应的图标
	编辑图像设置	打开"图像优化"对话框并可对图像进行优化
	从原始更新	该按钮主要是为了支持与 Photoshop 智能对象之间的联系。对于智能对象来说，对其源文件更改后，在属性检查器中单击"从原始更新"按钮时，该图像将自动更新，以反映对原始文件所做的任何更改
	裁切	可以修剪图像的大小，从所选图像中删除不需要的区域
	重新取样	对已修剪的图像进行重新取样，提高图片在新的大小和形状下的品质
	亮度和对比度	修改图像中像素的亮度和对比度
	锐化	调整图像的清晰度

4.5　插入多媒体对象

4.5.1　插入 Flash 动画

1. 引例

小强在浏览网页时，发现很多网页都插入了 Flash 动画，显得很生动，那么如何实现在网页中插入 Flash 动画呢？

2. 插入 Flash 动画

在 Flash 软件中创建的动画源文件（扩展名为 .fla）不能直接在 Dreamweaver 中打开，只有在 Flash 中经过优化，输出为影片文件（扩展名为 .swf）才能在浏览器和 Dreamweaver 中打开或使用。在 Dreamweaver 中插入发布后的 Flash（SWF）动画的具体操作步骤如下：

1）将光标定位在要插入 Flash 动画的位置

2）选择"插入"|"媒体"|"SWF"命令，或单击"插入"面板"常用"类的 按钮，在弹出的下拉菜单中选择"SWF"命令，弹出"选择 SWF"对话框。

3）在"查找范围"下拉列表框中选择需要插入的 Flash 动画，如图 4-53 所示。

4）单击"确定"按钮，会在网页中出现如图 4-54 所示 SWF 标志。如果插入的 SWF 文件不在站点文件夹下，系统会提示复制该 SWF 文件到站点文件夹下。如果在首选参数中设置了插入图像的辅助功能，还会弹出"图像标签辅助功能属性"对话框。图 4-54 中灰色的部分就是添加的 Flash 动画，当前这个灰色的尺寸就是导入的 Flash 原始尺寸。用户可以根据需要修改它的尺寸大小。

图 4-53 "选择 SWF"对话框

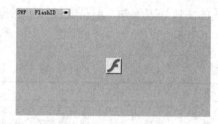

图 4-54 Flash 标志

3. 编辑插入的 Flash 动画

对 Flash 内容的修改和编辑可以在属性检查器中完成。如果要对 Flash 进行大幅度的修改，就要在 Flash 中进行修改。

1）选择插入到网页中的 SWF 对象，此时"属性检查器"如图 4-55 所示。

2）选中此对象，可以在"属性检查器"中设置它的高度和宽度等属性。也可以单击"属性检查器"上的"播放"按钮▶ 播放 来预览效果。以下是各项属性的含意。

- 宽和高：用于以像素为单位指定 SWF 对象的宽度和高度。因为 SWF 使用的是矢量图形，所以改变高度和宽度时不会影响动画的质量。还可以指定英寸、毫米、厘米等单位。
- 文件：显示 SWF 文件的路径。单击后面的"浏览"按钮可以指定新的动画文件。
- 源文件：显示指向 Flash 动画的源文件的路径，在对动画进行编辑时可以在这里设置动画的源文件路径。
- 编辑：此按钮用于启动 Macromedia Flash 以更新 Flash 文件。如果计算机上没有加载 Macromedia Flash，此按钮将被禁用。
- 自动播放：选中后打开网页 Flash 动画会自动播放。
- 循环播放：选中后网页 Flash 动画会循环播放。
- 垂直边距与水平边距：设置 Flash 文件垂直与水平方向上的空白区域。
- 品质：此下拉列表框用于在对象播放期间控制抗失真。设置越高，效果越好。
- 比例：此下拉列表框用于指定对象如何在设置好的宽度和高度尺寸下显示。"默认值"设置显示整个对象。
- 对齐：此拉下列表框用于指定对象在页面上的对齐方式。
- 背景颜色：用于指定对象的动画效果。
- 参数：可设定 ActiveX 参数，这些参数用于 ActiveX 控件之间的数据交换。

图 4-55 Flash 属性检查器

如果要对 Flash 进行大幅度的修改。甚至是要对其内容进行重新制作，都可以通过单击"编辑"按钮来完成。单击"编辑"按钮后会自动切换并打开 Adobe Flash，打开后会出现一个"查找 FLA 文件"对话框，需要选择生成 .SWF 的源文件（.FLA），然后才可以在 Flash 软件中对动画进行修改。

在 CS5 版本中 Flash 和 Dreamweaver 有了很好的结合。当用户在插入到 Dreamweaver 的 Flash 中进行编辑时，可以在 Flash 软件的界面上找到很好的结合点，如图 4-56 所示。

图 4-56　Flash 编辑界面

在 Flash 中修改完毕后，单击图 4-56 中"完成"按钮，可以将修改后的 Flash 动画直接保存，在 Dreamweaver 中也随着更新为修改后的影片，并且会自动切换到 Dreamweaver 的界面中。

另外，在 Flash 中修改完后，也可单击"文件"|"更新到 Dreamweaver"命令。修改后的动画会在 Dreamweaver 中自动更新，与直接单击"完成"不同的是，它不会直接将视图切换到 Dreamweaver 的界面中，仍然显示为 Flash 的界面，方便用户继续进行下一个 Flash 内容的编排。

通常情况下，插入的 Flash 动画在 Dreamweaver 中显示为一个灰色的区域，不能直接看到影片的内容，而有时网页中插入的 Flash 不止一个，为了以防导入出错，最好是能直接在 Dreamweaver 中看到动画的内容。单击"属性检查器"中的"播放"按钮，可以直接在 Dreamweaver 中观看插入的 Flash 动画。

4.5.2　插入 Flash 视频（FLV）

FLV 流媒体格式是一种新的视频格式，全称为 Flash Video。FLV 视频文件格式包含了经过编码的音频和视频数据，用 Flash Player 进行传递播放。这类文件也可以在网页中轻松插入。Flash Video 只能播放 *.flv 格式的视频文件，若是其他格式的文件可以通过 Macromedia Flash Video Encoder 将其转换为 *.flv 格式。

Dreamweaver 中可以直接插入该对象。其具体步骤如下：

1）将光标定位到要插入 Flash Video 的位置。

2）选择"插入"|"媒体"|"FLV"命令，或单击"插入"面板中"常用"类 ▪▪ 按钮下的"FLV"命令，弹出"插入 FLV"对话框。

3）在"视频类型"下拉列表框中选择视频类型。累进式下载视频类型是将 Flash 视频（FLV）文件下载到站点访问者的硬盘上，然后播放。与传统的"下载并播放"视频传送方法不同，累进式下载允许在下载完成之前就开始播放视频文件。流视频类型是将 Flash 视频内容进行流处理并立即在 Web 页面中播放。若要在 Web 页面中启用流视频，必须具有对 Macromedia Flash Communication Server 的访问权限，这是唯一可对 Flash 视频内容进行流处理的服务器。

4）单击"URL"文本框后面的"浏览"按钮，在弹出的"选择文件"对话框中选择要播放的 FLV 视频文件，这里选择"bird.flv"文件。

5）在"外观"下拉列表框中选择视频播放器的外观界面。选择后在"外观"下拉列表框下方会显示选择的界面效果。

6）在"宽度"和"高度"文本框中输入视频画面的宽度和高度，也可以单击 检测大小 按钮自动获取选择的视频文件的宽度和高度。

7）设置完成后，对话框如图 4-57 所示。

图 4-57　"插入 FLV"对话框

8）单击"确定"按钮关闭对话框，即可插入 Flash Video。插入的 FLV 文件是以一个视频文件为图标显示的，如图 4-58 所示。

9）插入的 FLV 视频文件无法在 Dreamweaver 中查看内容，必须在预览的时候才能看到内容。按 F12 键在浏览器中进行预览，效果如图 4-59 所示。

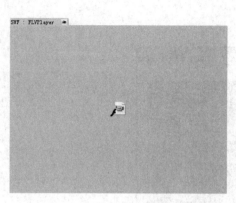

图 4-58　Flash 标志

图 4-59　插入 Flash Video 效果图

4.5.3　插入 Shockwave 影片

Shockwave 影片是使用 Macromedia Director 制作的多媒体影片文件，可以集动画、位图、视频和声音于一体，将其合成一个交互界面，是目前网上流行的多媒体格式之一。Macromedia Director 是目前常用的一种多媒体制作软件，被广泛应用于制作多媒体光盘以及游戏等领域。要正常显示网页中 Shockwave 影片，需要在系统中安装 Shockwave Player 插件，在 Dreamweaver 中插入 Shockwave 影片时，会自动下载 Shockwave Player 插件代码，用户在第一次浏览插入 Shockwave 影片的网页时，会自动下载并安装 Shockwave Player 插件。

使用 Dreamweaver 插入 Shockwave 影片的具体操作如下：

1）将光标定位到所需插入 Shockwave 影片的位置。

2）选择"插入"|"媒体"|"Shockwave"命令，或单击"插入"面板中"常用"类 按钮下的 Shockwave 命令，弹出"插入 Shockwave"对话框。

3）在该对话框中选择要插入的 Shockwave 影片文件，再单击"确定"按钮关闭该对话框，完成 Shockwave 影片的插入。在网页中会出现一个图标，如图 4-60 所示。

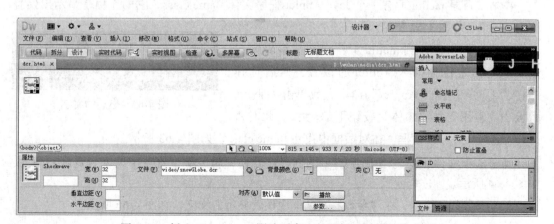

图 4-60　插入 Shockwave 影片后产生的图标及其属性检查器

4）单击 Shockwave 影片图标，在如图 4-60 所示的"属性检查器"中设置其属性。如调整其宽和高等。

5）按 F12 键预览得到如图 4-61 所示结果。

图 4-61　插入 Shockwave 影片效果

插入 Shockwave 影片，也可直接在代码窗口中输入以下代码：

```
<embed src="路 径/xxx.dcr" pluginspage=http://www.macromedia.com/shockwave/
download/ type="application/x-director" width="500" height="500"></embed>
```

4.5.4　插入 Java Applet 小程序

Java 程序分为两类：Java 小程序（Applet）和 Java 应用程序（Application），这两类程序是有区别的。Java Applet 嵌在 WWW 的页面作为页面的组成部分被下载，并能运行在实现 Java 虚机器（JVM）的 Web 浏览器中。Java 的安全机制可以防止小程序存取本地文件或其他安全方面的问题。而一个 Java 应用程序运行于 Web 浏览器之外，没有 Applet 运行时的诸多限制。另外，两者程序设计上的最大区别在于：Java Applet 没有主程序，而 Java 应用程序一定要有主程序。

在站点目录 media 下有一个 Java Applet 程序文件 flame.class，它的作用是显示出燃烧的文字效果，如图 4-62 所示。

新建文档，保存到 media 下。在文档编辑窗口中，将光标定位在插入 Applet 的位置，然后选择"插入"|"媒体"|"Applet"命令，或单击"插入"面板中"常用"类"媒体"按钮下的 。此时将打开"选择文件"对话框。在对话框中找到 flame.class，如图 4-63 所示。

图 4-62　燃烧的文字

确定选中文件后，文档中会有 图标。接着在"属性检查器"中设置其宽度和高度，如图 4-64 所示。

单击"参数"按钮，在"参数"对话框中设置显示的文字，如图 4-65 所示。

图 4-63　"选择文件"对话框

图 4-64　"属性检查器"

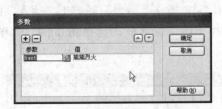

图 4-65　"参数"对话框

完成设置后，保存文件，在浏览器里打开即可看到效果了。

也可在代码窗口直接输入以下代码：

```
<applet code="flame.class" codebase = "Applet" width="300" height="120">
<param name="link" value="http://www.hongen.com">
<param name="Text" value=" 熊熊烈火 ">
Sorry, your browser doesn't support Java(tm). </applet>
```

4.5.5　插入 ActiveX 控件

ActiveX 控件，也称为 OLE 控件，是一种可以充当浏览器插件的可重复使用的组件。ActiveX 只能运行在 Windows 系统中的 Internet Explorer 浏览器中，Dreamweaver CS5 中的 ActiveX 对象允许用户在网页访问者的浏览器中为 ActiveX 控件设置属性和参数。

插入 ActiveX 具体方法如下：

1）将光标定位到插入 ActiveX 的位置。

2）选择"插入"|"媒体"|"ActiveX"命令，或单击"插入"
面板中"常用"类"媒体"按钮下的 ActiveX 命令，即可在网页中插
入 ActiveX 对象，如图 4-66 所示。

图 4-66　ActiveX 对象

3）选中该控件，在"属性检查器"中对其属性进行相应的设置。

4）当选中"嵌入"选项后的复选框时，则将 ActiveX 控件同时设置为插件，可以被 Netscape 浏览器所支持，同时其后的"源文件"文本框可用，单击后面的"浏览文件"按钮，此时系统打开"选择 Netscape 插件文件"对话框。选择要播放的文件，单击"确定"按钮。

5）添加了视频文件后，如需做参数设置，则单击"属性检查器"上的"参数"按钮，具体参数设置如图 4-67 所示，参数设置完成后，保存文件，在浏览器中就可以欣赏所插入的视频文件了。

图 4-67   参数设置

4.5.6 插入音频对象

利用插入插件功能可以在网页中插入各种类型的多媒体元素，如视频文件、音乐文件、动画文件等。要实现该功能，必须在需要浏览的用户计算机中安装相应的插件，才能够正常观看文件内容。下面以在页面中插入一段音乐为例。

1）将光标定位到插入插件所需的位置。

2）选择"插入"|"媒体"|"插件"命令，或单击"插入"面板中"常用"类 按钮下的 插件命令，弹出"选择文件"对话框，选择 jht.mp3，如图 4-68 所示。单击"确定"按钮将音乐文件插入页面中。

图 4-68   "选择文件"对话框

3）单击页面中插件图标 ，然后在其"属性检查器"的"宽"与"高"文本框中输入数据，按 F12 键预览即可。

如果希望当前插入的音频文件作为背景音乐，还需对参数进行设置。操作如下：选中插件图标 ，按 F9 键将标签检查器打开，如图 4-69 所示。标签检查器中有很多当前选中的对象的参数设置。在"常规"栏中找到"hidden"属性，单击它的右边出现下拉列表框，选择"true"选项，预览时播放器将隐藏；找到"autostart"属性，将其参数设置为"true"，这样就设置为自动播放了；找到"loop"

图 4-69   标签检查器

属性，将其参数设置为"true"，这样就设置为循环播放了。在浏览器中预览时将会在看不到播放器的情况下仍然能够听到音乐。

在 Dreamweaver 中还可以采用插入 Bgsound 标签方法添加背景音乐，不过能够用标签方法添加背景音乐的文件格式不是很多，且只适用于 IE 浏览器，在 Netscape 和 Firefox 中并不适用。如果要播放其他格式的音乐文件，建议使用插入插件的方式制作。

4.6 创建超级链接

作为网站肯定有很多的页面，如果页面之间彼此是独立的，那么网页就好比是孤岛，这样的网站是无法运行的。为了建立起网页之间的联系，我们必须使用超级链接。

4.6.1 地址和链接

在使用超级链接的时候，用户必须清楚地知道在链接中需要用到的地址。文件地址分绝对地址和相对地址，超级链接分为内部链接与外部链接。

1. 文件地址

（1）绝对地址

在网页中如要创建一个外部链接，就需要使用一个绝对地址。绝对 URL 是指某个文件在网络上的完整路径。例如：http://www.whu.edu.cn/ 就是绝对地址。当然，在内部链接上使用绝对地址也是可以的，但这样设置后，一旦网站所采用的域名发生变化，这些绝对地址必须逐个进行修改。对用户而言，工作量无疑是很大的，而且很烦琐。所以，在站点内部一般使用相对地址。

如果采用了绝对路径，则在本地计算机上无法测试链接，必须在 Internet 上测试链接是否正确。

（2）相对地址

相对地址的书写有两种类型：文件相对地址和根目录相对地址。

• 文件相对地址

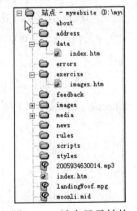

文件相对地址描述了某个文件（文件夹）相对另一个文件（文件夹）的相对位置。即使站点根目录发生变化，这种形式的地址也不会受到影响。当站点管理器内进行文件的重命名、文件的移动等操作时，用文件相对地址创建的链接都会动态地进行更新。图 4-70 所示的是某站点的目录结构，下面以这个站点中的文件为例说明文件相对地址的写法。

如果创建从 exercise 目录下的 images.htm 到站点根目录下的 index.htm 的链接，链接地址应是"../index.htm"。如果创建从 exercise 目录下的 images.htm 到 data 目录下的 index.htm 的链接，链接的地址应是"../data/index.htm"。

图 4-70　站点目录结构

基于书写相对路径，总结如下：

1）如果要链接到与当前文档处在同一文件夹中的其他文件，只需输入文件名称即可。

2）如果要链接到当前文档所在文件夹的子文件夹中的文件，只需提供子文件夹的名称，后跟一斜杠，再在后面输入该文件名即可。

3）如果要链接到当前文档所在文件夹的父文件夹中的文件，需要在文件名前添加"../"，这里的"../"表示"在文件夹层次结构中的上一级文件夹"。

- 根目录相对地址

如果要创建的是内部链接，用户还可以选择根目录相对地址，这种地址在动态网页编写时用得比较多，但如果只是静态的网页，使用文件相对地址还是方便得多。根目录相对地址的书写形式比较简单，首先以一个向右的斜杠开头，用它代表根目录。然后再书写文件夹名，最后书写文件名。例如，要创建到 exercise 目录下的 images.htm 的链接，任何文件中的链接地址都可以写成"/exercise/images.htm"。根目录相对地址和当前要插入链接的文件的位置是没有关系的。

2. 超级链接

一个网页一定少不了超级链接，可创建到文档、图像、多媒体文件或可下载软件的链接。也可建立到文档内任意位置的任何文本或图像的链接。当浏览者单击已设置超级链接的网页元素时，将会从当前页面转到关联页面中。

超级链接分为内部链接与外部链接，它们是相对站点目录而言的。如果超级链接的是站点目录内的文件，这样的链接就是内部链接；相反，如果链接的是站点目录之外的文件，这样的链接就被称为外部链接。

4.6.2 添加链接

在 Dreamweaver 中，可以轻松完成各种形式的超级链接，并且可以使用多种方式创建本地超级链接。在下面的章节中，我们将详细介绍各种链接的创建方法。

1. 添加外部链接

创建外部链接使用绝对路径，链接的载体一般为文本或图片。下面以载体为文本来创建链接，其创建步骤如下：

1）在编辑的网页中选择要创建超级链接的文字。此时在网页中输入"武汉大学"，然后选中文本。

2）在 HTML 属性检查器的"链接"文本框中输入武汉大学的网址"http://www.whu.edu.cn/"，如图 4-71 所示。

图 4-71 输入的绝对地址

3）设置超链接后，已经被设置链接的文本内容将显示蓝色，并被加上了下划线。按下键盘上的 F12 键，可以测试超级链接的效果。创建超级链接时，可以在 HTML 属性检查器中的"目标"下拉列表框中设置相关超级链接的一些属性（这 5 个属性前面已经介绍），如图 4-72 所示。

图 4-72 "目标"
下拉列表框

2. 添加内部链接

建立站点时，使用最多的还是站点内部网页之间的链接。这种链接称为内部链接。创建内部链接的方法主要有两种：一种是通过选择文件的方式，另一种是通过拖放定位图标的方式。

（1）选择文件方式

选中要添加链接的文本或图像，然后在 HTML 属性检查器上单击"链接"文本框后的"文件夹"图标。

此时将打开"选择文件"对话框，在其中找到要链接的网页文件。在添加链接时，可以选择文件地址的类型。如果想使用文件相对地址创建链接，可以在对话框中"相对于"下拉列表框中选择"文档"选项；如果想使用根目录相对地址。可以在"相对于"下拉列表框中选择"根目录"。

（2）拖放定位图标方式

除了文件方式，Dreamweaver 还提供了一种简便的创建链接的方法。

首先打开要添加链接的网页，并选中要添加链接的文字或者图像。同时在"文件"面板上展开要链接的文件所在的目录。按住"属性检查器"上"指向文件"图标（见图 4-4）不放，然后将其拖动到要链接的网页文件图标上，松开鼠标后，要链接的网页地址就会出现在"属性检查器"的"链接"文本框中。

3. 添加 E-mail 链接

在网页制作中，还经常看到这样的一些超级链接：单击后会弹出邮件发送程序，联系人的地址也已经填写好了。这也是一种超级链接。制作方法是：在编辑状态下，先选定要链接的图片或文字（比如：写信给我），选择菜单"插入"|"电子邮件链接"或在"插入"面板的"常用"类中单击"电子邮件链接"按钮，弹出如图 4-73 所示对话框，填入 E-mail 地址即可。

图 4-73　设定 E-mail 链接

提示：还可以选中图片或者文字，直接在 HTML 属性检查器的链接框中填写"mailto：邮件地址"，创建完成后，保存页面，按 F12 键预览网页效果。

4.6.3　书签链接和热点链接

前面介绍了超级链接的一些基本方法。对用户而言，掌握书签链接和热点链接也是很有必要的。例如，如果某个网页中的内容很多，页面就会变得很长，这样浏览者在浏览时，需要不断地拖动滚动条，很不方便。这时，制作者使用书签链接就可以解决这一问题。又如在制作有些链接时，用户希望能在图像的某个区域上添加链接，而其他部分添加另外的链接或没有链接，这时，就需要用到热点链接。

1. 书签链接

书签链接又叫锚记链接。在网页的制作过程中，锚记是一个很灵活的技巧，它可以让浏览者更有目的地浏览网页。

先将光标放置在网页中需要插入锚记的位置，单击"插入"面板的"常用"类中的 ⚓ 按钮，在弹出的对话框中插入锚记的名称，在本例中输入名称为"first"，设置完毕后单击"确定"按钮，如图 4-74 所示。此时，可以看到刚刚光标所在的地方出现了一个锚状的小图标。如果要改变它的名称也可以选中它，在"属性检查器"里修改它的名称。

选中将要建立锚记链接的内容，在"属性检查器"的"链接"文本框中输入"#first"。其中"#"为前缀，如果只输入"#"，则表示锚记本身，在本例中锚记是在本页页面中，所以直接输入"#first"就行了，如图 4-75 所示；如果锚记不在本页面中，就需要在"#first"前加上链接对象的路径，如"photo/index.htm#first"。

图 4-74   插入锚记

图 4-75   调用锚记

也可以通过拖动"链接"文本框后的 ⊕ 到要链接的锚记处来链接锚记，在实际操作中更多选择这种方法。设置完成后，按下 F12 键就可以看到书签链接的效果了。

2. 热点链接

我们这里所说的热点链接是指在一张图片上实现多个局部区域指向不同的网页链接。比如一张湖北地图的图片，如图 4-76 所示，单击不同的地区将跳转到不同的网页。响应单击的区域就是热点。鼠标移动到地区的热点会显示提示，如果有预先设置的网站，单击会进入对方的网站。

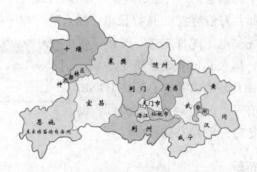

图 4-76   湖北地图

制作方法如下：

1）首先插入图片。单击图片，用展开的"属性检查器"上的绘图工具在画面上绘制热区，如图 4-77 所示。在"属性检查器"的左下角有 3 个分别绘制矩形、椭圆形、多边形热点的工具。用指针热点工具选中热点，此时，"属性"面板上就会出现相应的属性。

图 4-77   图片"属性"面板

2）此时"属性"面板改换为热点面板，如图 4-78 所示。

- "链接"文本框：输入单击热点后要打开的文件地址。
- "替代"列表框：填入用户的提示文字说明。
- "目标"文本框：不做选择则默认在新浏览器窗口中打开。

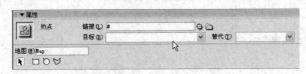

图 4-78　热区"属性"面板

3）保存页面，按 F12 键预览，用鼠标在设置的热区检验效果。

本章小结

本章内容较多，主要讲述了网页文件中会用到的文本、文件头、表格、多媒体对象、Java Applet 和超级链接等内容。通过本章的讲解，用户可以更进一步了解如何在网页中使用各种各样的对象来丰富网页内容，特别是表格这部分的学习，用户可以利用表格来布局网页，使网页制作变得更加灵活多变。

思考题

1. 在 Dreamweaver 中添加文本的方法有几种？

2. 如何在 Dreamweaver 中添加字体？

3. 在网页中如何添加多个空格？如何换行？

4. 图像占位符有什么作用？

5. 如何才能使 Flash 动画的背景为透明？

6. 浏览器支持的图像文件格式有哪些？它们有什么特点？

7. 插入视频常用哪些方式？

8. 如何创建表格？如何嵌套表格？

9. 简述选择整个表格和单元格的方法。

10. 在网页中插入背景音乐有哪几种方式？分别是什么？

11. 超级链接一般分哪几种？

12. 什么是锚记链接？说明在为锚记命名时应该注意的问题。

13. 如何在同一个新窗口中显示链接内容？

上机操作题

1. 制作出如图 4-79 所示的网页，并以 index.html 来命名，保存在文件夹"mysite"（事先建好）中。

操作内容和要求：插入一个 6 行 2 列的宽 600 像素的表格，边框为 0，边距为 10，将第一行合并，第 1 列的 2 ~ 6 行合并，在第一行插入一个图像占位符（长为 340 像素，宽为

60像素），选中它，单击"属性检查器"中的 编辑 ▣ 按钮，启动FW，利用"文本工具"输入文字，画布背景设为透明，单击"完成"按钮，保存文件，回到 Dreamweaver 编辑界面，在第2列输入相应的文字，如图4-80所示。

图 4-79   index.html 网页

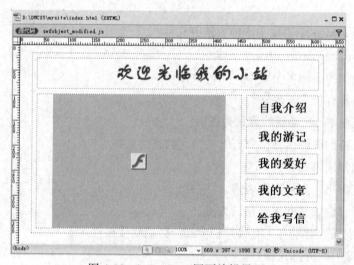

图 4-80   index.html 网页编辑界面

2. 制作一个自我介绍的网页（zwjs.html），插入背景音乐、文字、图片。制作一个我的游记的网页（wdyj.html），插入文字、视频文件。制作一个我的爱好的网页（wdah.html），插入文字、图片等。

3. 制作一个我的文章的网页（wdwz.html），编辑界面如图4-81所示。

操作内容和要求：在文档的顶部和每篇文章的标题上分别插入命名锚记，如顶部的锚点命名为"top"，"大学生活"锚点命名为"wddz"，其他的类似。在每篇文章后插入文字链接"回到页首"，链接为锚点"#top"，选中表格中的文字"大学生活"插入链接为锚点

"#wddx"，其他类似，完成制作。效果如图 4-82 所示。单击文字"大学生活"，跳转到页内相应的链接处。

4. 回到文档 index.html 的如图 4-80 所示编辑界面，插入超链接，"自我介绍"链接文件"zwjs.html"，"我的游记"链接文件"wdyj.html"，"我的爱好"链接文件"wdah.html"，"我的文章"链接文件"wdwz.html"，"给我写信"链接 E-mail。

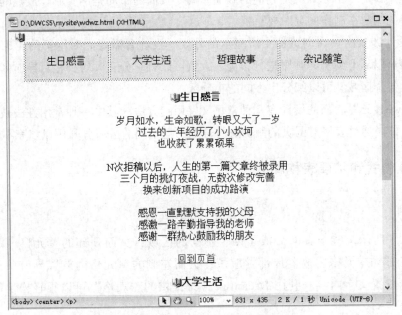

图 4-81　wdwz.html 网页编辑界面

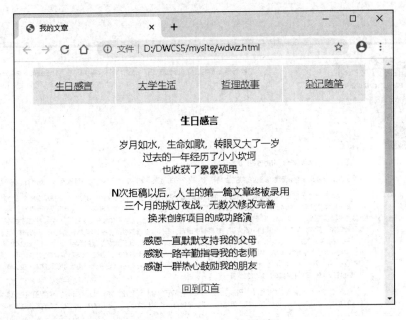

图 4-82　wdwz.html 网页

第5章 网页布局和框架

用户在浏览网页的时候总是容易被那些美观大方的网页所吸引。这些网页之所以能吸引浏览者，很重要的一个原因就是它们的版面布局。页面的布局是网页制作成败的一个很重要的因素，因此用户在制作网页时要重视。

布局设计涉及网页在浏览器中所显示的外观。设计者需要先对网页的轮廓进行一些规划。通常网页以从上到下的顺序进行布局，大致可以将它分三大块：栏目导航区、主内容区和版权区。各个区域又可以细分出不同的小分区。

Dreamweaver 对版面的设计有几种常见又好用的方法，其中一种常用方法是使用表格对元素进行定位。通过表格对网页的版面进行分割，把不同的区域分开用以填充不同的内容。

5.1 标准模式和扩展表格模式

5.1.1 引例

如图 5-1 所示，整个页面分成了四个不同的区域：页面顶部的单元格内放置标题图形；顶部下方的单元格内放置局部导航条；页面左侧的单元格内放置导航条；页面右侧的单元格内放置文字内容。利用 Dreamweaver 提供的"表格"可以很轻松地制作出这样的页面布局。

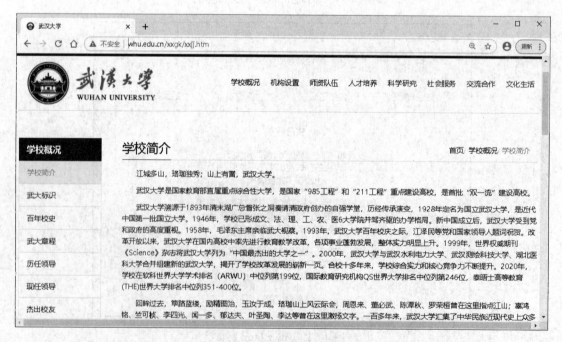

图 5-1　页面布局实例

5.1.2　关于标准模式和扩展表格模式

前面的章节已经介绍了表格的使用方法，表格能严格地按照设计者的期望部署页面内容。不过使用表格对网页进行布局需要很大的耐心，因为这种方法尽管效果很好，但是工作量相对来说比较大。

在 Dreamweaver CS3 之前的版本中，可以单击"布局"选项卡中的"布局"按钮进入布局模式状态。布局模式是一种特殊的表格模式，它使用可视化的方法在页面上描绘复杂的表格。从 Dreamweaver CS3 一直到现在我们使用的 Dreamweaver CS5 版本，则删减了"布局"功能。

在"插入"面板的"布局"类中含有多个用于版面布局的工具按钮。其中使用"表格"、"插入 Div 标签"、"绘制 AP Div"、"Spry 菜单栏"、"Spry 选项卡式面板"、"Spry 折叠式"、"Spry 可折叠面板"、"IFRAME"以及"框架"等按钮可以分别在标准模式和扩展模式状态下插入普通表格、单元格、Div 标签、AP Div、Spry 菜单栏和框架等。

在扩展表格模式下，系统会临时向文档中的所有表格添加单元格边距和间距，并且增加表格的边框以使编辑操作更加容易。利用这种模式，可以准确选择表格中的项目或者精确地放置插入点。

文档只有在设计器（视图）中才有表格模式的切换。单击菜单"查看"|"表格模式"|"扩展表格模式"命令或者直接单击"插入"面板中"布局"类的"扩展"按钮切换到扩展模式，单击后，会弹出一个"扩展表格模式入门"对话框，对话框中简单介绍了扩展表格模式的用途，以及它与标准模式之间的关系。如图 5-2 所示。

单击"确定"按钮，进入文档窗口的扩展模式，文档窗口的顶部会出现标有"扩展表格模式 [退出]"栏。Dreamweaver 会向页面上所有的表格添加单元格边距和间距，并增加表格边框。完成操作后，如果想切换到标准表格模式，可以单击文档窗口的顶部标有的"扩展表格模式 [退出]"的"退出"链接或者单击"插入"面板中"布局"类的"标准"按钮。

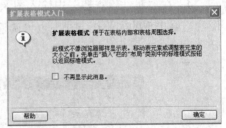

图 5-2　"扩展表格模式入门"对话框

在扩展表格模式中增加了表格和内容之间的空隙，间距增大可以方便插入点定位在表格和内容之间，更便于选择，从而避免因为表格和内容贴近而产生的误选。如图 5-3 所示为扩展表格模式下的效果。一旦定位好需要选择或放置的插入点，再根据需要回到设计视图的标准模式下进行编辑。诸如调整大小之类的一些可视化操作在扩展表格模式中不会产生预期的效果。如图 5-4 所示为标准表格模式下的实际效果。

5.1.3　在扩展表格模式下插入元素

在文档的扩展表格模式下，插入文本、图像、视频或者 Flash 动画等元素的方法同标准表格模式下的插入方法相同。只不过诸如调整图片大小之类的一些可视化操作在扩展表格模式下效果不能十分精确，与预期的效果不一致。下面主要介绍在单元格中插入一幅图片。

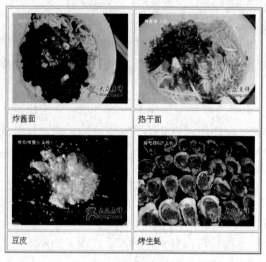

图 5-3   扩展表格模式

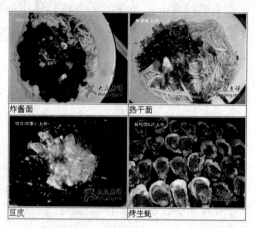

图 5-4   标准表格模式

1）单击"插入"面板中"布局"类的"扩展"按钮切换到扩展表格模式。

2）单击"布局"类中的"表格"按钮，在文档中插入一个 3 行 3 列的表格，如图 5-5 所示。

3）将光标定位在需要插入图像的单元格中，单击菜单中"插入"|"图像"命令。当要添加的内容大于布局单元格的宽度时，该布局单元格将自动扩展。在单元格扩展的同时，周围的单元格也会受到影响，单元格所在的列也会随之扩展，如图 5-6 所示。

4）在"属性检查器"中输入图像需要显示的宽度值、高度值，或者选中该图片，拖拽图片边缘出现的实心小方块，也可调整图片大小。在"属性检查器"中也可以为图片设置链接或者替换文本等属性。

图 5-5   "表格"对话框

图 5-6   扩展模式表格

5.2   使用标尺与网格

在文档编排时，为了更精确的定位，往往需要使用标尺和网格来了解文档对象的高度和宽度。

5.2.1　使用标尺

标尺显示在文档窗口的页面上方和左侧，用以标志网页元素的位置。标尺的单位分为像素、英寸和厘米。

当进行网页布局时，可选择"查看"|"标尺"|"显示"命令，以显示标尺。若不想显示标尺，再次选择"查看"|"标尺"|"显示"命令即可。

5.2.2　使用网格

使用网格可以更加方便地定位网页元素，在网页布局时网格也具有至关重要的作用。

1）选择"查看"|"网格设置"|"显示网格"命令，以显示网格。

2）若要设置网格属性，选择"查看"|"网格设置"|"网格设置"命令，打开"网格设置"对话框，如图 5-7 所示。

对话框中各选项含义如下：

图 5-7　"网格设置"对话框

- 颜色：指定网格线的颜色。单击拾色器右下方的三角箭头并从颜色选择器中选择一种颜色，或者在文本框中输入一个十六进制数字。
- 显示网格：选中该复选框可以使网格在"设计"视图中可见。
- 靠齐到网格：选中该复选框可以使页面对象和网格线靠齐。
- 间隔：控制网格线的间距。在文本框中输入一个数字，并从右侧的下拉列表框中选择"像素"、"英寸"或"厘米"作为间距的单位。
- 显示：指定网格线是显示为线条还是显示为点。

3）单击"确定"按钮应用更改并关闭对话框，在"布局"模式下的文档窗口中显示网格线，如图 5-8 所示。

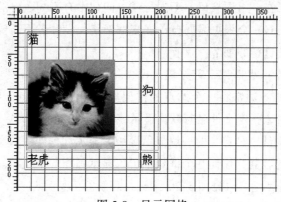

图 5-8　显示网格

若要隐藏网格，再次选择"查看"|"网格设置"|"显示网格"命令，即去掉"显示网格"命令左侧的"√"。

5.3 框架的使用

利用框架将一个浏览器窗口划分为多个区域，每个区域都可以显示不同的网页。用户可以根据网页设计的需要，在某些区域中放置不需要改变的元素，在另外一些区域中放置需要改变的内容。使用框架的最常见情况是，一个框架显示包含导航控件的文档，而另一个框架显示含有内容的文档。

5.3.1 关于框架和框架集

在浏览网页时，导航条、站点标志、版权信息等内容并不需要在每次单击链接的时候都发生改变，因此没有必要在每一个页面中都插入这些元素。这样不仅减轻制作网页的工作量，而且能减少网页浏览时浏览器检测这些元素的时间，从而加快浏览速度。

框架是目前网页设计中最为常用的技术之一，很多网站都有框架设计的身影。许多网站的论坛或邮件系统都是用框架来完成的。用户在登录一些邮件系统之后，常常可以看到浏览器窗口的左侧部分是每个文件夹的名称，如收件箱、已发送等，单击其中任意一个文件夹后在右侧部分就可以看见相应文件夹中的内容。左右部分是独立显示的，拖动任意一侧的滚动条不会影响另外一侧的显示效果。

框架是浏览器窗口中的一个区域，它可以显示与浏览器窗口其余部分所显示内容无关的HTML 文档。框架集是 HTML 文件，它定义了一组框架的布局和属性，包括框架的数目、大小和位置，以及在每个框架中初始显示的页面的 URL。框架集文件本身不包含要在浏览器中显示的内容，它只是向浏览器提供应如何显示一组框架以及在这些框架中应显示哪些文档的有关信息。

在一个框架集文件之内可嵌套另一个框架集文件，甚至可以包含多个嵌套的框架集。大多数使用框架的网页实际上都使用嵌套的框架，并且在 Dreamweaver 中大多数预定义的框架集也使用嵌套。如果在一组框架里，不同行或不同列中有不同数目的框架，则要求使用嵌套的框架集。Dreamweaver 会根据需要自动嵌套框架集，设计者不需要考虑哪些框架将被嵌套、哪些框架不被嵌套这样的细节。

要在浏览器中查看一组框架，首先输入框架集文件的 URL，浏览器随后打开要显示在这些框架中的相应文档。通常将一个站点的框架集文件命名为 index.html 或 index.htm，以便当浏览者访问站点时未指定文件名时默认显示该名称。

注意，框架不是文件，是定义的一块显示区域。显示在框架中的文档并不是框架的一部分。框架是存放文档的容器，任何一个框架都可以显示任意一个文档。为了更好地理解什么是框架。我们通过一张示意图（见图 5-9）来进行理解。

框架的作用就是把浏览器划分为若干区域，每个区域分别显示不同的网页。框架由两部分组成，框架集和单个框架。图 5-9 所示的框架是一个左右结构的框架。这样的一个结构是由三个网页文件组成的。首先外部的框架集是一个文件，图 5-9 中我们用 index.htm 命名。框架中左边命名为 A，指向（或显示）的是一个网页 A.htm。右边命名为 B，指向（或显示）的是一个网页 B.htm。

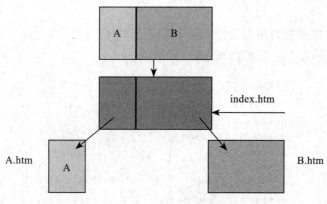

图 5-9 框架示意图

5.3.2 创建框架和框架集

在 Dreamweaver 中有两种创建框架集的方法：既可以从若干预定义的框架集中选择，也可以自己设计框架集。

1. 使用预定义的框架集

使用 Dreamweaver 提供的预定义的框架集可以自动创建布局所需的所有框架集和框架，它是迅速创建基于框架的布局的最简单方法。通过预定义的框架集，用户可以很容易地选择要创建的框架集类型。创建预定义的框架集有以下两种方法。

（1）新建

选择"文件"菜单中的"新建"命令，打开"新建文档"对话框，选择左侧"示例中的页"。在"示例文件夹"列表框中选择"框架页"，在"示例页"列表框中选择想要创建的框架集类型，单击"创建"按钮，框架集出现在文档窗口中，如图 5-10 所示。

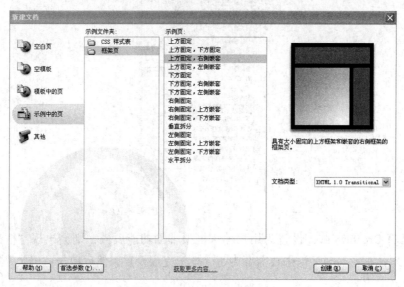

图 5-10 新建预定义的框架集

（2）插入

将光标放置在文档窗口中，选择"插入"|"HTML"|"框架"命令，从打开的子菜单中选择预定义的框架集，如图 5-11 所示。

图 5-11　插入预定义的框架集

也可以在"插入"面板的"布局"类别中，单击"框架"按钮上的下拉箭头，从弹出的菜单列表中选择预定义的框架集。框架集图标提供应用于当前文档的每个框架集的可视化表示形式。框架集图标的蓝色区域表示当前文档，而白色区域表示将显示其他文档的框架，如图 5-12 所示。

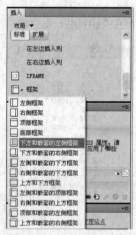

图 5-12　从"布局"类别中选择预定义的框架集

如果已将 Dreamweaver 设置为用户输入框架辅助功能属性，则会出现"框架标签辅助功能属性"对话框。在对话框中按需要为每个框架完成设置，然后单击"确定"按钮，即可完成。

通过以上两种方法都可以创建预定义的框架集，显示效果如图 5-13 所示。

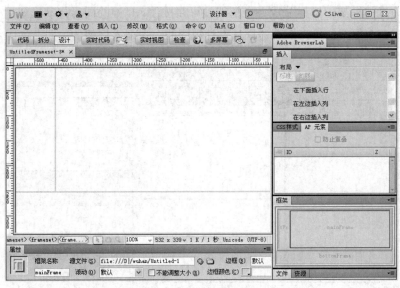

图 5-13　创建好的框架页

2. 设计框架集

用户可以通过对当前文档窗口的修改、拆分，创建自己的框架集。选择"修改"菜单中的"框架集"命令，然后从子菜单选择拆分项（例如"拆分左框架"或"拆分右框架"），如图 5-14 所示。在创建框架集或使用框架前，如果当前设计视图的框架边框不可见，可通过选择"查看"|"可视化助理"|"框架边框"命令，使框架边框在设计视图中可见。

图 5-14　拆分框架菜单

要将一个框架拆分成几个更小的框架，可以按如下步骤进行：将光标放置在要拆分的框架内，选择"修改"菜单中的"框架集"命令，从子菜单中选择拆分项。要以垂直或水平方式拆分一个框架或一组框架，可将框架边框从设计视图的边缘拖入设计视图的中间。要将不在设计视图边缘的框架边框拆分成一个框架，可在按住 Alt 键的同时拖动框架边框。要将一个框架拆分成四个框架，可将框架边框从设计视图的一角拖入框架的中间，如图 5-15 所示。

图 5-15　拖动边框拆分框架

在拖动边框对框架进行拆分时，可能会遇到一些问题。比如对框架进行左右拆分后再对左边的框架进行上下拆分时，结果把左右两边的框架都拆分了。这是因为当前选择的是整个框架页。如果想要单独拆分一个框架，首先选择"窗口"菜单中的"框架"命令，然后在显示的"框架"面板上单击待拆分的框架，再用光标拖动相应框架的边框，此时就可将单独的框架拆分成两部分了，如图 5-16 所示。

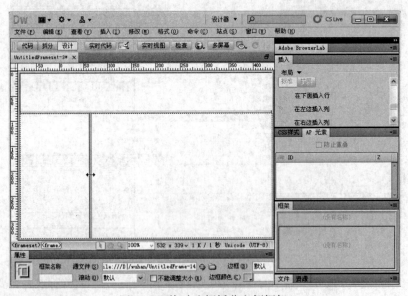

图 5-16　拖动边框拆分左侧框架

要删除一个框架，可直接将框架边框拖离页面或拖到父框架的边框上。如果要删除的框架中有未保存的文档，Dreamweaver 将提示保存。需要注意的是，这种方法并不能完全删除一个框架集，要删除一个框架集，请关闭显示它的文档窗口，如果该框架集文档已保存，则删除该文件。

要调整框架大小，可以直接在设计视图中拖动框架边框，但是这种调整方法比较粗略。如果要设定准确的大小，可以使用"属性检查器"进行设置，后面的章节对此会有详细的介绍。

5.3.3 选择框架和框架集

要更改框架或框架集的属性，首先要选择欲更改的框架或框架集。用户既可以在文档窗口中选择框架或框架集，也可以通过"框架"面板进行选择。

1. 在文档窗口中选择框架和框架集

要在文档窗口中选择一个框架集：单击框架集的某一内部框架边框，则在框架集周围显示一个选择轮廓。

要选择不同的框架或框架集，请执行以下操作之一：

- 要在当前选定内容的同一层次级别上选择下一框架（框架集）或前一框架（框架集），在按住 Alt 键的同时按下左箭头键或右箭头键，就可以按照框架和框架集在框架集文件中定义的顺序依次选择这些框架和框架集。
- 要选择父框架集（包含当前选定内容的框架集），在按住 Alt 键的同时按上箭头键。
- 要选择当前选定框架集的第一个子框架或框架集（即，在框架集文件中定义顺序中的第一个），按住 Alt 键的同时按下箭头键。

2. 在"框架"面板中选择框架和框架集

"框架"面板提供框架集内各框架的可视化表示形式，它能够非常直观地显示框架集的层次结构。在"框架"面板中，环绕每个框架集的边框非常粗，而环绕每个框架的是较细的灰线，并且每个框架由框架名称标识，如图 5-17 和图 5-18 所示。

图 5-17 在"框架"面板中选择框架集

图 5-18 在"框架"面板中选择框架

要显示"框架"面板，选择"窗口"菜单中的"框架"命令。要在"框架"面板中选择一个框架，直接在"框架"面板中单击框架，此时在"框架"面板和文档窗口的设计视图中，框架周围都会显示一个选择轮廓。要在"框架"面板中选择一个框架集，可在"框架"面板中单击环绕框架集的边框，此时在"框架"面板和文档窗口的设计视图中，框架集四周都会显示一个选择轮廓。

5.3.4   保存框架和框架集文件

在 5.3.1 节中已经提到，带框架的页面由框架集和单个框架组成。框架集是定义一组框架结构的 HTML 网页；单个框架是网页上定义的一个区域，可用来显示任意一个文档。

图 5-19 所示的框架集由三个框架组成，因此实际上包括了 4 个独立的文件，即一个框架集文件和三个要在框架中显示的文档。要在浏览器中预览框架集，必须先保存框架集文件和所有要在框架中显示的文档。在保存过程中，可以单独保存每个框架集文件和带框架的文档，也可以同时保存框架集文件和框架中出现的所有文档。

图 5-19   自定义框架集

1. 保存框架集文件和所有带框架的文档

选择"文件"菜单中的"保存全部"命令，该命令将保存框架集文件和所有带框架的文档。如果该框架集文件未保存过，则在设计视图中框架集的周围将出现粗边框，并且弹出"另存为"对话框，在对话框的"文件名"文本框中提供了临时文件名，用户可以根据自己的需要进行修改，然后单击"保存"按钮。对于尚未保存的每个框架，在框架的周围都将显示粗边框，并且弹出"另存为"对话框，在对话框的"文件名"文本框中提供了临时文件名，用户可以根据自己的需要进行修改，然后单击"保存"按钮，直至所有文件保存完为止。

2. 保存框架集文件

如果想单独保存框架集文件，可以在"框架"面板或文档窗口中选择框架集，然后选择"文件"菜单中的"保存框架页"或"框架集另存为"命令，将框架集文件另存为新文件。

3. 保存带框架的文档

如果想单独保存在框架中显示的文档，可以将光标放置在目标框架内，然后选择"文件"菜单中的"保存框架"或"框架另存为"命令，将框架中显示的文档另存为新文件。

4. 改变带框架的文档

改变带框架的文档就是改变在框架中显示的文档，用户可以将新内容插入框架的文档中，或者在框架中显示新的文档。例如，如果想在如图 5-20 所示的右框架中显示另一网页，可以按如下步骤进行操作：

1）将光标放置在框架中。

2）选择"文件"菜单中的"在框架中打开"命令，打开"选择 HTML 文件"对话框。

3）选择要在框架中显示的文档，然后单击"确定"按钮，该文档随即显示在框架中，如图 5-20 所示。

图 5-20　改变带框架的文档

4）（可选）如果要使该文档成为在浏览器中打开框架集时在框架中显示的默认文档，保存该框架集。

5.3.5　设置框架和框架集属性

框架属性确定框架集内各个框架的名称、源文件、边距、滚动、边框和能否调整大小。每个框架和框架集都有自己的"属性检查器"，使用"属性检查器"可以设置框架和框架集的属性。框架集属性控制着框架的大小和框架之间边框的颜色和宽度，以及打开链接的目标框架窗口等。

1. 框架属性及其设置方法

使用框架的"属性检查器"可以查看和设置框架属性，包括命名框架、设置边框和边距等，具体操作步骤如下：

（1）选择框架

在文档窗口的设计视图中，按住 Alt 键的同时单击一个框架；或者选择"窗口"菜单中的"框架"命令，打开"框架"面板，在"框架"面板中单击一个框架。

（2）打开"属性检查器"

若"属性检查器"关闭，选择"窗口"菜单中的"属性"命令，打开"属性检查器"，单击右下角的展开箭头，可以查看所有框架属性，如图 5-21 所示。

图 5-21　框架的"属性"面板

（3）命名框架

在"框架名称"文本框中输入名称。在这里输入的框架名将被超链接和脚本引用。命名框架必须符合下列条件：框架名应以字母开头，允许使用下划线（_），但不能使用横杠（-）、句号（。）和空格，不能使用 JavaScript 的保留字（如 top 或 navigator 等）。

（4）设置其他框架属性

- 源文件：用来指定在当前框架中打开的网页文件。可以直接在文本框中输入文件名；或者单击"文件夹"图标，浏览并选择一个文件；也可以把光标置于框架内，选择"文件"菜单中的"在框架中打开"命令来打开一个文件。
- 滚动：用来设置当没有足够的空间来显示当前框架的内容时是否显示滚动条。本项属性有 4 种选择，即"是"表示显示滚动条；"否"表示不显示滚动条；"自动"表示当没有足够的空间来显示当前框架的内容时自动显示滚动条；"默认"表示采用浏览器的默认值（大多数浏览器默认为自动）。
- 不能调整大小：选择此复选框，可防止用户浏览时拖动框架边框来调整当前框架的大小。
- 边框：决定当前框架是否显示边框，包括"是"、"否"和"默认"3 种选择，大多浏览器默认为"是"。此项选择覆盖框架集的边框设置。注意，只有当所有相邻的框架此项属性都设置为"否"时（或父框架集的边框设置为"否"，本项设置为"默认"），才能取消当前框架边框的显示。
- 边框颜色：设置与当前框架相邻的所有边框的颜色，此项选择覆盖框架集的边框颜色设置，默认为灰色，且要显示出边框颜色，其所在的框架集边框要选择"是"。
- 边界宽度：以像素为单位设置左边距和右边距（框架边框与内容之间的距离）。
- 边界高度：以像素为单位设置上边距和下边距（框架边框与内容之间的距离）。

如果想要更改框架中文档的背景颜色，可以首先将光标置于某一框架中，然后选择"修改"菜单中的"页面属性"命令，打开"页面属性"对话框，选择"分类"列表中的"外观"选项，单击"背景颜色"拾色器右下方的三角箭头并从颜色选择器中选择一种颜色，或者在文本框中输入一个十六进制数字。最后单击"确定"按钮。

2. 框架集属性及其设置方法

使用框架集的"属性检查器"可以设置边框和框架大小。设置框架属性会覆盖框架集中该属性的设置。例如，在框架中设置的边框属性将覆盖在框架集中设置的边框属性。

要设置选定框架集的属性，执行以下步骤：

（1）选择框架集

在文档窗口的设计视图中，单击两框架之间的边框；或者选择"窗口"菜单中的"框架"命令，打开"框架"面板，在"框架"面板中单击框架集边框。

（2）打开"属性检查器"

选择"窗口"菜单中的"属性"命令，打开"属性检查器"，单击右下角的展开箭头，可以查看框架集的所有属性，如图 5-22 所示。

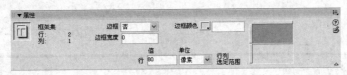

图 5-22　框架集"属性"面板

（3）设置框架集属性

- 边框：在"边框"下拉列表框中，设置浏览文档时是否显示框架边框。要显示边框，选择"是"；不显示边框，选择"否"；让浏览器决定是否显示边框，选择"默认"。
- 边框宽度：在"边框宽度"文本框中，输入一个数字以指定当前框架集的边框宽度。输入 0，指定无边框。
- 边框颜色：在"边框颜色"文本框中，输入颜色的十六进制值，或使用拾色器为边框选择颜色。
- 要设置框架大小，可以首先在"行列选定范围"中单击行 / 列选择标签选择行或列，然后在"值"文本框中输入一个数字，设置选定行或列的大小，并在"单位"下拉列表框中选择输入数值的度量单位。度量单位有 3 个选项：
  - 像素：以像素为单位设置列宽度或行高度。这个选项对要保持大小不变的框架（如导航栏）是最好的选择。如果为其他框架设置了不同的单位，这些框架的空间只能在以像素为单位的框架完全达到指定大小之后才分配。
  - 百分比：选定行（或列）占所属框架集高度（或宽度）的百分比。设置以百分比为单位的行（或列）的空间分配在设置以像素为单位的行（或列）之后，在以相对为单位的行（或列）之前。
  - 相对：选定行（或列）相对于其他行（或列）所占的比例。以相对为单位的行（或列）的空间分配在以像素和百分比为单位的行（或列）之后，但它们占据浏览器窗口所有的剩余空间。

如果想要设置框架集的标题，可以首先选择框架集，然后在"文档"工具栏的"标题"文本框中输入框架集的名称，如图 5-23 所示。当用户在浏览器中查看该框架集时，标题显示在浏览器的标题栏中。

图 5-23　设置框架集标题

5.3.6　为框架设置链接

要在一个框架中使用链接打开另一个框架中的文档，必须设置链接目标。链接的目标属性指定了在其中打开链接内容的框架或窗口。

如图 5-24 所示，链接位于上框架，如果希望链接的内容显示在下侧的主要内容框架中，则必须将主要内容框架的名称指定为每个链接的目标。当用户单击链接时，将在主要内容框架中显示指定的内容。

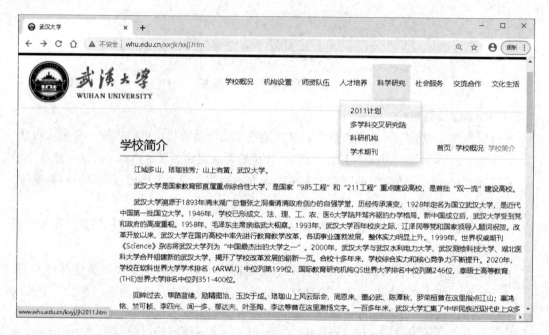

图 5-24　为框架设置链接

具体的操作步骤如下：

1）在设计视图中，选择文本或对象。

2）打开"属性检查器"，在"链接"文本框中输入要链接的文件名，或者单击文件夹图标选择要链接的文件。

3）在"属性检查器"的"目标"下拉列表框中，选择显示链接文档的框架或窗口：

- _blank：在新的浏览器窗口中打开链接文档，同时保持当前窗口不变。
- _new：第一次单击该链接时在一个新浏览器窗口中载入所链接的文档。
- _parent：在显示链接的框架的父框架集中打开链接文档，同时替换整个框架集。
- _self：在当前框架中打开链接文档，同时替换该框架中的内容。
- _top：在当前浏览器窗口中打开链接文档，同时替换所有框架。

框架名称也出现在该下拉列表框中。选择一个命名框架，在该框架中打开链接文档，如图 5-25 所示。

图 5-25　选择命名框架显示链接文档

5.3.7　处理不能显示框架的浏览器

框架页面最大的局限性在于不兼容低版本的浏览器，即在 IE 3.0 以下版本的浏览器中不能正确显示。为了避免这一点，需要使用无框架选项。它能为不支持框架的浏览器提供一个替换的版本，保证用户在使用不支持框架的浏览器时能看到一条提示信息，告诉他所浏览的站点使用了框架技术，而他的浏览器不支持，需要更高版本的浏览器等内容。或者也可以再开发一套不使用框架技术的页面，当用户的浏览器不支持框架时，能够给出提示进入另一个的页面，以便浏览网站。

若要为不支持框架的浏览器创建替换页，执行以下操作：

1）选择"修改"｜"框架集"｜"编辑无框架内容"命令，此时 Dreamweaver 将清除设计视图中的内容，并且在设计视图顶部显示"无框架内容"字样。

2）在文档窗口中，像处理普通文档一样输入或插入内容，如图 5-26 所示。或者选择"窗口"菜单中的"代码检查器"命令，将光标置于 <noframes> 标签中的 <body> 标签之间，然后输入内容的 HTML 代码。

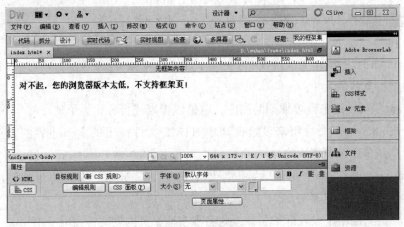

图 5-26　创建替换页

3）再次选择"修改"｜"框架集"｜"编辑无框架内容"命令，返回到框架集文档的普通视图中。

Dreamweaver 会在框架集文档中使用类似下面的声明将指定的内容插入代码中。

```
<noframes><body>
对不起，您的浏览器版本太低，不支持框架页！
</body></noframes>
```

5.4　创建浮动框架

浮动框架是一种特殊的框架页面，它可以出现在一个单元格内。表格的灵活性决定了浮动框架的位置可以随意改变。浮动框架中的页面与普通框架中的页面一样，都具有相对的独立性，不受父页面的约束。因此浮动框架中的页面需要独立的 CSS 样式设置和应用程序的使用，这一点与服务器端所包含的文档不同。

1）用户在创建浮动框架时需要先在文档窗口中选定要插入的位置，然后单击"插入"|"HTML"|"框架"|"IFRAME"命令，或者直接单击"插入"面板中"布局"类的" IFRAME"按钮，在文档窗口中插入内嵌框架，插入完毕后，会在文档窗口中出现一个默认大小的灰色方框，如图 5-27 所示。

图 5-27 IFRAME 标志

2）选中刚刚插入的 IFRAME，单击"窗口"|"标签检查器"命令或者直接按下 F9 键调出"标签检查器"面板。该面板有两个视图：显示类别视图和显示列表视图。图 5-28 所示的是显示类别视图，在这种视图下，用多个栏将与 IFRAME 相关的属性分类管理，在"常规"栏中可以准确、快速地找到需要设置的选项。而显示列表视图主要是按字母顺序将与 IFRAME 相关的属性一一列出。以下是常规属性的含义。

图 5-28 IFRAME 标签检查器面板

- "align"属性用来设置框架垂直或水平对齐方式，其中：left 表示左对齐，right 表示右对齐，middle 表示居中对齐，bottom 表示底部对齐，top 表示顶端对齐。

- "frameborder"属性用来设置框架边框，取值为 1 或 0，1 表示显示边框，0 表示不显示边框，默认值为 1。

- "height"属性用来设置框架的高度，取值以像素或百分比为单位。

- "marginheight"属性用来设置框架中 HTML 文件显示的上下边界的宽度，取值为 px，默认值由浏览器决定。

- "marginwidth"属性 用来设置框架中 HTML 文件显示的左右边界的宽度，取值为 px，默认值由浏览器决定。

- "name"属性用来设置框架名称，此名称在框架页内创建链接时会使用。

- "scrolling"属性用来设置滚动条的显示，取值为"yes|no|auto"，"yes"表示显示滚动条，"no"表示不显示滚动条，"auto"表示当需要时再显示滚动条，默认值为"auto"。

- "src"属性用来表示要在框架中嵌入的内容页的 URL（同 frame 标签）。

- "width"属性用来设置框架的宽度，取值为像素或百分比。

3）设置插入的 IFRAME 的"height"、"width"、"src"等属性。

4）单击"实时视图"按钮预览设置属性后的效果，或者按下 F12 键在浏览器中对添加过浮动框架的页面进行预览，可以看到插入后的图片内容。

同样，如果想进一步完善内嵌 IFRAME 框架的样式，可以在"浏览器特定的"、"CSS/辅助功能"栏下继续设置。

如果用户很熟悉代码，习惯用代码来设计网页，也可在代码视图中用 <iframe> 标签来设置，其方法与标签检查器中的设置一样。

现在 IFRAME 在网页设计中用得不太多，更多使用 DIV+CSS 布局。

本章小结

本章介绍了 Dreamweaver 中的"标准"和"扩展"两种表格模式，用户可以使用表格作为基础结构来设计页面，结合这两种表格模式可以解决用表格来布局时经常出现的一些问题。

框架是网页设计中常用的技术之一，可以将一个浏览器窗口划分为多个区域，每个区域都可以显示不同网页文档。用户可以根据网页设计的需要，在某些区域中放置不需要改变的元素，在另外一些区域中放置需要改变的内容。本章介绍了 Dreamweaver 中框架集的创建和使用方法。

思考题

1. 请简述常用的布局方法。
2. 表格在标准模式和扩展模式的区别？
3. 什么是框架和框架集？
4. 保存框架和框架集文件的方法是什么？

上机操作题

利用框架制作一个数码相机的主页，顶部为网页头，左侧为导航菜单，右侧为主要内容，最终效果如图 5-29 所示。

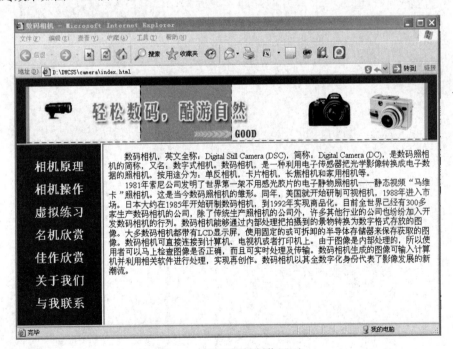

图 5-29　利用框架制作网页

操作内容和要求：首先建一个名为"DSC"的文件夹，再分别建立介绍"相机原理"、"相机操作"、"虚拟练习"、"名机欣赏"、"关于我们"的网页文件并保存在"DSC"文件夹下；

新建一个含框架的网页文件，框架为"上方固定，左侧嵌套"，设置框架属性；在上方插入图片，设置背景色；左侧插入表格，输入文字；右侧输入如图 5-29 所示的文字；保存全部文件，上方的文件名为"top.html"，左侧的文件名为"left.html"，右侧的文件名为"main.html"，整个框架集文件名为"index.html"；设置超级链接，选中左侧的文字"相机原理"，在 HTML 属性检查器的"链接"下拉列表框中输入介绍"相机原理"的网页文件名，在"目标"下拉列表框中选择"mainFrame"，以此类推，分别设置其他项的链接；"与我联系"设置为邮件链接。保存全部文件。

第 6 章　使用 CSS 样式

CSS 是 Cascading Style Sheet 的缩写，一般称为层叠样式表，简称 CSS 样式。CSS 样式是一系列格式设置规则，是用于控制（增强）网页样式并允许将样式信息与网页内容分离的一种标记性语言。使用 CSS 样式可以非常灵活并更好地控制具体的页面外观，从精确的布局定位到特定的字体和样式等。例如，用户可以利用 CSS 样式使页面上的链接文本在未单击时呈现蓝色，当光标移动到链接上时文本变成红色且显示下划线。通过设立嵌入式或外部 CSS 样式表，用户可以以更一致的方式处理页面的布局和外观。

6.1　CSS 样式的基本介绍

运用 CSS 样式表可以依次对若干个网页所有的样式进行控制，CSS 称为"层叠样式表"或"级联样式表"，是一种网页制作的新技术，已经被大多数的浏览器所支持。

6.1.1　CSS 的基本概念

CSS 是 1996 年由 W3C 审核通过，并且推荐使用的。CSS 是一系列格式设置规则，控制 Web 页面内容的显示方式。使用 CSS 设置页面格式时，可将内容与表现形式分开，用于定义代码表现形式的 CSS 规则通常保存在另一个文件（外部样式表）或 HTML 文档的文件头部分。

简单地说，CSS 的引入就是为了使 HTML 能够更好地适应页面的美工设计。它以 HTML 为基础，提供了丰富的格式化功能，并且网页设计者可以针对各种可视化浏览器设置不同的样式风格等。

CSS 样式表有以下特点：
- 可以将网页的显示控制与显示内容分离。
- 能更有效地控制页面的布局。
- 可以制作出体积更小、下载更快的网页。
- 可以更快、更方便地维护及更新大量的网页。

6.1.2　CSS 样式的类型

CSS 样式的类型包括自定义 CSS（类样式）、重定义标签的 CSS 和 CSS 选择器样式（高级样式）。

1. 自定义 CSS（类样式）

自定义样式最大的特点就是具有可选择性，可以自由决定将该样式应用于哪些元素，就文本操作而言，可以选择一个字、一行、一段乃至整个页面中的文本添加自定义的样式。选择样式应用范围实质是在要使用样式的一对标签之间（如选择范围中没有标签，则 Dreamweaver 会自动添加一个名为 span 的标签）添加一个 class="classname"语句（classname 是引用的样式名称）。

2. 重定义标签的 CSS

重定义标签的 CSS 实际上重新定义了现有 HTML 标签的默认属性，具有"全属性"。一旦对某个标签重定义样式，页面中所有该标签都会按 CSS 的定义显示。但是值得注意的是，只有成对出现的 HTML 标签（如 \<td>\</td>）才能进行重定义。单个标签（如 \<hr>）不能进行重定义。

3. CSS 选择器样式（高级样式）

CSS 选择器样式可以用来控制标签属性，通常用来设置链接文字的样式。对链接文字的控制，有以下 4 种类型：

- "a:link"（链接的初始状态）：用于定义链接的常规状态。
- "a:hover"（鼠标指向的状态）：如果定义了这种状态，当鼠标指针移到链接上时，即按该定义显示，用于增强链接的视觉效果。
- "a:visited"（访问过的链接）：对已经访问过的链接，按此定义显示。为了能正确区分已经访问过的链接。"a:visited"的显示方式要不同于普通文本及链接的其他状态。
- "a:active"（在链接上按下鼠标时的状态）：用于表现鼠标按下时的链接状态。实际中应用较少。如果没有特别的需要，可以与"a:link"状态或者"a:hover"定义的状态相同。

6.1.3　CSS 样式的基本语法

CSS 的基本语法由三部分构成：选择器（selector）、属性（property）和属性值（value）。如：

```
selector {property:value}
p{color:blue}
```

HTML 中所有的标签都可以作为选择器。如果需要添加多个属性，在两个属性之间要使用分号进行分隔。下面的样式包含两个属性：一个是对齐方式居中，一个是字体颜色为红，两个样式需要使用分号进行分隔，如：

```
p{text-align:center;color:red}
```

为了提高样式代码的可读性，可以将代码分行书写：

```
p
{
    text-align:center;
    color:black;
    font-family:arial;
}
```

1. 选择器组

如果需要将相同的属性和属性值赋予多个选择器，选择器之间需要使用逗号进行分隔。

```
h2,h3,h4,h5,h6,h7
{
    color:red
}
```

2. 类选择器

利用类选择器，可以使用同样的 HTML 标签创建不同的样式。如段落"<p>"有两种样式：一种是右对齐，一种是居中对齐。可以如下书写：

```
p.right{text-align:right}
p.center{text-align:center}
```

其中 right 和 center 是两个类。然后可以引用这两个类，代码如下：

```
<p class="center">居中对齐显示 </p>
<p class="right">右对齐显示 </p>
```

也可以不用 HTML 标签，直接用"."加上类名称作为一个选择器，代码如下：

```
.center {text-align:center}
```

通用的类选择器没有标签的局限性，可以用于不同的标签，如：

```
<h1 class="center">标题居中显示 </h1>
<p class="center">段落居中显示 </p>
```

3. CSS 注释

为了方便以后更好地阅读 CSS 代码，可以为 CSS 添加注释。CSS 注释以"/*"开头，以"*/"结束，如：

```
/* 段落样式 */
p
{
  text-align:center;
  /* 居中显示 */
  color:black;
  font-family:arial
}
```

6.2　创建 CSS 样式

在熟悉了 CSS 和 CSS 基本语法之后，便可以创建 CSS 样式，其中包括建立标签样式、建立类样式、建立复合内容样式、建立 ID 样式和链接外部样式表。

6.2.1　建立标签样式

标签样式是网页中最常见的一种样式，一般在创建页面时，首先会建立一个 <body> 标签样式。操作方法如下：

1）启动 Dreamweaver CS5，在菜单中选择"文件"|"打开"命令，打开文件。

2）在"CSS 样式"面板上单击"新建 CSS 规则"按钮，如图 6-1 所示。

3）弹出"新建 CSS 规则"对话框，单击"选择器类型"下拉按钮，选择"标签（重新定义 HTML 元素）"；如图 6-2 所示，单击

图 6-1　CSS 样式面板

"确定"按钮。

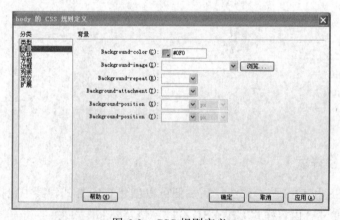

图 6-2　新建 CSS 规则

4）弹出"CSS 规则定义"对话框，在"分类"列表框中选择各项进行设置，设定背景颜色为绿色；单击"确定"按钮，如图 6-3 所示。

图 6-3　CSS 规则定义

5）切换至"代码"视图，可以看到添加了相应的代码，如图 6-4 所示。

6）保存文档。按 F12 键，即可在浏览器中浏览网页的视觉效果。

图 6-4　"代码"视图

6.2.2 建立类样式

通过类样式的使用，可以对网页中的元素进行更加精确的控制，达到理想的效果，操作方法如下：

1）在 "CSS 样式" 面板上，单击 "新建 CSS 规则" 按钮。

2）弹出 "新建 CSS 规则" 对话框，单击 "选择器类型" 下拉按钮，选择 "类（可应用于任何 HTML 元素）" 在选择器名称输入 ".sh"；单击 "确定" 按钮，如图 6-5 所示。

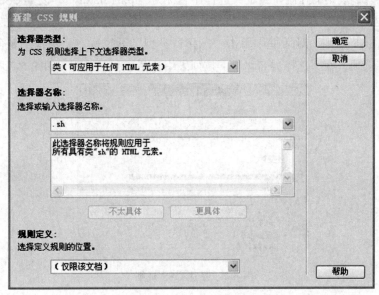

图 6-5　新建 CSS 规则

3）弹出 "CSS 规则定义" 对话框，在 "分类" 列表框中选择各项进行设置；单击 "确定" 按钮，如图 6-6 所示。

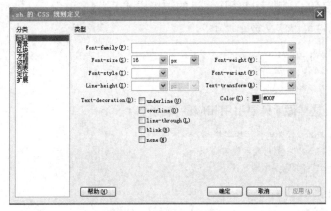

图 6-6　CSS 规则定义

4）切换到 "代码" 视图，可以看到添加了相应的代码为：

```
.sh {
    font-size: 16px;
    color: #00F;
```

```
}
```

5）保存文档。

6.2.3　建立复合内容样式

复合内容样式用于定义同时影响两个或多个标签、类或 ID 类型的复合 CSS 规则。例如，当定义选择器名称为 td h3，设置 CSS 规则后，表示每当 h3 标题出现在表格单元格内时，就会受此 CSS 规则的控制。当定义选择器名称为 "p,h1,h2,div"，设置 CSS 规则后，p、h1、h2、div 这 4 个标签都受此 CSS 规则的控制。也常用于定义链接不同状态的文本外观。

在"新建 CSS 规则"对话框中单击"选择器类型"下拉按钮，选择"复合内容（基于选择的内容）"选项，在"选择器名称"下拉列表中包括了 4 个选项，如图 6-7 所示。

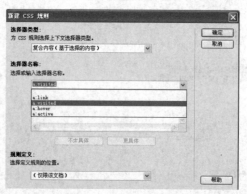

图 6-7　新建 CSS 规则

- a:active：定义了链接被激活时的样式，即已经单击链接，但页面还没跳转的样式。
- a:hover：定义了鼠标停留在链接的文字上时的样式，一般定义文字、颜色等。
- a:link：定义了设置有链接的文字的样式。
- a:visited：定义了浏览者已经访问过的链接样式。

例如：一个标签可以定义数个"类"。

```
p.green { color: green }
p.yellow { color: yellow}
p.red { color: red}
```

在 HTML 中，这样做 (只要引用相应的类就可以了)：

```
<p class="green"> 绿黄色显示的字符 </p>
<p class ="yellow"> 黄色显示的字符 </p>
<p class ="red"> 红色显示的字符 </p>
```

显示的结果如下：

绿黄色显示的字符

黄色显示的字符

红色显示的字符

例如，每当 h3 标题出现在表格单元格内时，要求文字格式变为"24px 红色加粗"，就要在"新建 CSS 规则"对话框中，将选择器类型选为"复合内容（基于选择的内容）"，在

"选择器名称"栏中输入"td h3",如图6-8所示。

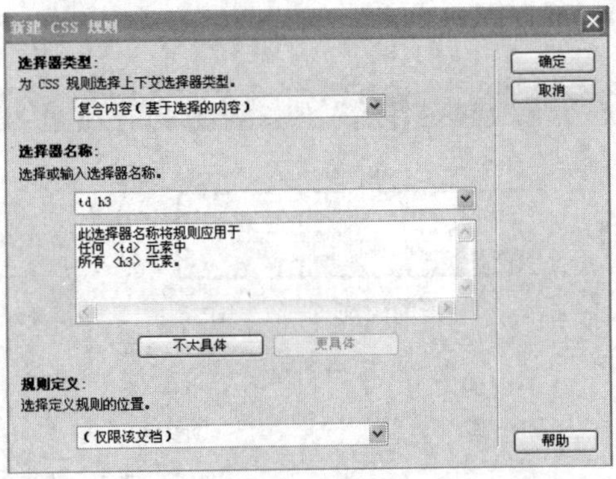

图 6-8 新建复合内容的 CSS 规则

相应的代码为:

```
td h3 {
    font-size: 24px;
    font-weight: bold;
    color: #60F;
}
```

标题3(h3)出现在单元格内时文字格式为:"24px 红色加粗",而在其他的地方出现时不是此格式。

6.2.4 建立 ID 样式

ID 是身份标识号码,ID 编码是惟一的。ID 的 CSS 样式只作用于定义了 ID 的元素,样式名称以"#"号开头。首先给元素命名 ID,然后定义 ID 的 CSS 样式规则,定义完毕,名为 ID 的元素会立即更新。建立 ID 样式的操作方法如下:

1)在"CSS 样式"面板上单击"新建 CSS 规则"按钮。

2)弹出"新建 CSS 规则"对话框,单击"选择器类型"下拉按钮,选择"ID(仅应用于一个 HTML 元素)",在选择器名称中输入"#top";单击"确定"按钮,如图6-9所示。

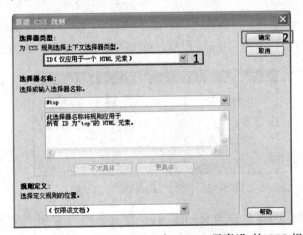

图 6-9 新建"ID(仅应用于一个 HTML 元素)"的 CSS 规则

3）弹出"CSS 规则定义"对话框，在"分类"列表框中选择"方框"选项；设置参数；单击"确定"按钮，如图 6-10 所示。

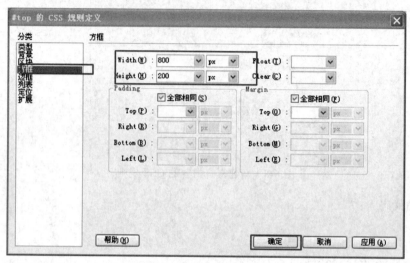

图 6-10　CSS 规则定义

4）在文档窗口中选择"插入"工具栏，单击"插入 Div 标签"按钮，如图 6-11 所示。

图 6-11　插入栏

5）弹出"插入 Div 标签"对话框，单击展开"插入"下拉列表，选择"在结束标签之前"选项；单击 ID 下拉列表，选择"top"选项；单击"确定"按钮，如图 6-12 所示。

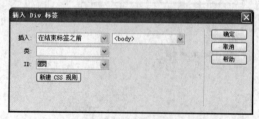

图 6-12　"插入 Div 标签"对话框

6）此时，已经插入 ID 名称为 top 的 Div。在页面中可看到刚刚创建 #top 的 CSS 样式表。

6.2.5 链接外部样式表

CSS 样式不但可以直接嵌入页面中，而且可以保存为独立的样式文件（扩展名为 .css），需要引用样式文件中的 CSS 样式，可以将其链接到网页文档中。链接外部样式表的操作如下：

1）单击"CSS 样式"面板下方的"附加样式表"按钮，如图 6-13 所示。

2）弹出"链接外部样式表"对话框，单击"文件 /URL"右边的"浏览"按钮，插入文件。选中"链接"单选按钮，单击"确定"按钮，即可完成添加外部链接样式表的操作，如图 6-14 所示。

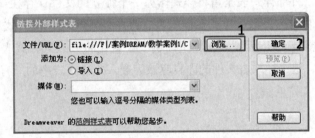

图 6-13　CSS 样式面板　　　　　图 6-14　"链接外部样式表"对话框

6.3 在网页中应用 CSS

在 Dreamweaver CS5 中，还可将 CSS 应用到网页中，以使网页更加独特。

6.3.1 内联样式表

内联样式表是在现有 HTML 元素的基础上，用 style 属性把特定的样式直接加入那些控制信息的标记中，比如下面的例子：

```
<p style="color:#ff000"> 内联样式表 </p>
```

这种样式表只会对元素起作用，而不会影响 HTML 文档中的其他元素。也正因为如此，内联样式表通常用在需要特殊格式的某个网页对象上，在以下实例中，各段文字都定义了自己的内联样式表：

```
<p style="color:#ff0000"> 这段文字显示为红色 </p>
<p style="color:#000000;background-color:yellow; "> 这段文字的背景色为 <I> 黄色 </I></p>
<p style="font-family: ' 华文彩云 ';font-size:24px"> 这段文字将以黑体显示 </p>
```

这段代码的第三个 p 元素中的样式表将文字用华文彩云显示，还有一个特殊的地方是第二个 p 元素中还嵌套了 <I> 元素，这种性质通常称为继承性，也就是说子元素会继承父元素的样式。

6.3.2 内部样式表

内部样式表是把样式表放到页的 <head> 区中，这样定义的样式就应用到页面中。样式

表是用 <style> 标记插入的，从下例中可以看出 <style> 标记的用法：

```
<head>
<style type="text/css">
<!--
  hr{color:sienna}
  p{margin-left:20px}
  body{background-image:url("image/back40.gif")}
-->
</style>
</head>
```

6.3.3　外部样式表

外部样式表是指将样式作为一个独立的文件保存在计算机上，这个文件以 ".css" 作为文件的扩展名。样式在样式表文件中的定义与在嵌入式样式表中的定义是一样的，只是不再需要 style 元素。比如下面例子中就是将嵌入式样式表定义到一个样式表文件 mystyle.css 中，这个样式表文件的内容应该为嵌入式样式表中的所有样式。

```
h1
{
  font-size:36px;
  font-family:" 隶书 ";
  font-weight:bold;
  color:#993366;
}
```

CSS 样式表在页面中应用的主要目的在于实现良好的网站文件管理及样式管理，分离式结构有助于合理划分表现与内容。

6.3.4　样式表冲突

将两个或两个以上的 CSS 规则应用在同一元素时，这些规则可能会发生冲突并产生意外结果，一般会存在以下两种情况。一种情况是应用于同一元素的多个规则分别定义了元素的不同属性，这时，多个规则同时起作用。另一种是两个或两个以上的规则同时定义了元素的同一属性，这种情况称为样式冲突。如果发生冲突，浏览器按就近优先原则应用 CSS 规则。

如果应于用同一元素的两种规则的属性发生冲突，则浏览器按离元素本身最近规则属性显示。如一个样式 mycss{color=red} 应用于 <body> 标签，另一个样式 mycss2{color=green} 应用于文本所处的 <p> 标签，则文本按 mycss2 规则的属性显示为绿色。

如果链接当前文件的两个外部样式表文件同时重定义了同一个 HTML 标签，则后链接的样式表文件优先（在 HTML 文档中，后链接的外部样式表文件的链接代码在先链接的链接代码之后）。

6.4　设置 CSS 样式

在 Dreamweaver CS5 中，可以对 CSS 样式格式进行精确定制。在 " CSS 规则定义" 对话框中，可以完成样式的有关设置。

6.4.1　设置文本样式

在网页中设置文本样式与在 Word 中设置文本样式相同，操作方法如下：在"CSS 规则定义"对话框的"分类"列表框中选择"类型"选项，即可对文本的样式进行设置，如图 6-15 所示。

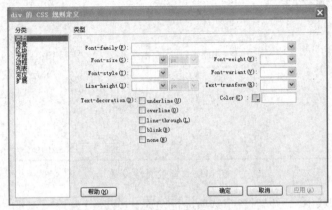

图 6-15　类型属性设置

在"类型"区域中可以对各个选项进行设置

- Font-family：为样式设置字体。如果没有需要的字体，可以编辑字体列表。
- Font-size：定义文本大小。可设置相应大小或者绝对大小，设置绝对大小时还可以在其右边的下拉列表中选择单位，常使用"点数（pt）"为单位，一般把正文字体大小设置为 9 pt 或者 10.5 pt。
- Font-style：设置字体的特殊格式，包括"正常"、"斜体"和"偏斜体"三个选项。默认设置是"正常"。
- Font-height：设置文本所在行的高度。选择"正常"项，则由系统自动计算行高和字体大小；也可以直接在其中输入具体的行高数值，然后在右边的下拉列表中选择单位。注意行高的单位应该与文字的单位一致，行高的值应等于或略大于文字大小。
- Font-weight：设置文字的笔画粗细。选择粗细数值，可以指定字体的绝对粗细程度，选择"粗体"、"特粗"和"细体"则可以指定字体相对粗细程度。"正常"等于 400；"粗体"等于 700。
- Font-variant：设置文本的小型大写字母变体。即将小写字母改为大写，但显示尺寸仍按小写字母的尺寸显示。该设置只有在浏览器中才能看到效果。
- Text-transform：将英文单词的首字母大写或全部大写或全部小写。
- Text-decoration：向文本中添加下划线、上划线或删除线，或使文本闪烁，常规文本的默认设置是"无"，链接的默认设置是"下划线"。
- Color：设置文本颜色。可以通过颜色选择器选取，也可以直接在文本框中输入颜色值。

6.4.2　设置背景样式

在不使用 CSS 样式的情况下，利用页面属性只能够使用单一颜色或用图像水平垂直平铺来设置背景。使用"CSS 规则定义"对话框的"背景"选项能够更加灵活地设置背景，可以对页面中的任何元素应用背景属性，如图 6-16 所示。

图 6-16　背景属性设置

在"背景"区域中，可以对各个选项进行设置。

- Background-color：设置元素的背景颜色。
- Background-image：设置元素的背景图像。
- Background-repeat：设置当使用图像作为背景时是否需要重复显示，一般用于图像尺寸小于页面元素面积的情况，包括以下 4 个选项。"不重复"，表示只在元素开始处显示一次图像；"重复"，表示在应用样式的元素背景的水平方向和垂直方向上重复显示该图像；"横向重复"，表示在应用样式的元素背景的水平方向上重复显示该图像；"纵向重复"，表示在应用样式的元素背景的垂直方向上重复显示该图像。
- Background-attachment：有两个选项，即"固定"和"流动"，分别决定背景图像是固定在原始位置还是可以随内容一起滚动。
- Background-position(X) 和 Background-position(Y)：指定背景图像相对于元素的对齐方式，可以用于将背景图像与页面中心水平和垂直对齐。

6.4.3　设置区块样式

使用"区块"类别可以定义段落文本中文字的字距、对齐方式等格式。在"CSS 规则定义"对话框左侧选择"区块"选项，即可进行相应的设置，如图 6-17 所示。

在"区块"区域中可以对各个选项进行设置：

- Word-spacing：设置英文单词之间的距离。
- Letter-spacing：增加或减小文字之间的距离，若要减小字符间距，可以指定一个负值。
- Vertical-align：设置应用元素的垂直对齐方式。
- Text-align：设置应用元素的水平对齐方式，包括"居左"、"居右"、"居中"和"两端对齐"4 个选项。
- Text-indent：指定每段中的第一行文本缩进距离，可以使用负值创建文本凸出，但显示方式取决于浏览器。

- White-space：确定如何处理元素中的空格，包括 3 个选项。"正常"，按正常的方法处理其中的空格，即将多个空格处理为一个；"保留"，将所有的空格都作为文本用 <pre> 标记进行标识，保留应用样式元素原始状态；"不换行"，文本只有在遇到
 标记时才换行。
- Display：设置是否以及如何显示元素，如果选择"无"则会关闭应用此属性的元素的显示。

图 6-17　区块属性设置

6.4.4　设置方框样式

在图像的"属性检查器"上，可以设置图像的大小、图像水平和垂直方向上的空白区域等，方框样式完善并丰富了这些属性设置，定义特定元素的大小及其他周围元素间距属性，如图 6-18 所示。

图 6-18　方框属性设置

在"方框"区域中可以对各个选项进行设置：
- Width 和 Height：设定宽度和高度，只有在样式应用于图像或层时才起作用。
- Float：定义元素在哪个方向浮动。以往这个属性应用于图像，使文本围绕在图像周围，不过在 CSS 中任何元素都可以浮动，浮动元素会生成一个块级框，而不论它本身是何种元素。设置文本、层、表格等元素在哪个方向浮动，其他元素按设置的方式环绕在浮动元素的周围。

- Clear：定义了元素的哪一边不允许出现浮动元素，设置元素哪一边不允许有层，如果有层出现在被清除的那一边，则元素将移动到层的下面。
- Padding：指定元素内容与元素边框之间的间距（如果没有边框，则为边距）。"全部相同（S）"复选框为应用此属性元素的"上"、"右"、"下"和"左"侧设置相同的填充属性。取消选中该复选框可分别设置元素各个边的填充。
- Margin：指定一个元素的边框与其他元素之间的间距，只有当样式应用于文本块一类的元素（如段落、标题、列表等）时，才起作用。"全部相同（F）"复选框为应用此属性元素的"上"、"右"、"下"和"左"侧设置相同的边距属性。取消选中该复选框可分别设置元素各个边的边距。

6.4.5　设置边框样式

在 Dreamweaver CS5 中，使用"边框"选项可以定义元素周围边框的宽度、颜色和样式等，如图 6-19 所示。

图 6-19　边框属性设置

在"边框"区域中可以对各个选项进行设置：

- Style 选项组：设置边框的外观样式。边框样式包括"无"、"点划线"、"虚线"、"实线"、"双线"、"槽状"、"脊状"、"凹陷"和"凸出"等，所定义的样式只有在浏览器中才呈现效果，且实际显示方式还与浏览器有关。
- Width 选项组：设置元素边框的粗细，包括"细"、"中"、"粗"，也可以设定具体数值。
- Color 选项：设置边框的颜色。

6.4.6　设置列表样式

在 Dreamweaver CS5 中，使用"列表"选项可以定义项目符号、大小和类型等，如图 6-20 所示。

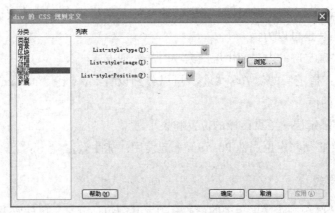

图 6-20 列表属性设置

在"列表"区域中可以对各个选项进行设置：

- List-style-type：设置项目符号或编号的外观。
- List-style-image：用于为项目符号指定自定义图像，可以输入图像的路径，或单击"浏览"按钮选择图像。
- List-style-Position：设置列表项换行时是缩进还是边缘对齐，选择"内"设置列表换行时为缩进，选择"外"设置列表换行时为边缘对齐。

6.4.7 设置定位样式

"定位"选项用于设置层的相关属性，使用定位样式可以自动新建一个层并把页面中使用该样式的对象放到层中，并且用在对话框中设置的相关参数控制新建层的属性，如图 6-21 所示。

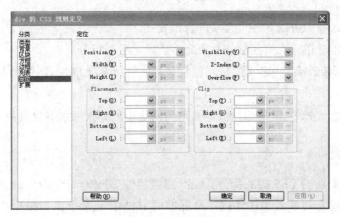

图 6-21 定位属性设置

在"定位"区域中可以对各个选项进行设置：

- Position：确定浏览器应如何来定位选定的层。其中有四个选项，即 relative、absolute、static 和 fixed。
- Visibility：确定层的可见性，如果不指定显示属性，则默认情况下大多数浏览器都继承父级的属性。

- Z-Index：确定层的叠加顺序。Z 轴值较高的元素显示在 Z 轴值较低的元素的上方。值可以为正，也可以为负。
- Overflow：确定层的内容超出层的大小时的处理方式。
- Placement：指定层的位置和大小，可以分别设置 top（上）、bottom（下）、left（左）、right（右）的值。
- Clip：设置限定层中可见区域的位置和大小。

注：Clip 属性必须与定位属性 Position 一起使用才能生效。

6.4.8 设置扩展样式

扩展选项是 CSS 规则定义面板中的最后一项，其中包括分页、鼠标效果和 CSS 滤镜等内容，在"CSS 规则定义"对话框中选择"扩展"选项，即可进行相应的设置，如图 6-22 所示。

图 6-22　扩展属性设置

在"扩展"区域中可以对各个选项进行设置：

- 分页：打印时在样式所控制的对象之前或者之后强行分页。
- Cursor（鼠标效果）：定义的是当鼠标悬浮在该元素上时的样式，对应的 CSS 属性是cursor。
- Filter（CSS 滤镜）：又称为过滤器，可为网页中的元素添加各种效果。

6.5 CSS 滤镜

本节介绍一个新的 CSS 扩展部分：CSS 滤镜属性（Filter Properties）。使用这种技术可以把可视化的滤镜和转换效果添加到一个标准的 HTML 元素上，如图片、文本容器，以及其他一些对象。

也许很多人对 CSS 的一般用途很熟悉，但是可能只有少数人知道 CSS 里面竟然还有像 Photoshop 里一样的滤镜。Dreamweaver 的滤镜和我们所熟悉的 Photoshop 滤镜相似，能够渲染对象元素，创建出艺术效果。Dreamweaver 的 CSS 样式提供了丰富的滤镜效果，使用这些滤镜能够创建出文本和图像的 3D、阴影和淡入淡出等效果，应用在页面中在一定程度上美化了页面。滤镜的使用与其他 CSS 的样式定义方式一样，分为外部引用、内部引用和内联引用 3 种。

本节所介绍的 CSS 滤镜并非通用标准，只有使用 IE 浏览器（或以 IE 为核心的浏览器，如傲游）才能看到效果，而其他浏览器（如 Firefox）并不支持。

CSS 的滤镜属性的标识符是 filter。为了使大家对它有一个整体的印象，我们先来看一下它的书写格式：

```
filter: filtername(parameters)
```

filter 是滤镜属性选择符。只要进行滤镜操作，就必须先定义 filter；filtername 是滤镜属性名，Dreamweaver CS5 中共含了 16 种 CSS 滤镜，这里包括 alpha、blur、chroma 等多种属性。

在可视化界面可以方便地设置 CSS 滤镜，但是它的一些参数却不是随便可以猜对的。如果不清楚参数，可以采取删除参数的方法。例如 alpha(opacity=?, finishopacity=?, style=?, startX=?, startY=?, finishX=?, finishY=?)，如果不清楚参数，就无法创建，这时，删除后面的一些参数项 (opacity=?, finishopacity=?, style=?, startX=?, startY=?, finishX=?, finishY=?)，就可以用默认的参数应用滤镜了。

CSS 滤镜属性只能用在 HTML 控件元素上。所谓的 HTML 控件元素就是它们在页面上定义了一个矩形空间，浏览器窗口可以显示这些空间。HTML 控件元素包括 <body>、<button>、<div>、<img>、<input>、<marquee>、<span>、<table>、<tr>、<td>、<th>、<tfoot>、<thead> 和 <textarea>。

CSS 的无参数滤镜共有 6 个（fliph、flipv、invert、xray、gray 和 light），虽然没有参数，相对来讲灵活性要差点，但用起来更方便，效果也相当明显。用它们可以使文字或图片“翻翻身”、获得图片的“底片”效果，甚至可以制作图片的“X 光片”效果等。以下是 6 个没有参数的滤镜。

1. gray 滤镜

gray 滤镜的作用是产生黑白效果，使图片由彩色变为黑白色调。

使用方法：<img src="a.jpg" style="filter:gray">。

2. invert 滤镜

invert 滤镜的作用是反色效果，使图片产生照片底片的效果。

使用方法：<img src="a. jpg " style="filter:invert">。

3. xray 滤镜

xray 滤镜的作用是产生 X 光效果，使图片只显示其轮廓。

使用方法：<img src="a. jpg " style="filter:xray">。

4. fliph 滤镜

fliph 滤镜的作用是产生水平翻转效果。

使用方法：<img src="a. jpg " style="filter:fliph">。

5. flipv 滤镜

flipv 滤镜的作用是产生垂直翻转效果。

使用方法：<img src="a. jpg " style="filter:flipv">。

6. light

light 滤镜使对象产生一种模拟光源的投射效果。

使用方法：

```
<img src=" a. jpg " style="filter:light" onload="javascript:this.filters. light.addCone
(this.width/2,this.height/2,100,this.width/2, this.height/2,200,155,0,100,100)"
onmousemove="javascript:this.filters.light.moveLight(0,event.offsetX,event.
offsetY,200,1)"/>
```

无参滤镜效果如图 6-23 所示。

| 原图 | gray | invert | xray |
| fliph | flipv | light |

图 6-23　无参滤镜示例

以下是带参数的滤镜：

1. alpha 滤镜

alpha 滤镜主要是对图片的透明度进行处理，使对象产生透明度。

使用方法：

```
<img src="a.gif" style="filter:alpha(opacity=value1,finishopacity=value2,style=va
lue3, startx=startx,starty=starty,finishx=finishx,finishy=finishy">
```

说明：

- value1 为图片的透明值，范围是 0（完全透明）~ 100（完全不透明）。
- value2 为图片透明度变换结束时的透明值，范围是 0(完全透明) ~ 100(完全不透明)。
  注：该值只有在 value3 设定时才有效。
- value3 为图片透明度变换方向，取值为 1 时，图片透明度按从左到右线性变化；取值为 2 时，图片透明度从内到外沿半径变化；取值为 3 时，图片透明度从内到外呈矩形变化。

例如：

```
alpha(opacity=0,finishopacity=100,style=1,startx=0,starty=85,finishx=150,finishy=85)
```

```
/* 有了一个直线的渐进效果 */
alpha(opacity=0,finishopacity=100,style=2,startx=0,starty=85,finishx=150,finishy=85)
/* 改变 style = 2, 可以得到圆形的渐进效果 */
alpha(opacity=0,finishopacity=100,style=3,startx=0,starty=85,finishx=150,finishy=85)
/* 改变 style = 3, 可以得到矩形的渐进效果 */
```

2. blur 滤镜

blur 滤镜的作用是使对象变成模糊效果。

使用方法:

```
blur(add=?, direction=?, strength=?)
```

说明:

- add 参数是一个布尔判断 "true（默认）" 或者 "false"。它指定图片是否被改变成模糊效果。"=" 后面输入 true 或者 false。
- direction 参数用来设置模糊的方向。其中 0 度代表垂直向上，然后每 45° 为一个单位。它的默认值是向左的 270°。角度方向的对应关系为: 0，向上; 45, 右上; 90, 右; 135, 右下; 180, 下; 225, 左下; 270, 左; 315, 左上。
- strength 参数值只能使用整数来指定。它代表有多少像素的宽度将受到模糊影响。默认值是 5 像素。对于网页上的字体，如果设置它的模糊效果 "add" 为 1，那么这些字体的效果会非常好看。

3. wave 滤镜

wave 滤镜的作用是使图片产生扭曲效果，使对象在垂直方向上产生波浪的变形效果。

使用方法:

```
<img src="a.jpg" style="filter:wave(add=value1,freq=value2,lightstrength=value3,
phase=value4,strength=value5)">
```

说明:

- value1 的取值为 1 时，将原图片增加到处理过的图片上; 为 0 时，则不增加。这个默认值是 "true（非 0）"，也就是打乱对象。也可以修改它的值为 "false（0）"。
- value2 为视觉扭曲的波浪数（自然数），也就是指定在这个对象上面一共需要产生多少个完整的波纹。
- value3 是波浪效果的光照强度百分比，取值范围为 0 ~ 100，1 为最弱，100 为最强。
- value4 为正弦波开始偏移的初始量，取值范围为 0 ~ 100。
- value5 为波形效果的强度（自然数），代表波的振幅大小。

例如:

```
<img src="a.jpg" style="filter:wave(add=0,freq=5,lightstrength=50,phase=0,strength=5)">
```

以上三个滤镜的效果如图 6-24 所示。

alpha   blur   wave

图 6-24   alpha、blur 和 wave 滤镜的效果图示例

4. dropshadow 滤镜

dropshadow 滤镜的作用就是添加对象的阴影效果。它的效果就像使原来的对象离开页面，然后在页面上显示出该对象的投影。其实它的工作方法就是建立一个偏移量，加上较深的颜色。

使用方法：

```
dropshadow(color=?, offX=?, offY=?, positive=?)
```

说明：

- color 代表投射阴影的颜色。单位是 #RRGGBB。
- offX 和 offY 就分别是 x 方向和 y 方向阴影的偏移量。必须用整数。
- positive 参数是一个布尔值，如果值为"true（非 0）"，那么就为任何的非透明像素建立可见的投影。如果值为"false（0）"，那么就为透明的像素部分建立可见的投影。

如果有一个透明的对象可是仍然想要使用普通的投影效果，那么把 positive 参数设置为 0。此时透明对象会在整个透明区域以外的地方出现投影效果，而不是在透明区域内。

5. chroma 滤镜

chroma 滤镜可以设置一个对象中的颜色为透明色。

使用方法：

```
chroma(color=?)
```

说明：这个滤镜只有一个参数 color，颜色的表示方法为 # RRGGBB。

6. shadow 滤镜

shadow 滤镜的作用是产生阴影效果，与 dropshadow 非常相似，也是一种阴影效果。dropshadow 没有渐进感，shadow 有渐进的阴影感。

使用方法：

```
<img src="a.gif" style="filter:shadow(color=value1,direction=value2)">
```

说明：

- value1 为阴影 RGB 格式的颜色值，如 000000 表示黑色。
- value2 为光线照射角度，0：垂直向上；每 45° 为一个单位，它的默认值是向左的 270°。

以上三个滤镜的效果如图 6-25 所示。

dropshadow

chroma

shadow

图 6-25　dropshadow、chroma 和 shadow 滤镜的效果图示例

7. glow 滤镜

glow 滤镜的作用是使对象的边缘产生类似发光的效果。

使用方法：`glow(color=?, strength=?)`

说明：color 是指发光的颜色，表示方法为 # RRGGBB。

strength 则是强度的表现，可以为 1 ~ 255 之间的任何整数值。

8. mask 滤镜

mask 滤镜可以为对象建立一个覆盖于表面的膜。

使用方法：`mask(color=?)`

说明：color 的值可以使用 # RRGGBB 的形式。

glow 和 mask 滤镜的效果如图 6-26 所示。

glow　　　**Glow滤镜效果**　　　**Glow滤镜效果**

mask

图 6-26　glow 和 mask 滤镜的效果图示例

9. blendtrans 滤镜

blendtrans 滤镜用于设置对象的淡入淡出效果。

使用方法：`blendtrans(duration=?)`

说明：duration 为转换时间，单位是秒。

10. revealtrans 滤镜

revealtrans 滤镜用于设置对象之间的切换效果，能产生 24 种切换效果。

使用方法：`revealtrans(duration=?, transition=?)`

说明：transition 是切换时间，以秒为单位。transition 是切换方式，它有 24 种方式，切换方式对应的数值如表 6-1 所示。

表 6-1　transition 切换方式

切换方式	数值	切换方式	数值
矩形从大至小	0	随机溶解	12
矩形从小至大	1	从上下向中间展开	13
圆形从大至小	2	从中间向上下展开	14
圆形从小至大	3	从两边向中间展开	15
向上推开	4	从中间向两边展开	16
向下推开	5	从右上向左下展开	17
向右推开	6	从右下向左上展开	18
向左推开	7	从左上向右下展开	19
垂直形百叶窗	8	从左下向右上展开	20
水平形百叶窗	9	随机水平细纹	21
水平棋盘	10	随机垂直细纹	22
垂直棋盘	11	随机选取一种特效	23

6.6　CSS 样式表应用实例

6.6.1　表美化文本框与按钮

在网页制作中，表单中的对象总是给人一种单调与沉闷的感觉，比如说按钮、文本框等，它们一成不变的模样与颜色出现在主页上时，或多或少都会破坏主页的美观程度，在网上常常看见一些注册表单的输入框部分并不是常见的矩形框，而是一条细线，其实要实现这样的效果并不困难，只要用一段简短的 CSS 代码控制好表单输入框的样式即可。如图 6-27 所示即是在网页中经常出现的按钮与文本框的样式。

怎么样才能改变文本框与按钮的模样呢？在此提供两种文本框与按钮样式作为例子参考，第一种是文本框与按钮无立体感，只是

图 6-27　文本框和按钮

有线条颜色与填充颜色的，这种效果能在很多网站上见到，样式很特别。第二种效果比较特殊，是将文本框做成一种类似于下划线的效果并且是彩色的，同时按钮的背景色也不再是灰色，而是彩色的。这两种效果实现的详细操作步骤如下。

1. 无立体效果的文本框与按钮

首先在网页中插入了相应的表单对象，比如插入一个文本框与一个按钮，按下 F10 键，显示出网页源代码编辑窗口，那么我们在网页的 \<head\> 与 \</head\> 标签之间插入这个样式表：

```
<style type="text/css">
  input.smallInput{
  border:1 solid black;
  FONT-SIZE: 9pt;
  FONT-STYLE: normal;
```

```
    FONT-VARIANT: normal;
    FONT-WEIGHT: normal;
    HEIGHT: 18px;
    LINE-HEIGHT: normal
}
</style>
```

然后分别在文本框与按钮的 HTML 语句中加上代码 class=smallInput：

```
<input type="text" name="textfield" class=smallInput>
 <input type="submit" name="Submit" value=" 平面按钮 " class=smallInput>
```

最后的效果如图 6-28 所示。

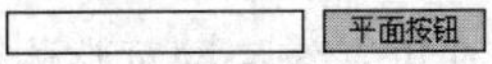

2. 带颜色的下划线式文本框与按钮效果

图 6-28　无立体效果的文本框与按钮

同样也需要样式表的帮助来实现这个效果，与第一种效果的操作步骤一样在网页的 <head> 与 </head> 标签之间插入样式表：

```
<style type="text/css">
    input.smallInput{
    background:#ffffff;
    border-bottom-color:#ff6633;
    order-bottom-width:1px;
    border-top-width:0px;
    border-left-width:0px;
    border-right-width:0px;
    solid #ff6633;
    color: #000000;
    FONT-SIZE: 9pt;
    FONT-STYLE: normal;
    FONT-VARIANT: normal;
    FONT-WEIGHT: normal;
    HEIGHT: 18px;
    LINE-HEIGHT: normal
    }
    input.buttonface{
    BACKGROUND: #ffcc00;
    border:1 solid #ff6633;
    COLOR: #ff0000;
    FONT-SIZE: 9pt;
    FONT-STYLE: normal;
    FONT-VARIANT: normal;
    FONT-WEIGHT: normal;
    HEIGHT: 18px;
    LINE-HEIGHT: normal
    }
</style>
```

从上面的样式表中可以看出，这个效果的实现是通过两个样式来实现的，一个是文本框的，一个是按钮的，所以在文本框与按钮的 HTML 语句中就需要插入两句不同的代码，在文本框中插入的是 class=smallInput 代码，如 <input type="text" name="textfield" class=smallInput>，在按钮语句中插入的是 class=buttonface 代码，如 <input type="submit"

name="Submit" value=" 彩色按钮 "class=buttonface>，其实这就对应了样式表中文本框与按钮的样式，最后的效果如图 6-29 所示。

以上两种效果的方法都是通过样式表来实现的，使用方法也十分简单。

图 6-29　带颜色的下划线式文本框与按钮效果

6.6.2　用 CSS 控制网页整体风格

网页设计中我们通常需要统一网页的整体风格，统一的风格大部分涉及网页中文字属性、网页背景色以及链接文字属性等，如果我们应用 CSS 来控制这些属性，会大大提高网页设计速度，统一网页整体效果。

为了达到修改整个网页的目的，我们需要编辑一个独立的 CSS 文档。根据这个文档定义和修改不同 CSS 属性，并在页面元素相同或者相似的网页里调用它。

1. 改变整体页面风格

现在网页中流行的字体是 9 pt 和 10.5 pt 宋体，打开“CSS 样式”面板，单击“新建 CSS 规则”按钮，弹出“新建 CSS 规则”对话框，选择“标签（重新定义 HTML）”的“选择器类型”，这时在标签处会出现“body”、“br”、“cite”等选项，选择“body”后确认。这样我们就建立了一个外部的 CSS 文档，在“保存”对话框中保存为 css 后就进入“body 的 CSS 规则定义（在 css.css 中）”对话框（见图 6-30）。选择“分类”中的“类型”项，定义字体为“宋体”、大小参数为“9”，其后的下拉框选择“pt”、颜色自定义为喜好颜色就可以了。当然还可以选择“类型”中的背景项来定义背景颜色和其他背景属性。这时你会看到页面中内容的整体改变。

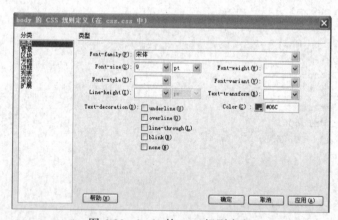

图 6-30　body 的 CSS 规则定义

2. 偏好元素风格的改变

经过上面的改变有时不免带来一定麻烦，如果遇到页面中某个元素，比如突出显示的文字的字体、字号以及颜色怎么办！这里我们就需要再定义一个新的 CSS 样式表来对其进行控制。打开“CSS 样式”面板，单击“新建 CSS 规则”按钮，在弹出的“新建 CSS 规则”对话框中选择“类（可应用于任何 HTML 元素）”的“选择器类型”，定义一个自己偏好的 CSS 控制。如果想更改页面中某一元素的属性，选中它然后右键单击“CSS 样式”面板的

"全部"中刚才定义的 CSS 样式，执行"套用"命令就可以了，如图 6-31 所示。

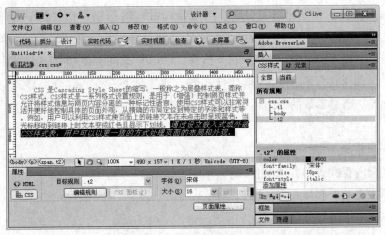

图 6-31　示例偏好风格设置

3. 统一控制超级链接

超级链接也是网页中经常使用的，而网页的链接色默认都是蓝色，虽然可以更改，但单一色彩在不同背景色的网页上显示就不是那么奏效了，我们来看一下如何用 CSS 控制网页实现不同的个性链接颜色。在"新建 CSS 规则"对话框中，在"选择器类型"中选择"复合内容（基于选择的内容）"，在"选择器名称"下拉框中会列出"a:link（链接属性）"、"a:hover（鼠标移动到链接上的属性）"、"a:visited（链接被访问后属性）"、"a:active（链接焦点状态下的属性）"等选项（如图 6-32 所示），这 4 个选项的设置会控制网页中所有的链接属性，我们可以分别定义这 4 个属性，然后添加到" CSS 样式"面板中与默认设置不同的 CSS 控制中，再将其"套用"到需要改变的链接上就实现了。如果将" Hover"的字体设置得比" Link"稍微大一点，就会出现鼠标移动到链接上时字体变大的效果，试试看是不是很奇妙！

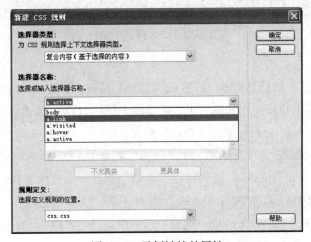

图 6-32　示例链接的属性

本章小结

HTML 网页由若干标签和内容组成，网页样式由 CSS 控制得出，CSS 可以控制 HTML 标签对象的宽度、高度、浮动、文字大小、字体、背景等样式以达到想要的布局效果。本章介绍了 Dreamweaver CS5 中的 CSS 的基本概念、CSS 样式的类型和 CSS 样式的基本语法等知识与技巧。详细讲述了利用 CSS 创建样式表、建立标签样式、建立类样式、建立复合内容、CSS 滤镜等。通过本章的学习可以掌握通过 CSS 样式美化网页的知识。

思考题

1. 建立复合内容样式的方法是什么？

2. 内联样式表和外联样式表的区别是什么？

3. 如何在网页中链接外部样式表文件？

4. 如何建立 ID 样式？

5. 在多个不同的标签里，如果定义了同一个 CSS 样式属性，如 color，怎样确定该样式的应用顺序？

6. CSS 滤镜有什么作用，为什么也属于 CSS？

7. 如何对网页的一部分文本定义 CSS 滤镜 shadow 和 CSS 滤镜 glow。

上机操作题

1. 使用"CSS 规则定义"对话框定义页面的文字样式、背景颜色、段落的首行缩进、方框、列表以及边框样式，如图 6-33 所示。

图 6-33　CSS 样式示例

操作要求：

1）在"CSS 样式"面板上单击"新建 CSS 规则"按钮，弹出"CSS 规则定义"对话框，单击"选择器类型"下拉按钮，选择"类（可应用于任何 HTML 元素）"，在"选择器名称"下拉列表框中输入文本如 .space，单击"确定"按钮。

2）弹出"CSS 规则定义"对话框，在"分类"列表中，选择"类型"选项，设置参数，选中"underline"，设定"color"选项；在"背景"选项中，选择"Background-color"选项；在"区块"选项中，设定"Text-indent"为 50；在"方框"选项中，设定"Width"为 800 px，设定"Height"为 120 px；在"列表"选项中，设定"list-style-type"为"square"。单击"确定"按钮。

3）在页面中选中需要应用列表样式的文字，在"属性"面板中，单击"项目列表"按钮，单击"类"下拉按钮，选择刚刚定义的 CSS 样式 space。应用样式并在浏览器中浏览。

2. 建立 mycss.css 文件：

1）使之具有超链接前的字体颜色为红色、无下划线修饰，鼠标单击后的超链接的字体颜色为蓝色、无下线修饰。

提示：a:active 表示超链接的激活，a:hover 表示鼠标停留在超链接上的状态，a:link 超链接正常显示时的状态，a:visted 访问过的状态。

2）设置新输入的文字字体大小为 24 px，居中显示。

3）将 mycss.css 作为一个外部样式文件链接到一个已建好的网页中。

3. 创建如图 6-34 所示的阴影字和如图 6-35 所示的光晕字。

Shadow滤镜效果　**Shadow滤镜效果**

图 6-34　阴影字

Glow滤镜效果　　**Glow滤镜效果**

图 6-35　光晕字

第 7 章　JavaScript

通过应用超文本（Hyper Text）和超媒体（Hyper Media）技术，并结合超链接（Hyper Link）的链接功能，可以将各种信息组织成网络结构（Web），构成网络文档（Document），实现 Internet 上的"漫游"。通过 HTML 符号的描述就可以实现文字、表格、声音、图像、动画等多媒体信息的检索。

然而，采用这种技术存在一定的缺陷，即它只能提供一种静态的信息资源，缺少客户端与服务器端的动态交互。虽然可通过 CGI（Common Gateway Interface，通用网关接口）实现一定的交互，但由于采用这种方法编程较为复杂，因此一段时间曾妨碍了 Internet 技术的发展。而 JavaScript 的出现，无疑为互联网用户带来了生机。

JavaScript 的出现，使得信息和用户之间不再只是一种显示和浏览的关系，而是实现了一种实时的、动态的、可交互的表达能力，用可提供动态实时信息并对客户操作进行反应的 Web 页面取代了静态的 HTML 页面。JavaScript 是众多脚本语言中非常优秀的一种，它与 WWW 的结合有效地实现了网络计算和网络计算机的蓝图，这必将在飞速发展的信息时代占据重要的一席之地。因此，很好地掌握 JavaScript 脚本语言编程方法很有必要。

7.1　JavaScript 概述

JavaScript 是由 Netscape 公司开发并随 Navigator（导航者）浏览器一起发布的，它介于 Java 与 HTML 之间，是基于对象事件驱动的编程语言。由于其开发环境简单，不需要 Java 编译器，而是直接在 Web 浏览器中运行，因此备受 Web 设计者的喜爱。

7.1.1　引例

【例 7-1】第一个 JavaScript 脚本程序。

```
<html>
<head>
<center>
<script language ="JavaScript">
<!--
  for(i=1;i<=6;i++)
    document.write("<h"+i+"> 欢迎来到 JavaScript 的奇妙世界！ </h"+i+">");
//-->
</script>
</center>
</head>
</html>
```

程序在 Internet Explorer 中运行的结果如图 7-1 所示。

要理解上述程序的基本结构与特征，需要掌握以下知识：

1）JavaScript 具有哪些特点？

2）JavaScript 与面向对象程序设计语言（以 Java 为例）的区别是什么？

图 7-1　第一个 JavaScript 脚本程序

7.1.2　JavaScript 的特点

JavaScript 是一种基于对象（Object Based）和事件驱动（Event Driven）并具有安全性能的脚本语言，它的出现弥补了 HTML 语言的缺陷，是 Java 与 HTML 折衷的选择，具有 6 个基本特点。

1. 脚本编写语言

JavaScript 是一种脚本语言，它与 HTML 标签结合在一起，采用小程序段的方式实现编程，在标签 <script> 与 </script> 之间可以加入任意的 JavaScript 代码，方便用户的使用操作。JavaScript 的基本结构形式与 C、C++、VB、Delphi 十分类似，但它不像这些语言需要先编译，而是在程序运行过程中被逐行地解释。

2. 基于对象的语言

JavaScript 是一种基于对象的语言，这意味着它能运用自己已经创建的对象。因此，许多功能可以来自于脚本环境中对象的方法与脚本的相互作用。

3. 简单性

JavaScript 的简单性主要体现在：首先，它是一种基于 Java 基本语句和控制流之上的简单而紧凑的设计，对于学习 Java 是一种非常好的过渡。其次，它的变量类型采用弱类型，没有使用严格的数据类型。

4. 安全性

JavaScript 是一种安全性语言，它不允许访问本地硬盘，不能将数据存入服务器，不允许对网络文档进行修改和删除，只能通过浏览器实现信息浏览或动态交互。从而有效地防止数据的丢失。

5. 动态性

JavaScript 是动态的，它可以直接对用户输入做出响应，无需经过 Web 服务程序。它对用户输入的响应，是以事件驱动的方式进行的。所谓事件，就是指在网页中执行了某种操作所产生的动作，比如按下鼠标、移动窗口、选择菜单等都可以视为事件。当事件发生后，可能会引起相应的事件响应。

6. 跨平台性

JavaScript 依赖于浏览器本身，与操作环境无关，只要计算机上运行的浏览器支持 JavaScript，JavaScript 程序就可正确执行，从而实现了"编写一次，到处运行"的梦想。

综上所述，JavaScript 是一种新的描述语言，它可以被嵌入到 HTML 文件之中。JavaScript 语言可以做到响应用户的需求事件，而不用在网络上来回传信息。当用户输入一项需求时，它不用经过传给服务器（Server）处理，再传回处理结果的过程，而是直接可以被客户端（client）的应用程序处理。

7.1.3　JavaScript 与 Java 的区别

虽然 JavaScript 与 Java 有紧密的联系，但却是两个公司开发的不同的两个产品。Java 是 Sun 公司推出的新一代面向对象的程序设计语言，特别适合于 Internet 应用程序的开发；而 JavaScript 是 Netscape 公司的产品，其目的是为了扩展 Netscape Navigator 浏览器的功能，而开发的一种可以嵌入 Web 页面中的基于对象和事件驱动的解释性语言。下面对两种语言间的异同进行比较。

1. 基于对象和面向对象

Java 是一种真正的面向对象的语言，即使是开发简单的程序，也必须设计对象。

JavaScript 是一种脚本语言，它可以用来制作与网络无关的、与客户端进行交互的复杂软件。它是一种基于对象和事件驱动的编程语言。因而它本身提供了非常丰富的内部对象供设计人员使用。

2. 解释和编译

两种语言在浏览器中执行的方式不一样。Java 的源代码在传递到客户端执行之前，必须先经过编译，因而客户端上必须具有相应平台上的仿真器或解释器，它可以通过编译器或解释器实现独立于某个特定平台编译代码的束缚。

JavaScript 是一种解释性编程语言，其源代码在发往客户端执行之前无需经过编译，而是将文本格式的字符代码发送给客户端，由浏览器解释执行。

3. 强变量和弱变量

两种语言所采取的变量是不一样的。

Java 采用强类型变量检查，即所有变量在使用之前必须声明。如：

```
int x;
String y;
x=1234;
y="China";
```

其中 int x 说明 x 是一个用来存放整数的变量，string y 说明 y 是一个用来存放字符串的变量。

JavaScript 中的变量声明采用弱类型，即变量在使用前无需声明，而是解释器在运行时检查其数据类型。如：

```
x=1234;
y = "China";
```

前者说明 x 为数值型变量，而后者说明 y 为字符串型变量。

4. 代码格式不一样

Java 是一种与 HTML 无关的格式，必须通过像 HTML 中引用外媒体那样进行装载，其代码以字节码的形式保存在独立的文档中。

JavaScript 的代码是一种文本字符格式，可以直接嵌入 HTML 文档中，并且可动态装载。编写 HTML 文档就像编辑文本文件一样方便。

5. 嵌入方式不一样

在 HTML 文档中，两种编程语言的标识不同，JavaScript 使用 <script>…</script> 来标识，而 Java 使用 <applet>…</applet> 来标识。

6. 静态联编和动态联编

Java 采用静态联编，即 Java 的对象引用必须在编译时进行，以便编译器能够实现强类型检查。

JavaScript 采用动态联编，即 JavaScript 的对象引用在运行时进行检查，如不经编译就无法实现对象引用的检查。

7.2　JavaScript 的词法规则

JavaScript 的词法规则用来详细说明应该如何利用这种脚本语言来编写程序。词法规则是 JavaScript 最低层次的语法，用来指定标识符如何命名、注释应该使用什么字符以及语句如何结束之类的规则。

7.2.1　大小写敏感性

JavaScript 是一种区分大小写的脚本语言。也就是说，在输入语言的关键字、变量名、函数名以及其他所有标识符时，都必须采取一致的字符大小写形式。例如，关键字"for"就必须输入为"for"，而不能输入为"For"或者"FOR"。同样，"username"、"userName"和"UserName"是三个不同的变量名。

需要注意的是，HTML 并不区分大小写，由于 JavaScript 代码嵌入在 HTML 文档中，所以这一点很容易混淆。许多 JavaScript 对象的属性和它们所代表的 HTML 标签的属性同名，在 HTML 中这些标签的属性可以以任意大小写的方式输入，但是在 JavaScript 中它们通常都有固定的大小写格式。例如，body 标签的背景颜色属性可以声明为"bgcolor"、"bgColor"或者"BGCOLOR"，但代表 body 标签的 document 对象的背景颜色属性只能声明为"bgColor"。

7.2.2　语句结束符

与 C 和 C++ 类似，JavaScript 使用分号作为语句的结束符。例如：

```
str="China is my homeland!";
document.write(str);
```

如果语句分别放置在不同的行中，那么可以省略分号。例如：

```
str="China is my homeland!"
document.write(str)
```

需要注意的是，JavaScript 会在每个省略了分号的语句后自动插入分号，因此可能会改变用户的初衷。例如：

```
return
true;
```

JavaScript 会认定用户的意图是：

```
return;
true;
```

但是，实际上用户的意图是：

```
return true;
```

所以省略分号不是一个好的编程习惯，它可能导致程序产生一种不明确的状态。

7.2.3　注释

与 C 和 C++ 类似，JavaScript 也有单行注释和多行注释两种形式。单行注释以"//"开头，处于"//"和一行结尾之间的任何文本都被当作注释而被浏览器忽略掉。多行注释以"/*"开头，以"*/"结尾，处于"/*"和"*/"之间的文本被当作注释，这些文本可以跨越多行，但是其中不能有嵌套的注释。以下这些代码都是合法的 JavaScript 注释：

```
// 这是单行注释
/*
* 这是多行注释
* 它是多行的
* 它是多行的
*/
```

需要注意的是，JavaScript 可以识别 HTML 注释的开始标识"<!--"，把这个注释看作单行注释，就像使用"//"注释一样。但是 JavaScript 不能识别 HTML 注释的结束标识"-->"，因此，在 JavaScript 程序中，如果第一行以"<!--"开始，最后一行就以"//-->"结束，这样 JavaScript 会将两者都忽略掉，但并不忽略两者之间的程序代码，从而达到对不支持 JavaScript 的浏览器隐藏代码，对支持 JavaScript 的浏览器解释执行代码的目的。

7.2.4 标识符

在 JavaScript 中，标识符用来命名变量和函数。JavaScript 中的标识符命名规则同其他计算机语言非常相似，这里需要注意以下两点：

1）标识符的第一个字符必须是一个字母（小写或大写）、下划线（_）或者美元符号（$），接下来的字符可以是任意的字母、数字、下划线或者美元符号。如 i、user_name、U571、_pswd、$money 都是合法的标识符。

2）不能使用 JavaScript 中的关键字作为标识符。在 JavaScript 中定义了 40 多个关键字，这些关键字是 JavaScript 内部使用的，如 var、in、do、true 等，它们都不能作为标识符使用。

7.2.5 保留字

JavaScript 预定义的一些保留字（关键字）不能用作标识符，因为这些保留字是 JavaScript 语法自身的一部分，具有特殊的意义。这些保留字如表 7-1 所示。

表 7-1　JavaScript 的保留字

break	case	continue	default	delete
do	else	export	false	for
function	if	import	in	new
null	return	switch	this	true
typeof	var	void	while	with

除了语法上的保留字外，一些 JavaScript 内部对象的名称、属性名和方法名也要避免作为标识符使用。例如 window 对象和它的所有属性以及方法的名称，如 document、history、location、alert、confirm、prompt 等。特别要注意的是 window 对象的所有属性，因为 window 对象是默认的参考对象，如果一个标识符和 window 对象的某个属性名称相同，就可能改变该属性的默认值。

7.3　JavaScript 的基本数据类型

JavaScript 的数据类型可分为两类：基本数据类型和复合数据类型。基本数据类型包括数值型、字符串型和布尔型，复合数据类型包括对象和数组。

7.3.1　数值型

数值型是最基本的数据类型，JavaScript 并不区分整型数值和浮点型数值，所有数值都是由 8 个字节的双精度浮点型来表示。当一个数值直接出现在 JavaScript 程序中时，被称为数值型常量。JavaScript 支持以下几种数值型常量的表示方式。

1. 整型常量

整型常量可以使用十进制、八进制和十六进制表示其值，十进制整型常量是一个数字序列，这个序列不能以数字 0 开头，也不能完全是 0，如 1234、1 000 000 等；八进制整型常量以数字 0 开头，其后是一个数字序列，序列中的每个数字都在 0 到 7 之间（包括 0 和 7），如 026、0745 等；十六进制整型常量以 "0x" 或者 "0X" 开头，其后跟随的数字序列中的每个数字都在 0 到 9 之间或者是 a（A）到 f（F）中的某个字母，用来表示 0 到 15 之间（包括 0 和 15）的某个值，如 0x93C、0XCAFE911 等。

2. 浮点型常量

浮点型常量可以表示为整数部分后加小数点和小数部分，如 12.32、193.98 等。也可以使用指数方法来表示浮点型常量，如 1.3e−3、5e+26 等。

3. 特殊的数值

当一个数值型常量大于所能表示的最大正值时，JavaScript 将其输出为 Infinity，表示无穷大，如 5e+8000；当一个数值型常量小于所能表示的最小负值时，输出为 -Infinity，表示负无穷大，如 −1/0。

NaN 是另一个特殊的数值，它的意思是 "不是一个数值"、"没有意义的算术运算" 或者 "无法转换成数值类型"，如 0/0。

7.3.2 字符串型

字符串型是 JavaScript 用来表示文本的数据类型。需要注意的是，与 C 和 C++ 不同，JavaScript 没有字符数据类型，要表示单个字符必须使用长度为 1 的字符串。

1. 字符串常量

字符串常量是包含在一对单引号（''）或双引号（""）中的字符序列，其中可以含有 0 个或多个字符。由单引号界定的字符串中可以含有双引号，由双引号界定的字符串中可以含有单引号。例如：

```
'Hello'
"This is a book of JavaScript"
"Wouldn't you prefer O'Reilly's book?"
```

2. 转义字符

与 C 和 C++ 一样，在 JavaScript 的字符串中，反斜线（\）具有特殊的用途，在反斜线后加一个字符就可以表示具有特殊功能的字符，统称为转义字符。JavaScript 中的转义字符如表 7-2 所示。

表 7-2　JavaScript 中的转义字符

转义字符	功能说明
\b	退格
\f	换页
\n	换行
\r	回车
\t	制表
\'	单引号
\"	双引号

（续）

转义字符	功能说明
\\	反斜线
\XXX	ASCII 字符，每一个大 X 是一个八进制数值，整个八进制数的范围是 0~377。例如：\101 表示 "A"
\xXX	ASCII 字符，每一个大 X 是一个十六进制数值，整个十六进制数的范围是 00~FF。例如：\x65 表示 "e"
\uXXXX	Unicode 字符，每一个大 X 是一个十六进制数值。例如：\u000A 表示换行，和 "\n" 结果一样

7.3.3　布尔型

布尔数据类型只有两个值，分别由常量 true 和 false 来表示。一个布尔值代表的是一个"真值"，用来说明某个事物是真还是假。

在 JavaScript 程序中布尔值通常是进行比较得到的结果。例如表达式 n>3，当 n 大于 3时，比较的结果就是 true，否则结果就是 false。

7.3.4　变量

变量的主要作用是提供存放信息的容器。在 JavaScript 中，在使用一个变量之前，必须先使用关键字 var 来声明它。例如：

```
var sum;
var language;
```

也可以使用一个 var 关键字声明多个变量，例如：

```
var sum,language;
```

以上两种声明方法在利用 var 声明变量时都没有指定初始值，此时变量的内容会是一个默认的特殊值：undefined，它的意义是没有指定任何初始值。

可以在声明变量的同时指定变量的初始值，例如：

```
var i=1,j=2,k=3;
var language="JavaScript";
```

需要注意的是，不管采用哪一种声明方法，在 JavaScript 中声明变量时是不需要指定变量类型的，变量的实际类型要视变量数据的内容而定，这一点与 C、C++ 以及 Java 语言都是不一样的。而且，也可以随时改变变量的类型，只要指定不同类型的数据，变量的类型就会跟着改变。例如：

```
var myVar=1; //myVar 的类型为数值型
......
myVar="China"; //myVar 的类型为字符串型
```

在 JavaScript 中，变量也可以不用 var 声明。当没有用 var 声明变量时，JavaScript 会先检查变量名称是否曾经被声明过，如果没有，就会自动用所指定的变量名称声明一个变量，此时必须设定变量的初始值。例如：

```
x=100;
y="China";
z= true;
```

其中 x 为数值型变量，y 为字符串型变量，z 为布尔型变量。

需要注意的是，虽然可以不用 var 来声明变量，但是要注意变量名称是否已经被声明过，否则只会将原来定义的变量值改变，并不会产生一个新的变量，所以好的习惯是当变量第一次使用时都用 var 来声明。

7.4　JavaScript 的表达式和运算符

JavaScript 的表达式和运算符与 C/C++ 语言的表达式和运算符很相似，对于熟悉 C/C++ 语言的用户来说，掌握它们是非常容易的事情。

7.4.1　表达式

表达式是由变量、常量和运算符连接起来的式子，最简单的表达式就是单个常量或者变量。根据运算符类型的不同，表达式可以分为算术表达式、比较表达式、逻辑表达式、赋值表达式、条件表达式和字符串表达式。例如：

```
5.76 // 数值常量表达式
"JavaScript is fun!"      // 字符串常量表达式
sum                       // 变量表达式
x+6                       // 算术表达式
a==4                      // 比较表达式
true||false               // 逻辑表达式
```

7.4.2　运算符

运算符是完成操作的一系列符号，在 JavaScript 中有算术运算符、比较运算符、逻辑运算符、赋值运算符、条件运算符、位运算符、字符串运算符等。

根据操作数的个数来分，JavaScript 中的运算符主要分为双目运算符和单目运算符。双目运算符在使用时需要两个操作数，运算符在中间，如 50 + 40、"Hello" + "World" 等；单目运算符在使用时只需要一个操作数，运算符可在前或后，如 –5、x++ 等。

1. 算术运算符

JavaScript 提供的算术运算符有双目运算符和单目运算符两种。

双目运算符：+（加）、–（减）、*（乘）、/（除）、%（取模）。

单目运算符：–（取反）、++（递加 1）、––（递减 1）。

例如：12%5 的结果为 2。var x=3; ++x 或 x++ 后 x 的值为 4。

2. 比较运算符

JavaScript 提供了 8 个比较运算符：<（小于）、>（大于）、<=（小于等于）、>=（大于等于）、==（等于）、!=（不等于）、===（恒等于）、!==（恒不等于）。比较运算符用在比较表达式里，比较表达式的结果都是布尔类型的 true 或 false。

例如，2<0 的结果为 false，3!=4 的结果为 true。

需要注意的是，前六个比较运算符在两个操作数的类型不一致时会尝试着将它们转换成相同类型后再做比较，而后两个比较运算符不会做这种类型转换。

例如：2=="2"的结果为 true，2==="2"的结果为 false（操作数类型不一致）。

3. 逻辑运算符

JavaScript 提供了 3 个逻辑运算符：!（逻辑非）、&&（逻辑与）、||（逻辑或）。逻辑运算符用在逻辑表达式里，逻辑表达式的结果都是布尔类型的 true 或 false。

例如：true&&false 的结果为 false，!false 的结果为 true，true||false 的结果为 true。

4. 赋值运算符

JavaScript 提供了 12 个赋值运算符：=（赋值）、+=（相加后赋值）、-=（相减后赋值）、*=（相乘后赋值）、/=（相除后赋值）、%=（取模后赋值）、&=（按位与后赋值）、|=（按位或后赋值）、^=（按位异或后赋值）、<<=（左移后赋值）、>>=（算术右移后赋值）、>>>=（逻辑右移后赋值）。

例如：var x=5; x+=10 后 x 的值为 15。

5. 条件运算符

JavaScript 提供的条件运算符有三个操作数，第一个是一个条件式，第二个是当条件式成立时传回的值，第三个是当条件式不成立时传回的值，它的格式如下：

```
var varA = 条件式 ? valueB : valueC
```

当条件式成立时，valueB 会被指定给 varA，否则将 valueC 赋给 varA。

例如：var b=(3!=3?1:0); 变量 b 的值为 0。

6. 位运算符

位运算符用来对操作数的每个二进制位做运算，JavaScript 提供了 7 个位运算符：&（按位与）、|（按位或）、^（按位异或）、~（取反）、<<（左移）、>>（算术右移）、>>>（逻辑右移）。

例如：5&6 的结果为 4，5^6 的结果为 3，~0 的结果为 -1，-8>>2 的结果为 -2。

7. 字符串运算符

JavaScript 提供了两个字符串运算符：+（连接）、+=（连接后赋值）。

例如：var strA="Java"，strB="Script"; str=strA+strB; str 的值为"JavaScript"。

var strA="Hello"，strB="World!"; strA+=strB; strA 的值为"Hello World!"。

8. 其他运算符

除了上述 7 类运算符以外，还有一些具有特殊功能的运算符，如 delete、new、this、typeof 等，这些运算符将在后面章节中结合具体内容进行介绍。

7.5 JavaScript 基本语句

JavaScript 程序实际上是语句的集合，本节将介绍 JavaScript 的各种语句，并解释这些语句的语法。

7.5.1 引例

在网页中输出九九乘法表，如图 7-2 所示。要想完成这一工作，需要掌握以下知识：

1）常用的顺序语句。

2）利用条件语句及其嵌套结构来实现分支选择的功能。

3）利用循环语句及其嵌套结构来实现反复执行相同程序段的功能。

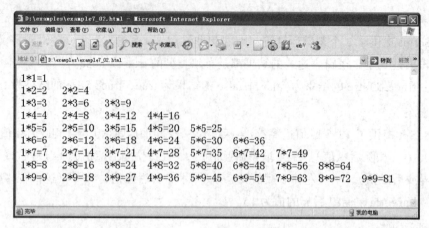

图 7-2　九九乘法表

7.5.2　表达式语句和复合语句

由各种类型的表达式加上分号组成的语句称为表达式语句。例如：

```
count++;
str="Welcome " + username;
```

用大括号"{}"括起来的语句称为复合语句，用来在需要使用单行语句的地方完成多项任务。例如：

```
{
  angle=0;
  cosine=Math.cos(angle);
  alert("cos("+angle+")="+cosine);
}
```

需要注意的是，虽然复合语句可以像单行语句那样使用，但是在它的结尾处不需要使用分号作为结束符。在 JavaScript 程序中会大量用到复合语句。

7.5.3　条件语句

条件语句是基本的程序控制语句，通过判断某个条件是否成立，从给定的各种可能操作中选择一种执行。JavaScript 中的条件语句包括 if 语句和 switch 语句。

1. if 语句

if 语句有三种形式，分别用来实现单分支选择、双分支选择和多分支选择。

（1）单分支选择

基本格式：

```
if(表达式)
  语句;
```

功能：计算表达式的值，如果计算结果为 true，执行语句；否则忽略语句。语句可以是单行语句或者复合语句。

例如：
```
if(username==undefined){
    username="Macgrady";
    document.write(username);
}
```

（2）双分支选择

基本格式：

```
if( 表达式 )
  语句 1;
else
  语句 2;
```

功能：如果表达式的计算结果为 true，执行语句 1；否则执行语句 2。

例如：
```
if(num%2==0)
    alert(num+" 是一个偶数 ");
  else
    alert(num+" 是一个奇数 ");
```

（3）多分支选择

基本格式：

```
if( 表达式 1)
  语句 1;
else if( 表达式 2)
  语句 2;
......
else if( 表达式 n-1)
  语句 n-1;
else
  语句 n;
```

功能：如果 if 的表达式成立，执行 if 后面的语句；否则会检查下一个 else if 的表达式是否成立，如果成立则执行 else if 后面的语句；如果所有表达式都不成立，则执行 else 后面的语句。

例如：
```
if(n==1)
    alert("n 的值为 1");
  else if(n==2)
    alert("n 的值为 2");
  else if(n==3)
    alert("n 的值为 3");
  else
    alert("n 的值不合法 ");
```

（4）if 语句的嵌套

在 if 语句中又包含一个或多个 if 语句称为 if 语句的嵌套。在 if 语句的嵌套中，可能有多个 if 和 else，else 和 if 的匹配原则是：一个 else 总是与其之前距离最近且尚未配对的 if 匹配。

例如：
```
if(a>=b)
    if(a>=c) max=a;
    else max=c;
```

```
      else
        if(b>=c) max=b;
        else max=c;
```

2. switch 语句

switch 语句和 if 语句的第三种形式非常相似，也是用来实现多分支选择。

基本格式：

```
switch( 表达式 ){
  case 常量表达式 1: 语句 1;break;
  case 常量表达式 2: 语句 2;break;
  ......
  case 常量表达式 n-1: 语句 n-1;break;
  default: 语句 n;
}
```

功能：switch 语句会比较表达式的值是否与某一个 case 后面的常量表达式的值相等，如果相等的话，则执行相应的语句；如果所有 case 后面常量表达式的值都与表达式的值不相等，则执行 default 后面的语句；default 可以省略，即所有常量表达式的值都不吻合时什么都不做。

例如，将上面 if 接多个 else if 的例子用 switch 语句改写：

```
switch(n){
  case 1: alert("n 的值为 1"); break;
  case 2: alert("n 的值为 2"); break;
  case 3: alert("n 的值为 3"); break;
  default: alert("n 的值不合法 ");
}
```

break 是用来当某个 case 后面的语句执行完时，直接跳出整个 switch 的语句。如果省略 break，在执行完某个 case 后面的语句后会继续执行下一个 case 后面的语句，直到遇上 break 或者所有的语句都被执行完为止。

需要注意的是，JavaScript 中的 switch 语句与 C 和 C++ 相应的语句之间有两点重要的差别：

1）C 和 C++ 只允许使用整型、字符型或枚举型表达式作为 switch 语句中 case 后面的常量表达式。JavaScript 允许使用整型、浮点型、布尔型或字符串型表达式作为 case 后面的常量表达式，但不允许使用对象、数组和函数。

```
例如： var str="China";
       switch(str){
         case "Chinese": str+=" live in China"; alert(str); break;
         case "China": str+=" is a great country"; alert(str); break;
         default: alert(" 字符串的内容是 : "+str);
       }
```

2）C 和 C++ 都是强类型语言，switch 语句中所有 case 后面的常量表达式都必须具有相同的类型。JavaScript 允许不同 case 后面的常量表达式具有不同的类型。

```
例如： switch(x){
         case 100: alert(" 数值大小为 : "+x); break;
```

```
         case "KOBBY": alert("Welcome "+x); break;
         case true: alert("You are right"); break;
         default: alert("x 的内容是: "+x);
     }
```

7.5.4 循环语句

循环语句允许在某条件成立时反复执行相同的语句（循环体），JavaScript 提供了三种循环语句。

1. while 语句

基本格式：

```
while(表达式)
    语句;
```

功能：计算表达式的值，如果计算结果为 true，反复执行语句，否则结束循环。语句可以是单行语句或者复合语句。

例如，用 while 语句编写求 1+2+3+…+100 累加和的程序。

```
sum=0;
i=1;
while(i<=100){
    sum=sum+i;
    i++;
}
```

2. do-while 语句

基本格式：

```
do
    语句;
while(表达式);
```

功能：反复执行语句，直到表达式的计算结果为 false 时结束循环。

例如，用 do-while 语句改写上面求 1+2+3+…+100 累加和的程序。

```
sum=0;
i=1;
do{
    sum=sum+i;
    i++;
}
while(i<=100);
```

3. for 语句

基本格式：

```
for(表达式一; 表达式二; 表达式三)
    语句;
```

执行过程：

1）计算表达式一的值。

2）计算表达式二的值，如果计算结果为 true，进入 3)，否则进入 6)。

3）执行语句。

4）计算表达式三的值。

5）回到 2) 继续执行。

6）结束循环，执行 for 语句的后续语句。

例如，用 for 语句改写上面求 1+2+3+…+100 累加和的程序：

```
sum=0;
for(i=1;i<=100;i++)
  sum=sum+i;
```

由上例可见，表达式一用来给循环控制变量赋初值，决定循环的开始位置；表达式二用来设置循环条件，决定循环体什么时候能反复执行，什么时候停止执行；表达式三用来修改循环控制变量的值，决定在每次执行完循环体后循环控制变量如何变化。

4. 循环语句的嵌套

在循环语句中又包含一个或多个循环语句称为循环语句的嵌套。

【例 7-2】实现引例提出的在网页中输出九九乘法表的功能。

```
<html>
<head>
<script language ="JavaScript">
<!--
  var i,j,k;
  for(i=1;i<=9;i++){
    for(j=1;j<=i;j++){
      k=i*j;
      document.write("<font size=5>"+j+"*"+i+"="+k+"  </font>");
      if(k<10)
        document.write("<font size=5> </font>");
    }
    document.write("<br>");
  }
//-->
</script>
</head>
</html>
```

程序在 Internet Explorer 中运行的结果如图 7-2 所示。

5. break 和 continue 语句

与 C 和 C++ 语言相同，break 语句只能用在循环语句和 switch 语句中，作用是停止执行尚未执行的部分，直接从循环语句或 switch 语句中跳出来。continue 语句只能用在循环语句中，作用是跳过循环体内剩余的语句而提前进入下一次循环。

```
例如：sum=0;
      i=0;
      while(true){
```

```
        i++;
        if(i>100)
          break;
        if(i%2==0)
          continue;
        sum=sum+i;
    }
```

上述程序的循环条件直接设置为 true，唯一能跳出循环的方法是当 i>100 时执行 break 语句。如果 i 为偶数，则执行 continue 语句，跳过循环体内尚未执行的累加语句，提前进入下一次循环；如果 i 为奇数，则执行累加语句。sum 中存放的是 1~100 中奇数的累加和。

7.5.5 标签语句

在 JavaScript 中，任何语句都可以在其前面加上标签，基本格式为：

```
标识符 : 语句 ;
```

标识符必须是合法的 JavaScript 标识符，不能是保留字。由于标签名不同于变量名和函数名，因此如果程序中标签名和某个变量名或函数名相同，是不会产生命名冲突的。下面是一个加了标签的 while 语句：

```
label_a:while( 表达式 )
   语句 ;
```

通过给一条语句加标签，就可以在程序的任何地方都使用这个标签来引用该语句。通常被加标签的语句是循环语句，即 while、do-while 和 for 语句。通过给一个循环命名，可以使用 break 和 continue 语句来跳出该循环或者提前结束某一次循环。

```
例如： outer: for(i=0;i<10;i++){
              for(j=0;j<10;j++){
        if(j>i) {
          document.write("<br>");
          continue outer;
        }
        k=i*j;
        document.write("<font size=5>"+k+"  </font>");
        if(k<10)
          document.write("<font size=5> </font>");
      }
    }
```

7.6 JavaScript 函数

通常在进行一个复杂的程序设计时，总是根据所要完成的功能，将程序划分为一些相对独立的部分，每部分编写一个函数。从而使得各部分充分独立，任务单一，层次清晰，易懂、易读、易维护。JavaScript 函数可以封装那些在程序中要多次用到的模块，并可作为事件驱动的结果被调用，这是与其他语言的不同之处。

7.6.1 引例

如图 7-3 所示，可以将计算阶乘的程序写成一个函数，一旦用户输入某个整数并单击"计算阶乘"超链接，JavaScript 主程序就会调用该函数求出该整数的阶乘值。要完成这一工作，需要掌握以下知识：

1）如何定义和调用函数？

2）如何将实际参数的值传递给函数的形式参数？

3）如何获得函数的返回值？

4）全局变量和局部变量的区别是什么？

图 7-3　计算阶乘

7.6.2 函数的定义和调用

函数是一个独立的程序模块，其中包含的程序语句不会自动执行，只有在程序中调用函数时其中的代码才能得以执行。当函数执行完后会返回到调用它的位置，然后执行后续的程序语句。函数的基本定义方式如下：

```
function 函数名 ( 参数列表 ){
    函数体 ;
}
```

说明：

function：定义函数的保留字。

函数名：在程序中调用此函数的标识符。

参数列表：包含若干个参数，不同参数间用逗号间隔。当调用函数时，可以向参数表中传入常量值、变量值或其他表达式的值，函数内的程序语句可以通过参数名称来引用传进来的这些值。

函数体：实现函数功能的程序语句。

例如，下面定义了计算阶乘的函数：

```
function factorial(n){
```

```
    var fact=1;
    for(var i=1;i<=n;i++)
        fact=fact*i;
    return fact;
}
```

如果定义了一个函数，就可以在程序中调用它，调用的基本格式为：

函数名（实参列表）；

实参列表中包含了若干个实际参数，参数之间用逗号间隔，实参个数应与函数定义时参数列表中的参数个数相等。实参的表示形式可以是常量、变量或者表达式，但所有实参都必须得到具体的赋值。例如，调用上面的阶乘函数求 10 的阶乘：

```
f=factorial(10);
```

需要注意的是，在 JavaScript 中，函数定义不一定要出现在调用它的程序语句之前，但用户在调用函数时，必须保证函数在调用前被浏览器载入完毕。因此，通常把所有的函数定义都放在 HTML 文档的 <head> 和 </head> 标签之间，这样就可以保证网页被载入时，函数定义会先被载入完毕。

7.6.3　函数的参数传递和返回值

在 JavaScript 中，函数调用时的参数传递都是以值传递的方式进行的。也就是说，在函数中将某个传进来的变量值改变了，并不会影响原来函数外的变量值。因此，在 JavaScript 程序中想要获得函数执行的结果，必须采用以下的基本形式：

```
return 返回值；
```

return 语句负责将一个确定的执行结果返回到程序中函数调用的位置，一个函数中最多只能有一条 return 语句。

例如，下面定义了将变量本身的值加 1 的函数。

```
function inc(n){
    n++;
    return n;
}
var x=5;
var y=inc(x);
alert(x); //x 的值仍然是 5
alert(y); //y 的值是 6
```

当变量 x 的值作为实参传递给 inc 函数的参数 n 时，实际上 JavaScript 是在 inc 函数内声明了一个新的变量 n，并将 x 的值复制一份给它，x 和 n 分别有自己的内存地址，因此，在 inc 函数中改变 n 的值并不会对函数外面的 x 造成影响。为了得到函数的执行结果，必须用 return 语句将改变后的值传回程序并将其赋给变量 y。

7.6.4　函数的变量作用范围

在 JavaScript 中，只要是在函数外声明的变量就称为全局变量。全局变量经过声明后在程序的任何地方都可以使用。在函数内部声明的变量被称为局部变量，局部变量都应该用保留字 var 声明，以保证随着函数的执行完毕，局部变量的内容也会被回收。否则一旦函数执行完毕，那些没有用 var 声明的局部变量都会变成全局变量。

例如：
```
function inc(n){
    y=++n;
    return (y);
}
var x=3;
var sum=inc(x)+y;
alert(sum); //sum 的值是 8
```

inc 函数内没有用 var 声明变量 y，当 inc 函数执行完毕后，局部变量 y 变成了一个全局变量，它的值仍然存在，所以 inc(x)+y 的值是 8。但是如果将 inc(x)+y 改成 y+inc(x)，就会发生执行上的错误，因为 y 会先被引用，此时 y 还没有被声明，所以产生了错误。

7.7 JavaScript 对象和数组

基本数据类型所包含的只是单一的数据值，如字符串、数值和布尔值。而对象和数组都是复合数据类型。对象是一群属性（可以是基本数据类型或对象）与方法（即函数）的集合，这些属性和方法描述有关对象的特性与行为。在 JavaScript 中，数组是具有特殊功能的对象，通过数组的下标值可以方便地以统一格式存取数组的内容。

7.7.1 对象

引例一 如图 7-4 所示，在页面上以倒计时方式显示距离 2014 年元旦所剩余的时间，为了完成这一工作，需要掌握以下知识：

1）创建对象的方法。

2）访问对象的属性和方法。

3）常用的对象操作语句和运算符。

4）常用的内部对象及其功能。

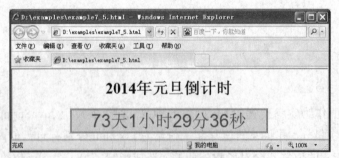

图 7-4　倒计时显示

JavaScript 提供了比一般面向对象程序设计语言（如 C++、Java）更简单的面向对象程序的编写方法。下面将介绍如何在 JavaScript 中创建对象、定义和引用对象的属性与方法、对象的操作语句以及相关的运算符。

1. 对象的创建

创建对象的方法有很多种，这里介绍最常用的两种方式。

（1）利用 new 运算符和内部构造函数来创建对象

内部构造函数是 JavaScript 预先定义好的内部对象的构造函数，利用它们可以很容易地创建对象。一般格式为：

```
var 新建对象名 = new 内部构造函数名 (参数表);
```

其中传入参数表的实参用来初始化新建对象的属性。例如，可以使用 new 运算符和内部构造函数 Object() 来创建一个空对象（没有属性的对象）：

```
var obj=new Object();
```

用 Object() 建立的对象没有任何属性，此时可以通过"对象名.属性名＝属性值；"的方式来为空对象增加属性并设定属性值。例如：

```
var stud=new Object();
stud.name=" 杨青 ";
stud.age=27;
stud.sex=" 女 ";
```

对象 stud 拥有三个属性 name、age 和 sex，它们分别是字符串型、数值型和字符串型变量。

Object() 实际上是内部对象 Object 的构造函数。Object 对象是所有 JavaScript 对象的父对象，它所提供的属性和方法会被其他的对象继承。也就是说，所有 JavaScript 对象都拥有 Object 对象提供的属性和方法，在需要的时候可以直接使用或进行重定义。例如：

```
var dt=new Date();
alert(dt.toString());
```

上述程序语句利用内部构造函数 Date() 创建了对象 dt，该对象直接使用从父对象 Object 继承得到的 toString() 方法将对象转换成字符串。

（2）利用 new 运算符和自定义构造函数来创建对象

一般格式为：

```
var 新建对象名 = new 自定义构造函数名 (参数表);
```

其中传入参数表的实参用来初始化新建对象的属性。新建对象的属性声明是在属性名称的前面加上"this."，然后将参数的值指定给它，或是直接设定属性的初始值。例如：

```
function rectangle(w,h){
  this.width=w;
  this.height=h;
  this.area=w*h;
}
```

自定义了一个构造函数 rectangle(w，h)，在该函数中声明了三个属性 width、height 和 area，所有使用该函数创建的对象都将拥有这三个属性。例如：

```
var rectA=new rectangle(20,30);
```

```
var rectB=new rectangle(10,5);
var rectC=new rectangle(16,24);
```

rectA、rectB 和 rectC 是三个相同类型的对象，每个对象都拥有 width、height 和 area 三个属性，但属性值各不相同，它们分别代表了三个不同的长方形。

保留字 this 是对当前对象的引用，由于在 JavaScript 中对象的引用是多层次、多方位的，往往在引用一个对象时又需要对另一个对象进行引用，而另一个对象有可能又要引用另一个对象，这样易造成混乱，导致用户很难知道当前正在引用哪一个对象，为此 JavaScript 提供了一个用于指定当前对象的保留字 this。

2. 对象的属性

对象的属性是描述对象静态特征的数据项，类型可以是基本数据类型或复合数据类型。存取对象属性的一般格式如下：

```
对象名 . 属性名
```

例如：
```
function university(l,n,y){
    this.location=l;
    this.name=n;
    this.year=y;
}
var wd=new university(" 湖北省武汉市 "," 武汉大学 ",1893);
alert("location="+wd.location+"\nname="+wd.name+"\nyear="+wd.year);
```

除了在构造函数中定义属性外，也可以根据对象的个别需求来增加它自己的属性，个别定义的对象属性是不会影响其他对象的。例如：

```
var qh=new university(" 北京市 "," 清华大学 ",1911);
qh.pre=" 清华学堂 ";
```

此时只有 qh 对象拥有 pre 属性，wd 对象并没有这个属性。如果要为每个对象都增加一个相同的属性，最好的方式还是在构造函数中声明。

另外一种存取对象属性的方式是：

```
对象名 [" 属性名 "| 属性索引值 ]
```

例如：
```
var wd=new Object();
wd["location"]=" 湖北省武汉市 ";
wd["name"]=" 武汉大学 ";
wd["year"]=1893;
alert("location="+wd.location+"\nname="+wd.name+"\nyear="+wd.year);
```

或者

```
var wd=new Object();
wd[0]=" 湖北省武汉市 ";
wd[1]=" 武汉大学 ";
wd[2]=1893;
alert("location="+wd[0]+"\nname="+wd[1]+"\nyear="+wd[2]);
```

3. 对象的方法

对象的方法是描述对象动态特征的操作序列，即函数。定义对象的方法和定义对象的

属性非常类似，只需要将已定义函数的名称指定给对象的属性，或者直接定义函数。一般
格式为：

```
对象名 . 方法名 = 已定义函数名；
```

或者

```
对象名 . 方法名 = 函数定义；
```

【例 7-3】修改前面自定义的构造函数 rectangle(w，h)，将其中的 area 属性重新定义成
方法。

```
<html>
<head>
<font size=5>
<script language="JavaScript">
<!--
  function calArea(){
    return this.width*this.height;
  }
  function rectangle(w,h){
  this.width=w;
  this.height=h;
  this.area=calArea;
}
var rectA=new rectangle(20,30);
var rectB=new rectangle(10,75);
var rectC=new rectangle(16,24);
document.write("rectA: width="+rectA.width+",height="+rectA.height+
            ",area="+rectA.area()+"<br>rectB: width="+rectB.width+
            ",height="+rectB.height+",area="+rectB.area()+
            "<br>rectC: width="+rectC.width+",height="+rectC.height+
            ",area="+rectC.area());
//-->
</script>
</font>
</head>
</html>
```

程序在 Internet Explorer 中运行的结果如图 7-5 所示。

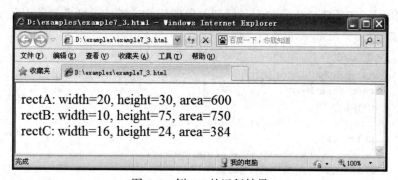

图 7-5　例 7-3 的运行结果

也可以按下面的方式来将 area 属性重新定义成方法：

```
function rectangle(w,h){
  this.width=w;
  this.height=h;
  this.area=function(){ return this.width*this.height; };
}
```

调用对象的方法和存取对象属性非常类似，一般格式为：

```
对象名 . 方法名 ( 实参列表 )
```

如上例中的 rectA.area()、rectB.area() 和 rectC.area()，这三个方法调用会分别返回不同长方形对象的面积值。

4. 对象操作语句及运算符

在 JavaScript 中提供了几个用于操作对象的语句和运算符。

（1）for…in 语句

一般格式：

```
for( 变量名 in 已知对象名 ){
    循环体 ;
}
```

功能：该语句会将已知对象包含的所有属性一个接着一个全部取出来，当取得对象的一个属性后，会将该属性的名称设定给变量，并继续执行 for 循环直到取得对象的最后一个属性才跳出循环。该语句的优点是无需知道对象中属性的名称和个数即可进行操作。

```
例如： var wd=new university(" 湖北省武汉市 "," 武汉大学 ",1893);
       for(var prop in wd){
           document.write("name="+prop+",value="+wd[prop]+"<br>");
       }
```

（2）with 语句

一般格式：

```
with( 已知对象名 ){
  语句段 ;
}
```

功能：该语句会将语句段内出现的任何变量和函数都认为是已知对象的属性和方法，从而节省一些代码。如果变量或函数不是已知对象的属性或方法，则会自动引用 with 语句外层的变量或函数。

```
例如： var length=10;
       function volume(w,h){
           return length*w*h;
       }
       var rectA=new rectangle(20,30);
       with(rectA){
       document.write("length="+length+"<br>");
       document.write("width="+width+"<br>");
       document.write("height="+height+"<br>");
```

```
document.write("area="+area()+"<br>");
document.write("volume="+volume(width,height));
}
```

语句段内的 width、height 和 area() 都被认为是对象 rectA 的属性和方法。length 和 volume() 不是对象 rectA 的属性和方法，因此程序会自动引用 with 语句外层的变量 length 和函数 volume()。

（3）typeof 运算符

typeof 是单目运算符，放在一个任意类型的运算量之前，运算结果是一个字符串，该字符串说明了运算量的类型。一般格式为：

```
typeof 运算量
```

如果运算量是数值、字符串或布尔值，运算结果是 "number"、"string" 或 "boolean"；如果运算量是对象、数组或 null，运算结果是 "object"；如果运算量为函数，运算结果是 "function"；如果运算量未定义，运算结果是 "undefined"。

例如：
```
var d=new Date();
var s="JavaScript";
var n=1000;
var b=false;
function func(){}
alert("d.type="+typeof d+"\ns.type="+typeof s+"\nn.type="+typeof n+
"\nb.type="+typeof b+"\nfunc.type="+typeof func+"\nx.type="+typeof x);
```

（4）delete 运算符

delete 是单目运算符，用来删除放在其后的运算量，如果运算量可以被删除，返回的运算结果为 true，否则返回 false。一般格式为：

```
delete 运算量
```

运算量可以是变量、对象的属性和数组元素。

例如：
```
var str="Hello World";
n=123;
var wd=new university(" 湖北省武汉市 "," 武汉大学 ",1893);
var ary=new Array(1,2,3);
alert(delete str);        // 返回 false;
alert(delete n);          // 返回 true;
alert(delete wd.location); // 返回 true;
alert(delete Math.PI);    // 返回 false;
alert(delete ary[2]);     // 返回 true;
```

需要注意的是，并非所有的运算量都可以被删除。由上例可见，用 var 声明的变量、内部对象的属性都是不能用 delete 运算符删除的。

5. 内部对象

JavaScript 提供了一些非常有用的内部对象，用户可以直接使用这些对象已有的属性和方法来实现快速的程序开发。

（1）String 对象

在所有的 JavaScript 内部对象中，String 对象拥有的方法是最多的，用户可以使用它们灵活地处理各种字符串。创建 String 对象的一般格式为：

```
var 对象名 = new String(字符串参数);
```

例如：var strObj=new String("JavaScript is a based-object language");

需要注意的是，虽然 JavaScript 很清楚地划分了字符串类型和 String 对象之间的界限，但用户可以使用相同的方法来处理它们的内容。

例如：`var strVar="Java is a oriented-object language";`

strVar 是一个存储了字符串值的基本类型变量，JavaScript 规定可以将其作为拥有属性和方法的 String 对象处理。因此在实际使用中，很少通过 new 运算符和 String() 构造函数创建 String 对象，而是直接使用字符串变量或字符串常量。

String 对象最常用的两个属性是 length 和 prototype。利用 length 属性可以获得字符串的长度，利用 prototype 属性可以为以后新建的 String 对象定义共用的属性和方法。

String 对象包含的方法非常多，这里不一一介绍，用户可以查阅相关的参考手册。

【例 7-4】获取 String 对象的属性信息。

```
<html>
<head>
<script language="JavaScript">
<!--
  String.prototype.prefix="Java"; // 为以后新建的 String 对象定义共用属性 prefix
  var strObj=new String("JavaScript");
  var strVar="JavaServerPage";
  document.write("字符串对象 strObj<br>"+" 前缀 :"+strObj.prefix+
                 "<br> 内容 :"+strObj.toString()+"<br> 长度 :"+
                 strObj.length+"<br> 大写形式 :"+strObj.toUpperCase()+
                 "<br> 小写形式 :"+strObj.toLowerCase());
  document.write("<br><br> 字符串变量 strVar<br>"+" 前缀 :"+strVar.prefix+
                 "<br> 内容 :"+strVar+"<br> 长度 :"+strVar.length+
                 "<br> 大写形式 :"+strVar.toUpperCase()+
                 "<br> 小写形式 :"+strVar.toLowerCase());
  document.write("<br><br>strObj 对象包含的字符串中的字符 :");
  for(var i=0;i<strObj.length;i++)
    document.write(strObj.charAt(i)+" ");
  document.write("<br><br>strObj 连接 strVar 的结果 :"+strObj.concat(strVar));
  var loc=strObj.indexOf(strVar.prefix);
  if(loc!=-1){
    document.write("<br><br>"+strVar.prefix+" 是 "+strObj+" 的子串 ");
    document.write("<br>"+strVar.prefix+" 在 "+strObj+" 中的位置 :"+loc);
  }
  else
    document.write("<br><br>"+strVar.prefix+" 不是 "+strObj+" 的子串 ");
    document.write("<br><br> 经过以上操作 ,strObj 与 strVar 没有变化 ");
    document.write("<br> 字符串 strObj 的内容仍然为 :"+strObj.toString());
    document.write("<br> 字符串 strVar 的内容仍然为 :"+strVar);
//-->
</script>
```

```
</head>
</html>
```

程序在 Internet Explorer 中运行的结果如图 7-6 所示。

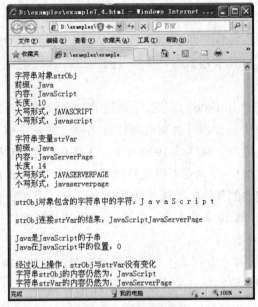

图 7-6　程序运行结果

（2）Math 对象

Math 对象用于完成比简单算术运算更高级的数学处理。与其他内部对象不同，Math 对象不需要通过 new 运算符和构造函数创建，用户可以通过以下方式直接访问它的属性和方法：

```
Math.属性名
Math.方法名（实参列表）
```

Math 对象的属性表示了数学中有用的常量值，可以将它们用于一般的算术表达式。例如已知直径 d，求圆的周长 circle，使用下面的语句：

```
circle = d * Math.PI; // PI 属性表示圆周率
```

Math 对象的方法用于实现复杂的数学处理功能。除了 Math.random() 方法以外，Math 对象的其他方法在使用时都需要传入一个或多个实参。例如：

```
log=Math.LN10;                        //LN10 属性表示 10 的自然对数
root=Math.SQRT2;                      //SQRT2 属性表示 2 的平方
alert(Math.floor(log));              //floor 方法返回小于或等于实参的整数
alert(Math.ceil(log));               //ceil 方法返回大于或等于实参的整数
alert(Math.round(root));             // 返回与实参最接近的整数（四舍五入）
alert(Math.max(log,root));           //max 方法返回两个实参中较大的一个
alert(Math.floor(Math.random()*6)+1); /*random 方法返回介于 0 和 1 之间的随
                                        机数（含 0，不含 1）*/
```

（3）Date 对象

JavaScript 中的 Date 对象提供了处理日期和时间的强大功能，创建 Date 对象的一般格

式为：

```
var 对象名 = new Date([ 实参列表 ]);
```

例如：`var today=new Date();`

　　　　`var curtain_time=new Date(2014,1,1,20,0,0);`

创建了两个 Date 对象 today 和 curtain_time，today 中包含了当前的日期和时间（以 PC 内部时钟为准），curtain_time 中包含的日期和时间为 2014 年 1 月 1 日 20 时 0 分 0 秒（月份值从 0 开始）。

需要注意的是，在使用 Date 对象进行日期和时间处理时要考虑时区的因素。在 JavaScript 中，Date 对象中包含的日期和时间信息实际上是一个以毫秒为单位的值，该值从 GMT（格林尼治标准时间）时区的 1970 年 1 月 1 日 0 时 0 分 0 秒开始计算。以上面的 curtain_time 对象为例，如果 PC 内部时钟设置的时区为东八区（北京所在的时区），那么可以认为 curtain_time 中包含的具体时间是北京时间 2014 年 1 月 1 日 20 时 0 分 0 秒，但实际存储的是格林尼治标准时间 2014 年 1 月 1 日 12 时 0 分 0 秒的毫秒值。GMT 有另一个缩写 UTC，代表的意思与 GMT 相同。

Date 对象的方法主要可分为两类：一类用来读取存储在对象中的日期和时间信息，方法名以 get 开始；一类用来设置存储在对象中的日期和时间信息，方法名以 set 开始。get 或 set 方法又可以分为两类：一类是以本地时间格式来读取或设置存储在对象中的日期和时间信息，读取时会完成 GMT 时间到本地时间的转换，设置时会完成本地时间到 GMT 时间的转换。另一类是以 GMT 时间格式来读取或设置存储在对象中的日期和时间信息，读取或设置时都不会发生本地时间与 GMT 时间之间的转换。所有方法的层次结构如图 7-7 所示。

图 7-7　Date 对象的方法

Date 对象中转换方法的最后两个方法 parse() 和 UTC() 直接通过 " Date. 方法名（实参列表）" 的方式实现访问；其他方法必须首先创建 Date 对象，然后通过 "对象名 . 方法名（实参列表）" 的方式实现访问。例如：

```
var local_ms=Date.parse("January`,2014 20:00:00");
alert((new Date(local_ms)).getUTCHours()); //getUTCHours() 返回 12
var utc_ms=Date.UTC(2014,1,1,20,0,0);
alert((new Date(utc_ms)).getUTCHours()); //getUTCHours() 返回 20
```

parse() 方法返回本地时间 2014 年 1 月 1 日 20 时 0 分 0 秒与 GMT 时间 1970 年 1 月 1 日 0 时 0 分 0 秒之间所间隔的毫秒数。UTC() 返回 GMT 时间 2014 年 1 月 1 日 20 时 0 分 0 秒与 GMT 时间 1970 年 1 月 1 日 0 时 0 分 0 秒之间所间隔的毫秒数。

【例 7-5】实现引例一中提出的倒计时显示功能。

```html
<html>
<head>
<style type="text/css">
  #showField{
    font-size: 36px;
    text-align: center;
    color: red;
    background-color: #D9D9FF;
    border: double;
    border-color: #6633FF
  }
</style>
<script language="JavaScript">
<!--
  var curtain_ms=Date.UTC(2014,1,1,12,0,0);        // 得到 2014 年元旦
  var curtain_time=new Date(curtain_ms);
  var oneMinute=60*1000;
  var oneHour=oneMinute*60;
  var oneDay=oneHour*24;
  function countDown(){
    var today=new Date();                          // 得到本地当前时间
    var diff=curtain_ms-today.getTime();           // 得到间隔毫秒数
    var days=Math.floor(diff/oneDay);              // 得到倒计时天数
    diff-=oneDay*days
    var hours=Math.floor(diff/oneHour);            // 得到倒计时小时数
    diff-=oneHour*hours;
    var minutes=Math.floor(diff/oneMinute);        // 得到倒计时分钟数
    diff-=oneMinute*minutes;
    var seconds=Math.floor(diff/1000);             // 得到倒计时秒数
    var timeStr=days+" 天 "+hours+" 小时 "+minutes+" 分 "+seconds+" 秒 ";
    document.timeForm.showField.value=timeStr;
    setTimeout("countDown()",1000);
  }
//-->
</script>
</head>
<body onLoad="countDown()">
<center>
<h1>2014 年元旦倒计时 </h1>
<form name="timeForm">
  <input type="text" name="showField" id="showField" size="20">
</form>
</center>
</body>
</html>
```

上述程序在创建的 Date 对象中存储了 2014 年元旦的 GMT 时间（2014 年 1 月 1 日 12 时 0 分 0 秒），并没有存储本地时间（2014 年 1 月 1 日 20 时 0 分 0 秒），这样可以保证处于不同时区的浏览器在执行该程序时显示相同的倒计时时间。

程序在 Internet Explorer 中运行的结果如图 7-4 所示。

7.7.2 数组

引例二 在网页中显示一个图片时钟，如图 7-8 所示，为了完成这一工作，需要掌握以下知识：

1）创建一维数组和多维数组的方法。

2）引用数组元素的方法。

3）添加新的数组元素和改变数组的长度。

图 7-8 图片时钟

数组是一种经常使用的复合数据类型，它包含若干编码的数据段。每个编码的数据段被称为该数组的一个元素，每个元素的编码被称为下标，下标从 0 开始。由于数组在 JavaScript 中是以对象的方式实现的，因此同一数组中的不同元素可以具有不同的数据类型，元素的个数（数组长度）也可以是不固定的。

1. 数组的创建

创建数组需要使用构造函数 Array() 和 new 运算符，共有三种不同的创建方式：

1）var 数组名 = new Array();

用这种方式创建的数组是一个不包含元素的空数组，数组长度为 0。

例如：var ary=new Array();

2）var 数组名 = new Array(初值 1, 初值 2, 初值 3,..., 初值 n);

用这种方式创建的数组包含 n 个元素，通过构造函数 Array() 的实参列表给每个元素赋予明确的初值，初值的数据类型可以各不相同。

例如：Date dt=new Date();

　　　var ary=new Array(123,"JavaScript",true,dt);

数组 ary 包含 4 个元素，每个元素都被赋予了不同类型的初值。

3）var 数组名 = new Array(数值);

用这种方式创建的数组具有指定的元素个数，传入构造函数 Array() 的数值参数明确指定了数组长度。

例如：var ary=new Array(10);

数组 ary 包含 10 个元素，每个元素的初值都是未定义值—undefined。

从 JavaScript 1.2 开始，创建数组可以采用一种更加简洁的方式，只需将一个用逗号分隔的初值列表放入一对中括号之间即可。

例如：var ary=["Hello",5.68,false];

数组 ary 包含 3 个元素，每个元素都被赋予了不同类型的初值。

2. 数组元素的引用

可以使用"数组名 [下标]"的方式来引用一个数组元素，JavaScript 规定下标的取值范围为：0 ≤ 下标 < 数组长度 −1。例如：

```
var ary=new Array(4);
ary[0]=123;
ary[1]=true;
ary[2]="JavaScript";
ary[3]=new Date();
for(var i=0;i<4;i++)
document.write(ary[i]+"<br>");
```

3. 不固定的数组长度

与 C 和 C++ 不同，JavaScript 中的数组可以具有任意个数的元素，可以在任何时候改变数组的长度。例如：

```
var ary=new Array();        // 创建一个空数组，数组长度为 0
ary[0]= "China";            // 数组长度为 1
ary[1]=new Date();          // 数组长度为 2
ary[2]=78.59;               // 数组长度为 3
```

每当向数组中添加一个新的元素，数组长度就会加 1。如果没有按照下标值递增的顺序来添加新元素，数组长度就是最大下标值加 1。数组长度可以通过数组对象的 length 属性获得。例如：

```
var a=new Array();
a[1]=17;
a[5]="yangqs";
a[3]=true;
var len=a.length; // 数组长度为 6
for(var i=0;i<len;i++)
   document.write(a[i]+"<br>"); //a[0]、a[2]、a[4] 的值是 undefined
```

数组的 length 属性既可以读也可以写。如果给 length 设置一个比它当前值小的值，那么数组将会被截断，这个长度之外的元素都会被抛弃；如果给 length 设置的值比当前值大，那么新的、未定义初值的元素就会添加到数组中，使数组增长到新指定的长度。

通过给数组的 length 属性设置新的值来截断数组是将元素从数组中真正删除的唯一方法。如果使用 delete 运算符，虽然被删除的元素值变成了 undefined，但数组的 length 属性值并不会改变。例如：

```
var ary=new Array(5); //ary.length=5
for(var i=0;i<ary.length;i++)
  ary[i]=(i+1)*10;
alert(delete ary[4]); // 返回 true
document.write("ary.length="+ary.length+"<br>");        //ary.length=5;
ary.length=4;
document.write("ary.length="+ary.length);               //ary.length=4;
```

4. 多维数组

虽然 JavaScript 没有提供多维数组的定义方式，但是由于数组元素的类型可以是任意数据类型，因此当数组元素是数组时，就可以定义出多维数组。以二维数组为例，如果要定义一个 4×3 的数组（包含 12 个数组元素），可以采用下面的方式：

```
var mulDimAry=new Array(4);
for(var x=0;x<mulDimAry.length;x++)
  mulDimAry[x]=new Array(3);
```

mulDimAry 是一个特殊的一维数组，包含 4 个元素，每个元素又是一个一维数组，因此 mulDimAry 可以看作一个二维数组，可以利用"数组名 [行下标][列下标]"的方式来引用二维数组中的元素。例如：

```
for(var i=0; i<mulDimAry.length;i++)
for(var j=0;j<mulDimAry[i].length;j++)
  mulDimAry[i][j]=i+j;
```

用上述的方式可以构造出任意多维的数组，但超过二维的数组并不多见。

【例 7-6】综合前面介绍的函数、对象和数组的知识，实现引例二提出的在网页中显示图片时钟的功能。

```
<html>
<head>
<script language="JavaScript">
<!--
  function start(){                    // 创建数组 imgAry，每个数组元素中存放一个数字图片名
    imgAry=new Array(10);
    for(var i=0;i<imgAry.length;i++){
      imgAry[i]="pics/"+i+".gif";
    }
    maj();
  }
  function maj(){                      // 利用数字图片显示当前时间
    var dt=new Date();                 // 创建一个 Date 类型的对象，其中包含了当前时间
    var h=dt.getHours();
    var m=dt.getMinutes();
    var s=dt.getSeconds();
    var h1=Math.floor(h/10);           // 将时、分、秒分解为十位数和个位数
```

```
    var h2=h%10;
    var m1=Math.floor(m/10);
    var m2=m%10;
    var s1=Math.floor(s/10);
    var s2=s%10;
    change("hour1",h1);
    change("hour2",h2);
    change("minute1",m1);
    change("minute2",m2);
    change("second1",s1);
    change("second2",s2);
    setTimeout("maj()",1000);        // 每隔 1000 毫秒递归调用 maj() 函数，实现刷新
  }
  function change(nom,index){        // 根据传入的参数值更新当前显示的数字图片
    var image=eval("imgAry["+index+"]"); // 计算当前应显示的数字图片名
    if(document[nom].src!=image){
      document[nom].src=image;
    }
  }
//-->
</script>
</head>
<body onload="start()">
<p align="center">
  <img width=30 height=38 name="hour1" src="pics/0.gif">
  <img width=30 height=38 name="hour2" src="pics/1.gif">
  <img width=30 height=38 src="pics/sep.gif">
  <img width=30 height=38 name="minute1" src="pics/2.gif">
  <img width=30 height=38 name="minute2" src="pics/3.gif">
  <img width=30 height=38 src="pics/sep.gif">
  <img width=30 height=38 name="second1" src="pics/4.gif">
  <img width=30 height=38 name="second2" src="pics/5.gif">
</p>
</body>
</html>
```

程序在 Internet Explorer 中运行的结果如图 7-8 所示。

7.7.3 文档对象模型

引例三   浏览器要求用户必须在弹出的提示窗口中输入非空信息，然后在主窗口的状态栏中显示欢迎信息，如图 7-9 所示。为了完成这一工作，需要掌握以下的知识：

1）文档对象模型。

2）文档对象的层次结构。

3）常用的文档对象及对象中包含的常用属性和方法。

文档对象模型（Document Object Model，DOM）定义了表示和修改文档所需要的对象、对象的方法和属性，以及这些对象之间的关系。不同浏览器对文档对象的实现方式不尽相同，因此形成了不同的 DOM。图 7-10 显示了在所有浏览器中都已得到实现的基本文档对象

层次结构。

图 7-9　可交互的浏览器窗口

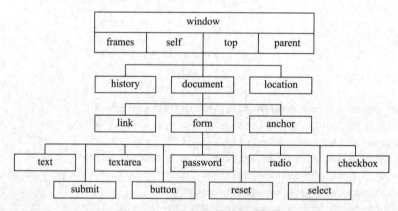

图 7-10　基本文档对象层次结构

需要注意的是，DOM 独立于任何编程语言，因此用户可以使用 JavaScript 或其他脚本语言对文档对象进行编程，而前面介绍的 String、Date 等内部对象则只能使用 JavaScript 对其进行编程。下面对常用的文档对象进行简要介绍。

1. window 对象

window 对象处于文档对象层次的最顶端，每个浏览器窗口以及窗口中的每个框架都是由一个 window 对象表示的。window 对象提供了许多有用的属性和方法。例如，前面经常使用的 alert() 方法，可以让用户很方便地建立警告窗口，而 confirm() 和 prompt() 两个方法则可以分别用来建立确认窗口和提示窗口。

每个 window 对象都拥有一个名为 frames 的属性。如果窗口中使用了框架，由于每个框架都是一个子窗口，因此窗口的 frames 属性是一个 window 对象的数组，其中每个元素代表了窗口包含的一个框架；如果窗口中没有使用框架，则 frames 数组为空，frames.length 的值为 0。用户可以根据 <frame> 标签在页面中出现的位置顺序，使用 frames[0] 引用窗口包含的第一个框架，使用 frames[1] 引用窗口包含的第二个框架，依此类推。

self、parent 和 top 三个属性均为 window 对象类型的属性。如果窗口中使用了嵌套框架，则可以利用这三个属性来引用与该窗口相关联的指定窗口。使用 self 引用当前窗口本身，使用 parent 引用当前窗口的父窗口，使用 top 引用包含所有框架的最顶层窗口。

【例 7-7】实现引例三提出的浏览器窗口的交互功能。

```html
<html>
<head>
<script language="JavaScript">
  function checkName(){
    var name,sure;
    while(true){
      do
        name=window.prompt("请输入您的大名！","");
      while(name==""||name==null);
      sure=window.confirm("您确定吗？");
      if(sure){
        window.alert(name);
        window.status="欢迎"+name+"的光临";
        break;
      }
    }
  }
</script>
</head>
<body onLoad="checkName();">
</body>
</html>
```

程序在 Internet Explorer 中运行的结果如图 7-9 所示。

很多情况下，使用 window 对象的属性和方法时，可以不指定 window，因为它是默认的参考对象。例如 document 是 window 对象包含的对象属性，在程序中使用如下语句：

```
document.write("write this text to the current window");
```

等价于：

```
window.document.write("write this text to the current window");
```

2. document 对象

document 对象是 DOM 的核心部分，代表显示在浏览器窗口中的 Web 文档。利用 document 对象提供的属性和方法可以更新文档的外观和内容，访问文档包含的各种 HTML 对象。

document 对象的颜色属性可以使用 JavaScript 代码对它们进行动态设置，也可以将它们作为 <body> 标签的属性进行静态设置，参见表 7-3。

表 7-3　document 对象和 <body> 标签对应的颜色属性

document 对象	<body> 标签	说　　明
bgColor	bgcolor	文档的背景色
fgColor	text	文本的颜色

（续）

document 对象	<body> 标签	说 明
linkColor	link	未被访问过的链接的颜色
vlinkColor	vlink	已被访问过的链接的颜色
alinkColor	alink	链接被激活时的颜色

document 对象包含许多对象数组类型的属性，分别代表文档中不同 HTML 对象的集合。例如：

forms：文档中所有 Form 对象组成的数组，每个元素代表文档中的一个表单，元素的索引顺序遵循文档中 <form> 标签出现的先后顺序。

images：文档中所有 Image 对象组成的数组，每个元素代表文档中的一个图像，元素的索引顺序遵循文档中 <img> 标签出现的先后顺序。

links：文档中所有 Link 对象组成的数组，每个元素代表文档中的一个超链接，元素的索引顺序遵循文档中 <a> 标签出现的先后顺序。

anchors：文档中所有 Anchor 对象组成的数组，每个元素代表文档中的一个锚点，元素的索引顺序遵循文档中 <a> 标签出现的先后顺序。

需要注意的是，文档中的超链接由 <a> 标签的 href 属性设置，锚点由 <a> 标签的 name 属性设置。

document 对象包含的最重要的方法是 write()，用来动态生成网页的内容。可以向 write() 方法传入多个参数，这些参数将依次写入文档中，如同它们已经被连接成一个字符串。例如：

```
document.write("Hello,"+username+"<br>Welcome to my home page!");
```

等价于：

```
document.write("Hello,",username,"<br>Welcome to my home page!");
```

【例 7-8】利用 document 对象获取文档中包含的 HTML 对象的属性信息。

```
<html>
<body>
<form name="myForm">
  请输入数据 :<input type="text" name="mytxt">
</form>
<!-- 建立四个既是锚点又是超链接的 HTML 对象 -->
<a name="link1" href="test1.html"> 链接到第一个文档 </a><br>
<a name="link2" href="test2.html"> 链接到第二个文档 </a><br>
<a name="link3" href="test3.html"> 链接到第三个文档 </a><br>
<a name="link4" href="test4.html"> 链接到第四个文档 </a><br>
<!-- 建立四个锚点超链接 -->
<a href="#link1"> 第一锚点 </a>
<a href="#link2"> 第二锚点 </a>
<a href="#link3"> 第三锚点 </a>
<a href="#link4"> 第四锚点 </a>
<br>
<script language="JavaScript">
```

```
    document.write(" 文档有 "+document.links.length+" 个链接 "+"<br>");
    document.write(" 文档有 "+document.anchors.length+" 个锚点 "+"<br>");
    document.write(" 文档有 "+document.forms.length+" 个窗体 ");
</script>
</body>
</html>
```

程序在 Internet Explorer 中运行的结果如图 7-11 所示。

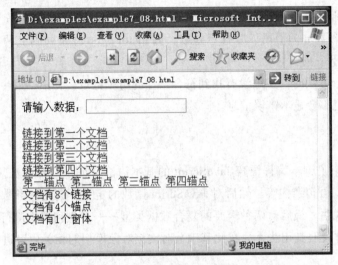

图 7-11　例 7-8 的运行结果

3. location 对象

location 对象代表当前打开的任何窗口或者指定框架的 URL 信息，其中最常用的 href 属性提供了指定 window 对象的完整的 URL 字符串。在多框架窗口中，为了获得在另一个框架中显示的文档的 URL 信息，location 对象的引用必须包含相应窗口框架的引用。

例如，在 myFrameset.html 文档中包含以下 HTML 代码：

```
<frameset rows="30%,70%">
  <frame src="mytopFrame.html" name="topFrame"/>
  <frame src="mymainFrame.html" name="mainFrame"/>
</frameset>
```

在 mytopFrame.html 文档中可以利用下面的 JavaScript 代码获得 mainFrame 框架中显示的 mymainFrame.html 文档的 URL 信息：

```
<script language="JavaScript">
  document.write(parent.mainFrame.location.href);
</script>
```

4. history 对象

history 对象代表浏览器窗口最近访问页面的 URL 列表，基于安全上的考虑，一般情况下脚本程序无法真正获取列表中的 URL。Netscape 浏览器为 history 对象提供了 current、next 和 previous 属性来分别表示当前页、下一页和上一页的 URL 字符串，在读取这三个属性前必须先将 UniversalBrowserRead 的权限打开。例如：

```
<script language="JavaScript">
  netscape.security.PrivilegeManager.enablePrivilege("UniversalBrowserRead");
  alert(history.current);
</script>
```

history 对象包含三个方法：

back()：回到上一页，如同按下工具栏的 Back 按钮。

forward()：到下一页，如同按下工具栏的 Forward 按钮。

go(n)：传给参数 n 的值可以是任意整数，如 history.go(-2) 是回到上两页，history.go(1) 是到下一页。

在调用这三个方法时，如果没有找到符合条件的历史记录，将不会发生任何变化，不会改变当前页面，也不会显示错误信息。

本章小结

本章首先介绍了脚本编程语言 JavaScript 的基本语法特征，包括词法规则、数据类型、表达式和运算符、语句结构等。然后对 JavaScript 函数的定义、调用、参数传递和变量作用范围进行了简要说明。最后对两种重要的复合数据类型——对象和数组进行了详尽阐述，通过多个实例来具体说明其用法，并在此基础上对文档对象模型的相关内容进行了简要介绍。

思考题

1. JavaScript 的主要特点是什么，和 Java 有什么区别？

2. 在 JavaScript 中如何声明变量，需要指定变量类型吗？

3. 在 JavaScript 中如何定义和调用函数？

4. 全局变量和局部变量的区别是什么？

5. 在 JavaScript 中如何创建对象，如何访问所创建对象的属性和方法？

6. 在 JavaScript 中如何创建数组，对数组元素的引用与 C/C++ 中有什么不同？

上机操作题

1. 制作一个包含标题栏滚动文字的页面，一段文字在标题栏上从右向左、首尾相接地循环滚动显示，运行效果如图 7-12 所示。

2. 制作一个以星空为背景的页面，当打开页面时，背景由全白变为全黑，天空中繁星闪耀，映衬着一幅以淡入淡出效果显示的图片；当离开页面时，背景由全黑变为全白，运行效果如图 7-13 所示。

3. 制作一个运行 24 点游戏的页面，当游戏运行时，用户可以在 4 个文本框中任意输入 4 个非负整数，如果 4 个整数经过恰当的组合能算出 24 点，在结果文本框中将显示具体的组合结果；如果 4 个整数经过所有可能的组合运算都无法得到 24 点，在结果文本框中将显示提示信息 "这四个数算不出 24 点！"。运行效果如图 7-14 所示。

图 7-12　标题栏滚动文字

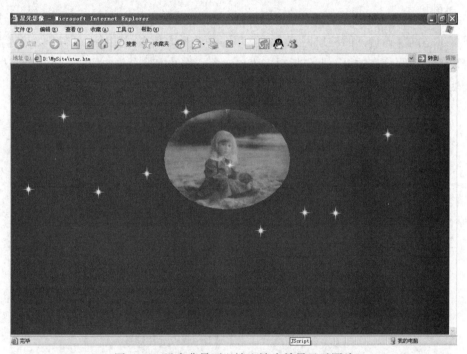

图 7-13　星光背景下以淡入淡出效果显示图片

a）算出 24 点的 4 个数

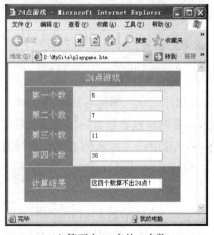

b）算不出 24 点的 4 个数

图 7-14　24 点游戏

第8章 表　　单

表单的作用是从访问 Web 站点的用户那里获得信息。访问者可以使用诸如文本域、列表框、复选框以及单选按钮之类的表单对象输入信息，然后单击某个按钮提交这些信息。

8.1　插入表单

8.1.1　引例

图 8-1 是网易通行证的注册网页，需要填写一些个人信息，如姓名、性别、出生日期、证件号码等。填写信息的页面上包括很多表单对象，如文本框、单选按钮、下拉列表框、按钮等。所有这些表单对象合在一起，称为表单。

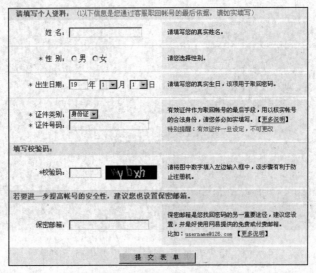

图 8-1　表单对象示例

8.1.2　插入表单方法

插入表单的步骤如下：

1）将光标定位到要插入表单的位置。在"插入"工具栏单击"表单"选项，将出现的表单面板从其默认停靠位置拖出并放置在"文档"窗口顶部的水平位置，可以使面板更改为工具栏，打开如图 8-2 所示的表单对象列表。

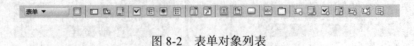

图 8-2　表单对象列表

2）单击"表单"按钮，或选择"插入"|"表单"|"表单"命令，即可在光标处插入表单；插入的表单在窗口中以红色虚线框表示，如图 8-3 所示。

图 8-3 表单

3）将光标定位到插入的表单中，可打开表单"属性"面板，如图 8-4 所示。

图 8-4 表单"属性"面板

4）在"表单 ID"文本框中输入标识该表单的唯一名称；在"动作"文本框中输入处理该表单的页面或脚本的路径，或者单击"文件夹"图标定位到适当的页面或脚本。

"方法"下拉列表框用来选择将表单数据传输到服务器的方式，如图 8-5 所示。其选项的含义如下：

- 默认：使用浏览器的默认设置将表单数据发送到服务器。通常，默认方法为 GET 方法。
- GET：将表单数据附加在请求页面的 URL 地址后面。GET 方法用来传送少量数据，字符数不能超过 8192 个字符。
- POST：将在 HTTP 请求中嵌入表单数据。POST 方法用来传送大量数据。

图 8-5 "方法"下拉列表框

一般不建议使用 GET 方法，因为 GET 方法会将表单数据附加在 URL 地址后面，如果发送的数据量太大，超出的部分将被截断，从而导致意外的或失败的处理结果。另外，使用 GET 方法很不安全，因为从浏览器地址栏中可以看到用户输入的密码等信息。

"目标"下拉列表框用来设定提交表单后，请求页面将以何种方式显示返回的结果。其中各选项的含义如下：

- _blank：在未命名的新窗口中显示返回结果。
- _parent：在显示当前页面的窗口的父窗口中显示返回结果。
- _self：在显示当前页面的窗口中显示返回结果。
- _top：在顶层窗口中显示返回结果。

"编码类型"下拉列表框用于指定提交给服务器进行处理的数据使用的编码类型。默认设置为"application/x-www-form-urlencode"，通常与 POST 方法协同使用。如果表单包含文件上传对象，则应选择"multipart/form-data"类型。

8.2 插入表单对象

在页面上创建了表单之后，就可以往其中插入不同类型的表单对象，有以下两种方法：

1）选择"插入"菜单中的"表单"命令，在弹出的子菜单中选择相应的命令。

2）在"插入"工具栏的"表单"对象列表中单击相应的按钮。

8.2.1　添加按钮

按钮用于控制表单的操作。使用按钮可将表单数据提交到服务器，或者重置该表单。用户也可以为按钮分配其他已经在脚本中定义的处理任务。默认情况下插入的按钮用于提交表单。

添加按钮的步骤如下：

1）将光标定位在表单中要插入按钮的位置，在"插入"工具栏的"表单"对象列表中单击□按钮，在表单中插入按钮，如图 8-6 所示。

图 8-6　插入按钮

2）选中按钮，按钮"属性"面板如图 8-7 所示。在"按钮名称"文本框中输入按钮的名称；在"值"文本框中输入在按钮上显示的文本，便于浏览者了解按钮的作用。

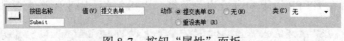

图 8-7　按钮"属性"面板

"动作"选项组用于指定单击按钮后产生的动作。其中各单选按钮的功能如下：

- 提交表单：单击该按钮后，向服务器提交表单数据进行处理。
- 重设表单：单击该按钮后，清除表单中的所有内容，用户可以重新填写。
- 无：单击该按钮后，执行指定的操作。例如，可以添加一段 JavaScript 脚本，使得当用户单击该按钮时弹出一个消息框。

8.2.2　添加文本域

文本域是用户可在其中输入数据的表单对象。用户可以创建一个包含单行或多行的文本域，也可以创建一个隐藏输入数据的密码文本域。

添加文本域的步骤如下：

1）将光标定位在表单中要插入文本域的位置，在"插入"工具栏的"表单"对象列表中单击□按钮，在表单中插入文本域，如图 8-8 所示。

2）默认情况下插入的文本域为单行文本域，可以在"属性"面板上设置选中的单行文本域的属性，如图 8-9 所示。

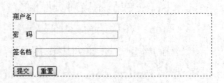

图 8-8　插入 3 个文本域

在"文本域"文本框中输入文本域的名称，名称不能包含空格或特殊字符，可以使用字母、数字和下划线的任意组合。在"字符宽度"文本框中输入文本域中最多可显示的字符数；在"最多字符数"文本框中输入文本域中最多可输入的字符数，如果将"最多字符数"文本框保留为空白，则用户可以输入任意数量的文本。"类型"选项组用于指定文本域的类型。在"初始值"文本框中输入浏览器载入表单时文本域中显示的内容。

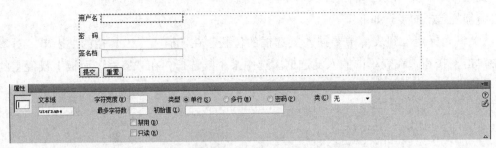

图 8-9　单行文本域及其"属性"面板

3）如果要将选中的文本域设置为多行文本域（文本区域），在"属性"面板的"类型"选项组中选择"多行"单选按钮，可以设置多行文本域的属性，如图 8-10 所示。

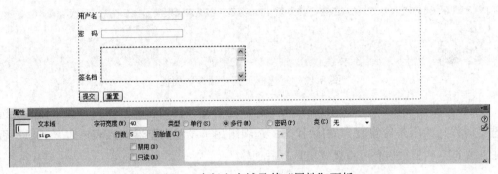

图 8-10　多行文本域及其"属性"面板

"文本域"、"字符宽度"和"初始值"的设置与单行文本域类似。在"行数"文本框中输入文本域最多可显示的行数。

也可以在"插入"工具栏的"表单"对象列表中单击 按钮来创建多行文本域。

4）如果要将选中的文本域设置为密码文本域，在"属性"面板的"类型"选项组中选择"密码"单选按钮，可以设置密码文本域的属性，如图 8-11 所示。

当用户在密码文本域中输入时，输入内容显示为项目符号或星号，以保护它不被其他人看到。密码文本域的属性设置和单行文本域类似。

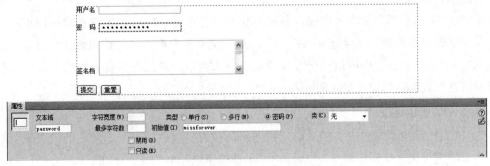

图 8-11　密码文本域及其"属性"面板

8.2.3 添加复选框

复选框用于从一组选项中选择多个选项。

添加复选框的步骤如下：

1）将光标定位到表单中要插入复选框的位置。在"插入"工具栏的"表单"对象列表中单击☑按钮，在表单中插入复选框。选中某个复选框，在"属性"面板上设置它的属性，如图 8-12 所示。

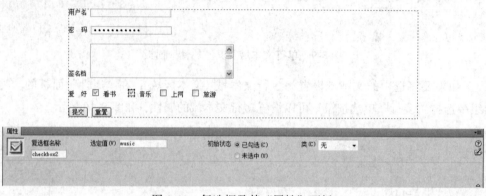

图 8-12 复选框及其"属性"面板

2）在"复选框名称"文本框中输入复选框的名称。在"选定值"文本框中输入复选框被选中时发送给服务器的值。"初始状态"选项组用于设置浏览器载入表单时复选框是否被选中。复选框的提示信息可直接在复选框后面输入。

8.2.4 添加单选按钮

单选按钮用于从一组选项中选择一个选项。单选按钮通常成组地使用，在同一个组中的所有单选按钮必须具有相同的名称。在 Dreamweaver 中可以采取逐个插入单选按钮和插入单选按钮组的方法。

1. 逐个插入单选按钮

1）将光标定位到表单中要插入单选按钮的位置。在"插入"工具栏的"表单"对象列表中单击◉按钮，在表单中插入单选按钮。选中某个单选按钮，在"属性"面板上设置它的属性，如图 8-13 所示。

2）在"单选按钮"文本框中输入单选按钮的名称，同一组单选按钮必须使用相同的名称，保证这些单选按钮为互斥选项。在"选定值"文本框中输入单选按钮被选中时发送给服务器的值。"初始状态"选项组用于设置浏览器载入表单时单选按钮是否被选中。单选按钮的提示信息可直接在单选按钮后面输入。

2. 插入单选按钮组

1）将光标定位到表单中要插入单选按钮组的位置。在"插入"工具栏的"表单"对象列表中单击▦按钮，打开如图 8-14 所示的"单选按钮组"对话框。

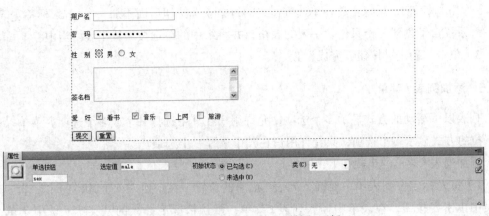

图 8-13 单选按钮及其"属性"面板

图 8-14 "单选按钮组"对话框

2）设置"单选按钮组"对话框，如图 8-15 所示。

图 8-15 设置"单选按钮组"对话框

- 在"名称"文本框中输入单选按钮组的名称。
- 单击 ⊞ 按钮，向组中添加一个单选按钮；单击 ⊟ 按钮，从组中删除当前选中的单选按钮；单击 ▲ 按钮，向上移动组中选定的单选按钮；单击 ▼ 按钮，向下移动组中选定的单选按钮。
- 单击 标签 下的任意文字，出现方框，即可输入文本作为单选按钮的提示信息。单击 值 下的任意文字，出现方框，即可输入文本作为单选按钮被选中时发送给服务器的值。
- 在"布局，使用"选项组中选择单选按钮组的布局方式。各选项的含义如下：换行符

（
 标签），系统自动在单选按钮组的每个单选按钮后面添加一个
 标签。表格，系统自动创建一个只包含一列的表格，并将组中的单选按钮置于表格当中。

3）单击"确定"按钮，完成设置。

8.2.5 添加列表 / 菜单

列表以可滚动的方式显示多个选项，允许用户在其中选择一个或多个选项。菜单以单击时下拉的方式显示多个选项，只允许用户在其中选择一个选项。

添加列表 / 菜单的步骤如下：

1）将光标定位到表单中要插入列表 / 菜单的位置。在"插入"工具栏的"表单"对象列表中单击按钮，在表单中插入列表 / 菜单，默认情况下插入的是菜单。选中菜单，在"属性"面板中设置它的属性，如图 8-16 所示。

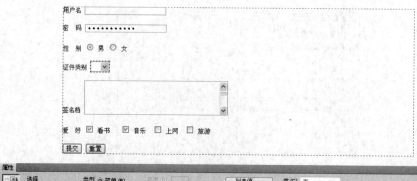

图 8-16　菜单及其"属性"面板

2）在"选择"文本框中输入列表 / 菜单的名称。"类型"选项组用于指定显示的是下拉式菜单（"菜单"单选按钮），还是可滚动列表（"列表"单选按钮）。如果选择"列表"单选按钮，则"属性"面板如图 8-17 所示。

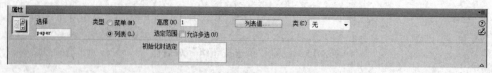

图 8-17　列表及其"属性"面板

在"高度"文本框中输入列表中显示的项数，如果输入的数字小于列表实际包含的选项数，则出现滚动条。"允许多选"复选框用于设置是否允许用户从列表中选择多项。当允许多选时，用户在浏览页面时可以使用 Shift 或 Ctrl 键同时选中列表中的多个选项。

3）单击"列表值"按钮，打开如图 8-18 所示的"列表值"对话框。

- 单击按钮，向列表 / 菜单中添加一个选项；单击按钮，从列表 / 菜单中删除当前选中的选项；单击按钮，向上移动列表 / 菜单中选定的选项；单击按钮，向下移动列表 / 菜单中选定的选项。

- 单击 项目标签 下的任意文字，出现方框，即可输入文本作为列表／菜单选项的标签。
  单击 值 下的任意文字，出现方框，即可输入文本作为列表／菜单选项被选中时发送给服务器的值。

设置"列表值"对话框如图 8-19 所示。

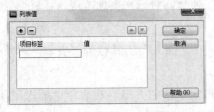

图 8-18 "列表值"对话框

图 8-19 设置"列表值"对话框

4）单击"确定"按钮，在"列表值"对话框中添加的选项显示在"属性"面板的"初始化时选定"列表框中，在该列表框中选择浏览器载入表单时列表／菜单中默认选择的选项。

8.2.6 添加文件域

文件域使用户可以选择本地计算机上不同类型的文件，并将该文件上传到服务器。文件域的外观与文本域类似，只是文件域还包含一个"浏览"按钮，如图 8-20 所示。用户可以手动输入要上传的文件的路径，也可以使用"浏览"按钮定位并选择该文件。

图 8-20 文件域

文件域对表单的设定有特殊的要求。在表单的"属性"面板上，"方法"必须设置为"POST"，"编码类型"必须设置为"multipart/form-data"，在"动作"文本框中必须指定服务器端脚本或能够处理上传文件的页面。

添加文件域的步骤如下：

1）将光标定位到表单中要插入文件域的位置。在"插入"工具栏的"表单"对象列表中单击按钮，在表单中插入文件域。选中文件域，在"属性"面板中设置它的属性，如图 8-21 所示。

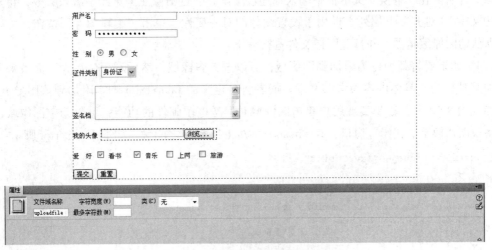

图 8-21 文件域及其"属性"面板

2）在"文件域名称"文本框中输入文件域的名称。在"字符宽度"文本框中输入文件域最多可显示的字符数。在"最多字符数"文本框中输入文件域最多可容纳的字符数。

8.2.7 添加图像域

用户可以在表单中使用图像域来制作图像按钮，使页面看起来更加美观。

添加图像域的操作如下：

1）将光标定位到表单中要插入图像域的位置。在"插入"工具栏的"表单"对象列表中单击图按钮，打开"选择图像源文件"对话框。

2）在对话框中定位图像域的源文件，单击"确定"按钮，即可在表单中插入图像域。选中图像域，在"属性"面板上设置它的属性，如图 8-22 所示。

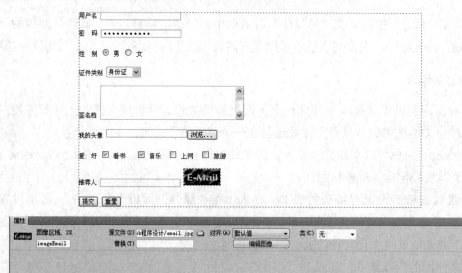

图 8-22　图像域及其"属性"面板

3）在"图像区域"文本框中输入图像域的名称。"源文件"文本框用于设置图像的路径和源文件名。在"替换"文本框中输入描述性文本，一旦图像在浏览器中载入失败，将显示这些文本。"对齐"下拉列表框用于设置图像的对齐属性。单击"编辑图像"按钮，可以启动默认的图像编辑器，并打开图像文件进行编辑。

4）如果要将某种行为附加到图像域，可以选择图像域，然后利用"行为"面板来为其附加某种行为，具体内容参考第9章。或者将自定义的 JavaScript 脚本附加到该图像域上，例如在图 8-22 中，若要实现用户单击图像域时发送电子邮件的功能，可以选中图像域，然后将视图切换至"代码"窗口，在 <head>…</head> 标签之间输入如下 JavaScript 脚本：

```
<script language="JavaScript">
<!--
function sendEmail(){
  var url="mailto:"+document.form1.introducer.value;
  window.open(url,'','');
}
//-->
```

```
</script>
```

其中 form1 是包含图像域的表单名称，introducer 是图像域左侧的文本框名称。

然后将图像域的 HTML 源代码修改为：

```
<input name="imageEmail" type="image" id="imageEmail" src="imgs/email.jpg"
        onclick="sendEmail();return false;">
```

onclick 是图像域的单击事件属性，其内容必须是可执行的 JavaScript 程序代码。

保存后按下快捷键 F12 预览页面，当用户在图像域上单击时，将启动默认的客户端邮件软件实现电子邮件的发送，显示效果如图 8-23 所示。

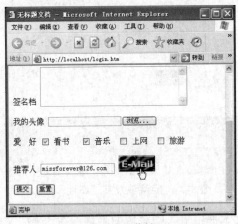

a）单击图像域

b）启动客户端邮件软件发送电子邮件

图 8-23　将自定义 JavaScript 脚本附加到图像域

8.2.8　添加隐藏域

隐藏域是一种在网页上不显示的表单对象。有时用户需要在网页之间传递数据，但这些数据又不希望别的浏览者看到，此时就可以使用隐藏域。当用户在提交表单时，隐藏域中存储的数据也会被发送到服务器。

添加隐藏域的操作如下：

1）将光标定位到表单中要插入隐藏域的位置。在"插入"工具栏的"表单"对象列表中单击 按钮，或选择"插入"|"表单"|"隐藏域"命令，在表单中插入隐藏域（在"设计"窗口中显示为一个图标）。选中隐藏域，在"属性"面板上设置它的属性，如图8-24所示。

图8-24　隐藏域及其"属性"面板

2）在"隐藏区域"文本框中输入隐藏域的名称，在"值"文本框中输入要发送给服务器的数据。

8.2.9　添加跳转菜单

跳转菜单可建立URL与下拉式菜单列表中选项之间的关联。用户从列表中选择一项，可以跳转到相应的页面。

添加跳转菜单的操作如下：

1）将光标定位到表单中要插入跳转菜单的位置。在"插入"工具栏的"表单"对象列表中单击 按钮，或选择"插入"|"表单"|"跳转菜单"命令，打开"插入跳转菜单"对话框，如图8-25所示。

图8-25　"插入跳转菜单"对话框

2）设置"插入跳转菜单"对话框，如图 8-25 所示。

- 单击■按钮，在菜单列表中添加一个选项；单击■按钮，从菜单列表中删除一个选项；单击■按钮，向上移动菜单列表中选定的选项；单击■按钮，向下移动菜单列表中选定的选项。
- 在"文本"文本框中，输入当前选项在菜单列表中显示的文本。若要使用菜单选择提示（如"请选择一项"），可在第一个选项的"文本"文本框中输入选择提示文本。
- 在"选择时，转到 URL"文本框中，输入跳转页面的 URL，或者单击"浏览"按钮定位到要链接的文件。
- 在"打开 URL 于"下拉列表框中选择跳转页面的打开位置。如果选择"主窗口"选项，则在当前窗口中打开跳转页面；如果当前页面使用了框架，则可选择"框架"选项，在所选框架中打开跳转页面。
- 在"菜单 ID"文本框中输入跳转菜单的名称。
- 如果没有使用菜单选择提示，在"选项"选项组中选择"菜单之后插入前往按钮"复选框，在跳转菜单旁添加一个"前往"接钮。如果使用了菜单选择提示，在"选项"选项组中选择"更改 URL 后选择第一个项目"复选框。

3）单击"确定"按钮，在"插入跳转菜单"对话框中添加的选项显示在"属性"面板的"初始化时选定"列表框中，在该列表框中选择浏览器载入表单时跳转菜单中默认选择的选项。"属性"面板上其他属性的设置与列表 / 菜单类似。

4）保存后按下快捷键 F12 预览页面，显示效果如图 8-26 所示。

图 8-26　跳转菜单显示效果

8.2.10　添加搜索引擎

很多网站都提供了搜索引擎，用户在文本框中输入关键字，选择搜索类型（如网站或新闻等），单击"搜索"按钮，浏览器窗口中就会列出符合条件的记录。

这样的搜索引擎实际上是在调用一些门户网站提供的搜索程序，如新浪、雅虎、搜狐等都提供了这样的程序供个人站点使用，下面以新浪网提供的搜索引擎制作一个搜索表单。

添加搜索引擎的操作如下：

1）将光标定位到表单中要添加搜索引擎的位置。在"插入"工具栏的"常用"对象列表中单击⊞按钮，在表单中插入一个2行3列的表格，宽度为360像素。

2）将表格第一列和第二列的宽度分别设置为230像素和70像素；合并第一行的三个单元格，水平对齐方式设置为居中对齐；利用"CSS样式"面板创建如下样式语法所示的类样式，并将其套用到表格上。

```
<style type="text/css">
<!--
.style1 {
  border: 1px groove #FF0000;
}
-->
</style>
```

3）将光标定位在表格第一行的单元格内，选择"插入"菜单中的"图像"命令，在单元格内插入新浪网的图标文件"sina_logo.gif"。

4）将光标定位在表格第二行第一个单元格内，输入文本"关键字："；然后在"插入"工具栏的"表单"对象列表中单击▭按钮，在文本后面插入一个单行文本域，文本域的名称设置为"_searchkey"。

5）将光标定位在表格第二行第二个单元格内，在"插入"工具栏的"表单"对象列表中单击▤按钮，在单元格内插入一个菜单列表。菜单列表的名称设置为"_ss"，列表值设置如图8-27所示。在"属性"面板上将"网站"选项设置为菜单列表的默认选项。

图8-27　菜单列表的列表值

需要注意的是，单行文本域 _searchkey 和菜单列表 _ss 的名称是新浪搜索引擎规定好的，不能更改。菜单列表中选项的项目标签可以随意更改，但对应的值也是新浪搜索引擎规定好的，不能更改，否则无法查询。

6）将光标定位在表格第二行第三个单元格内，在"插入"工具栏的"表单"对象列表中单击□按钮，在单元格内插入一个按钮。按钮的名称设置为"_searchbtn"，值设置为"搜索"，动作设置为"无"。整个搜索引擎的显示效果如图 8-28 所示。

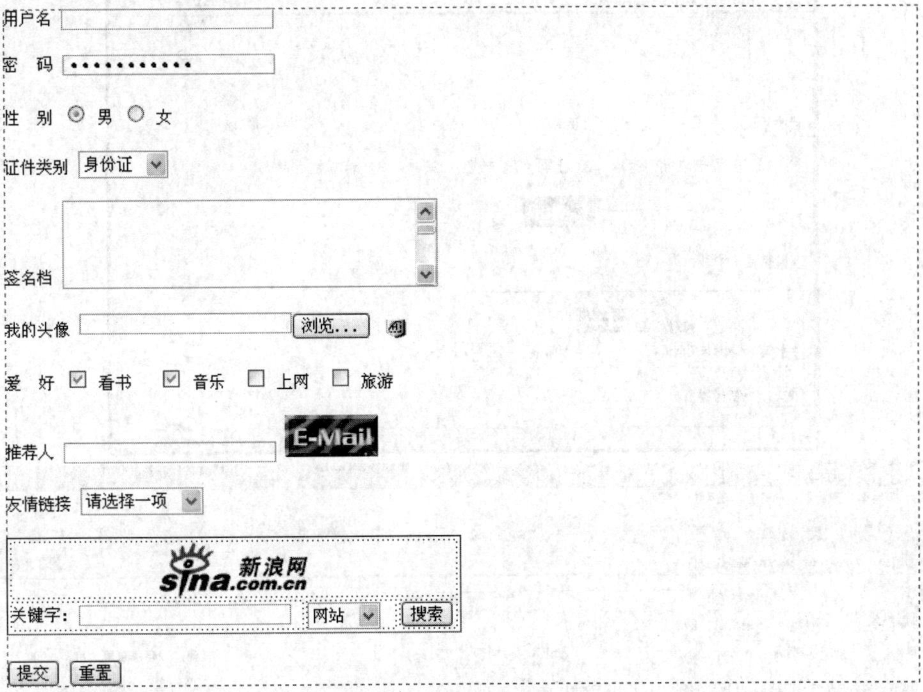

图 8-28　添加搜索引擎

7）将视图切换至"代码"窗口，在 <head>…</head> 标签之间输入如下 JavaScript 脚本：

```
<script language="JavaScript">
<!--
function searchURL(){
 var url="http://search.sina.com.cn/cgi-bin/search/search.cgi?_searchkey="+
          document.form1._searchkey.value+"&_ss="+document.form1._ss.value;
 window.open(url,'','');
}
//-->
</script>
```

其中 form1 是包含搜索引擎的表单名称。

然后将按钮 _searchbtn 的 HTML 源代码修改为：

```
<input name="_searchbtn" type="button" id="_searchbtn" value="搜索"
      onclick="searchURL();return false;">
```

onclick 是按钮的单击事件属性，其内容必须是可执行的 JavaScript 程序代码。

8）保存后按下快捷键 F12 预览页面，当用户在文本框中输入关键字，在菜单的下拉列表中选择搜索类型，然后单击"搜索"按钮，网页就调用新浪网的搜索引擎开始搜索，显示效果如图 8-29 所示。

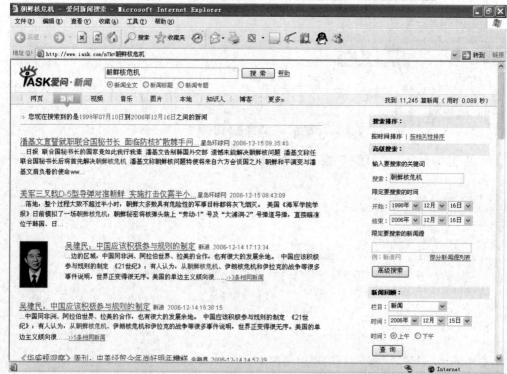

图 8-29　利用搜索引擎搜索信息

本章小结

在网上进行信息交互时，常常需要填写一些信息，如姓名、年龄、联系方式等。填写信息的页面上往往会包括很多表单元素，如文本框、单选按钮、复选框、下拉菜单、列表等。所有这些表单元素合在一起，称为表单。本章介绍了在 Dreamweaver 中如何创建和使用表单。

思考题

1. 请简述使用 GET 和 POST 传输数据时的区别。

2. 请简述文件域的作用。

3. 请简述隐藏域的作用。

4. 请简述复选框"属性"面板中,"初始状态"栏的作用。

5. 请简述表单的作用。

上机操作题

1. 制作一个用户注册页面,如图 8-30 所示。

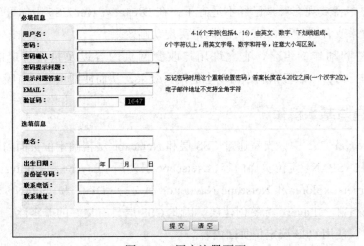

图 8-30 用户注册页面

2. 制作一张个人信息设置表,如图 8-31 所示。

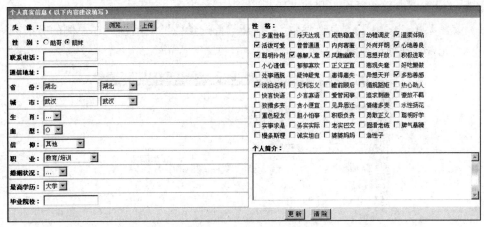

图 8-31 个人信息表

第9章 层与行为

层是 Dreamweaver 页面开发中最有价值的对象之一，它提供一种对网页对象进行有效控制的手段，层可以包含文本、图像、表单等所有可直接用于文档的元素，还可以包含插件或其他层（嵌套使用）。层提供了精确定位页面元素的方法，通过将页面元素放置在层中，用户可控制对象的叠放顺序、显示或隐藏。在 Dreamweaver CS5 中的 AP 元素相当于以前的层，因此书中仍以层来描述。在以前版本中出现的时间轴的功能，由于时间轴产生的代码已经陈旧，不再适合新版本浏览器的要求了。网页特效随着 JavaScript 编程语言的改变也在改变，时间轴的那些特效现在看来已经不适宜了，在 Dreamweaver CS5 中你可以使用 spry 功能来制作动画效果或者编写 JavaScript 代码来实现动画效果。

行为是事件和动作的组合，它允许用户改变网页内容以及执行特定的任务。利用 Dreamweaver 的行为，可以轻松制作出动态的网页效果，从而使网页更具有吸引力。

9.1　层的创建与基本操作

在 Dreamweaver CS5 中，支持通过 CSS 层和 Netscape 层精确定位页面内容。CSS 层使用标签 <DIV> 和 <SPAN> 定位页面内容，Netscape 层使用 <Layer> 和 <ILayer> 标签来定位页面内容。Internet Explorer 和 Netscape Navigator 都支持 <DIV> 和 <SPAN> 标签，但前者不支持用 <Layer> 和 <ILayer> 标签创建层。因此 CSS 层具有良好的兼容性，可以被大多数浏览器支持，建议使用 CSS 层定位页面内容。

1. 层参数设置

在使用层之前我们有必要了解层的参数设置，它直接关系到 Dreamweaver 创建什么样式的新层。设置层参数的操作步骤如下所示。

1）选择菜单"编辑"|"首选参数"，打开"首选参数"对话框，在左侧的分类列表中选择"AP 元素"选项，如图 9-1 所示。

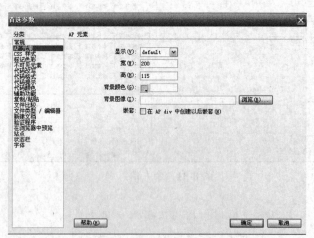

图 9-1　层参数设置对话框

2）在对话框的右侧出现层的默认设置，可以对其中选项进行修改。

- 显示：此下拉列表框用于选择默认情况下所创建层的可见性，可选的参数有 default、inherit、visible 和 hidden。
- 宽：设置默认插入层的宽度，单位为像素。
- 高：设置默认插入层的高度，单位为像素。
- 背景颜色：设置创建新层时默认的背景色。
- 背景图像：设置创建新层时默认的背景图片。
- 嵌套：选中该复选框，可以直接在一个层中绘制另外的层来创建嵌套层。如果不选中该复选框，在层中绘制新层时将只是创建重叠层。

2. 创建层

若要绘制层，请在右上角的"插入"栏中选择"布局"|"标准"，然后选择"绘制 AP Div"按钮，然后在文档窗口的设计视图中通过拖动来绘制层。

若要在文档中的特定位置插入层的代码，请将插入点放入文档窗口，然后选择"插入"|"布局对象"|"AP Div"。

如果正在显示不可见元素，那么每当用户在页面上放置一个层时，一个层标签就会出现在设计视图中。如果层标签不可见，而用户想要看到这些标签，请选择"查看"|"可视化助理"|"AP 元素轮廓线"。

3. 连续绘制多个层

1）单击"插入"栏上的"绘制 AP Div"按钮。

2）通过按住 Ctrl 键并拖动鼠标来绘制各个层。只要不松开 Ctrl 键，就可以继续绘制新的层。

4. 层（AP 元素）面板

通过层（AP 元素）面板可以管理文档中的层。若要打开层（AP 元素）面板，请选择菜单"窗口"|"AP 元素"。层显示为按 z 轴顺序排列的名称列表，首先创建的层出现在列表的底部，最新创建的层出现在列表的顶部。嵌套的层显示为连接到父层的名称。单击黑色三角形图标显示或隐藏嵌套的层。如图 9-2 所示。使用层面板可防止层重叠、更改层的可见性、将层嵌套或层叠，以及选择一个或多个层。

从图 9-2 中可以发现层的可见性分为以下 3 种：

1）睁开的眼睛表示层可见。

2）闭上的眼睛表示层不可见。

3）如果没有眼睛图标，表示该层继承其父层的可见性。

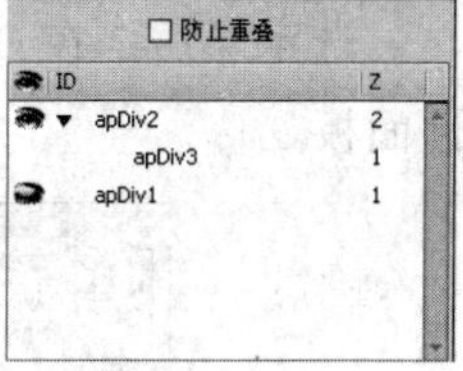

图 9-2　层面板

5. 改变层的名称和叠放顺序

在打开的层面板中，ID 为层的标识名，Z 表示层的索引号。任意单击管理器中的某一层，即选中该层，按 Delete 键可以删除它。按住 Shift 键可同时选择多个层，然后可同时移动或删除它们。双击 ID 项可为层更改标识名。

在层面板中可以双击层面板中某层的 Z 选项，直接输入新值以修改该层的位置顺序。当输入比当前值大的数值时，该层将向上移动；如果输入比当前值小的数值，该层将向下移动。

6. 对齐层

当页面中存在多个层时，可以使用层对齐命令对齐层。层对齐命令可使多个层和最后选定的层在某一方向上对齐。操作步骤如下：

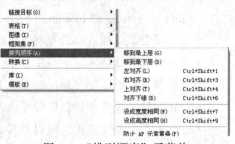

1）按住 Shift 键选取多个层。

2）选择菜单命令"修改"|"排列顺序"，出现"排列顺序"子菜单，如图 9-3 所示。

3）根据需要，选择后续操作。

图 9-3　"排列顺序"子菜单

9.2　层的属性设置

插入层后，需要对其进行属性设置，使其满足页面排版的需要，这些工作主要由层的"属性"面板来完成。

9.2.1　选择层

在进行属性设置之前必须先选定层，常用的选定层的方法有以下几种。

1）单击层边框，如果想选择多个层，须按住 Shift 键的同时单击层的边缘，如图 9-4 所示。

图 9-4　选择多个层

2）在层面板中单击层的名称，选择相应的层。如要多选，同样须按住 Shift 键，如图 9-5 所示。

当多个层被选中时，最后选择的层的手柄以黑色突出显示，其他层的手柄以白色突出显示。

9.2.2　层属性面板的使用

选定层后，在 Dreamweaver 的底部会出现层的属性面板。如图 9-6 所示是完整的层属性面板。

图 9-5　使用层面板选择层

图 9-6　层属性面板

在层属性面板上可以显示和设置以下属性：

- CSS–P 元素：该文本框设置当前层的名称。层的名称只能由标准的字母和数字表示，不能使用空格、连字符、斜杠符等。

- 左：设置层左边边框相对于页面的左边界或父层左边界的距离。
- 上：设置层上边边框相对于页面的上边界或父层顶端的距离。
- 宽：该域用于设置层的宽度值，默认单位是像素。
- 高：该域用于设置层的高度值，默认单位是像素。
- Z轴：在该文本框中输入层在 Z 方向上的索引值。它主要设置层在重叠时的显示顺序，Z 索引值越大，层的位置越靠上。当 Z 索引值是负数时，表示层位于页面之下，在这种情况下，层中的内容可能被页面中的内容遮盖。
- 可见性：该下拉列表框设置层的可见性。

default：不指明层的可见性，大多数浏览器会继承该层的父层的可见性。

inherit：表示新建层继承父层的可见性。

visible：显示层及其中的内容，不管其父层是否可见。

hidden：隐藏层及其中的内容，不管其父层是否可见。

- 背景图像：设置层的背景图像。
- 背景颜色：设置层的背景色。单击颜色框按钮，在色盘中选取合适的颜色，或者在文本框中直接输入背景颜色的十六进制数值。
- 类：将某种 CSS 样式应用到层中。
- 溢出：设置当层中的内容超出层的范围后产生的效果。

visible：当层中的内容超出层的范围时，层会自动扩展大小以显示其中的内容。

hidden：当层中的内容超出层的范围时，层的大小保持不变，超出的内容不被显示。

scroll：无论层中的内容是否超出层的范围，在层的右边和下边出现滚动条。

Auto：当层中的内容超出层的范围时，层的大小保持不变。在层的右边和下边出现滚动条，拖动滚动条显示超出部分内容。当层中内容没有超出时，不显示滚动条。

- 剪辑：在该域中定义层中可见区域的大小。在上、下、左、右 4 个文本框中分别设置层中显示区域相对于四边的距离，单位为像素。

如果在页面中选择多个层，可以通过层属性面板同时修改多个层的属性，这样使我们的设计过程更方便和快捷。

9.3 层的其他操作

层的基本操作主要包括层的选择、调整大小、移动、对齐以及设置层的叠放顺序等，本节我们介绍一些层的高级操作。

9.3.1 吸附层到网格

在文档窗口中，显示网格有助于精确定位层和调整层的大小。如果吸附功能被启用，在移动或调整层大小时，该层被自动定位到最近的吸附位置。不管网格是否可见，吸附功能均起作用。

吸附层到网格的操作步骤如下：

1）选取菜单命令"查看"|"网格设置"|"显示网格"，效果如图 9-7 所示。

2）选择菜单命令"查看"|"网格设置"|"靠齐到网格"，启用吸附功能。

3）选择菜单命令"查看"|"网格设置"|"网格设置"，打开"网格设置"对话框，如图 9-8 所示。

图 9-7 显示网格

在此对话框中可对网格的下列属性进行设置。

图 9-8 "网格设置"对话框

- 颜色：设置网格线的颜色，默认网格线颜色为 #CCCC99。
- 显示网格：此复选框设置是否在页面中显示网格。
- 靠齐到网格：设置将页面中的层和网格靠齐。
- 间隔：设置网格线之间的距离，在后面的下拉列表框中可改变单位。默认间隔为 50 像素。
- 显示：设置网格线的显示格式为点或线。

4）选择层并拖动它，当层靠近网格线一定距离时，会自动跳到最近的吸附位置。

9.3.2 层和表格的转换

一般来说，在表格中放置文本和图像比在层中稳定，但是使用层定位页面元素却比表格方便得多。Dreamweaver 提供了层与表格之间相互转换的功能。层虽然能够精确定位页面元素，而且在设计页面的时候显得更专业，但是，如果用户使用的浏览器版本较低，包含层的页面将不能正确显示。因此，有时我们需要通过 Dreamweaver 将层转换为表格。当然，有时为了提高页面的动态效果，也可以将设计好的表格转换为层。

1. 将层转换为表格

选择菜单命令"修改"|"转换"|"将 AP Div 转换为表格"，打开"将 AP Div 转换为表格"对话框，如图 9-9 所示。

在该对话框中可进行以下设置：

- 最精确：选中该项，将所有层转换为表格，如果层之间有间距，则插入适当的单元格。
- 最小：选中该项后，如果层之间的距离很小，会将这些层转换为相邻的单元格，转换后的表格具有最少的行列。

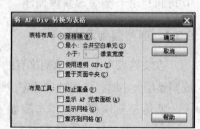

图 9-9 转换层为表格

- 使用透明 GIFs：选中该复选框，会在转换后的表格最后一行中填充透明的 GIF 图像（<img src="transparent.gif" alt="" >），目的是为了在所有的浏览器中使表格都具有一致的显示效果。
- 置于页面中央：选中该复选框，转换后的表格在页面中居中对齐，否则表格为左对齐方式。

"布局工具"域中的选项前面已介绍相关知识，在此不再赘述。

设置好上述选项后，单击"确定"按钮，就可以将层转换为表格。需要特别注意的是，在层转换为表格之前，必须确保层间没有重叠。图 9-10 是将层转换为表格的对比图。

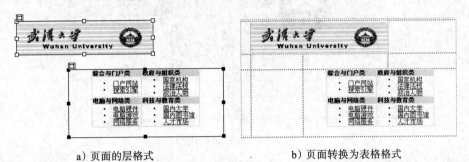

a）页面的层格式　　　　　　　　　　　b）页面转换为表格格式

图 9-10　将层转换为表格

2. 将表格转换为层

将表格转换为层的操作步骤如下：

1）选择菜单命令"修改" | "转换" | "将表格转换为 AP Div"，打开"将表格转换为 AP Div"对话框，如图 9-11 所示。

2）设置好选项后，单击"确定"按钮，即可将表格转换为层。

图 9-11　转换表格为层

9.3.3　嵌套层

嵌套层是将一个层建立在另一个层中。通过层嵌套，可以将层组合在一起，更便于控制。创建嵌套层有以下三种方法：

1）插入法，把插入点放置于页面上已有层内，然后选择"插入" | "布局对象" | "AP Div"菜单命令插入一个嵌套层。

2）拖放法，从"插入"工具栏的"布局"类中拖动"绘制 AP Div"按钮，然后把它放到页面上已有层中，便可新建一个该层的子层。

3）描绘法，单击"插入"工具栏的"布局"类中的"绘制 AP Div"按钮，然后在一个已有层中拖动，即画出一个嵌套层。在用描绘法绘制嵌套层时，请确保层的参数设置中开启了层嵌套。

需要特别注意的是，嵌套层并不是页面上一层位于另一个层内。嵌套层的本质应该是一层的 HTML 代码嵌套在另一层的 HTML 代码之内，如图 9-12 所示。从图中可以看出，层"sub"的代码嵌套在层"main"的 HTML 代码之内，所以它是嵌套层。反过来，即使在页面上看，一个层位于另一个层之内，如果它们的 HTML 代码互不包含，它们就不是嵌套层。

当然最直观的方法还是通过层面板查看层间是不是存在嵌套关系。

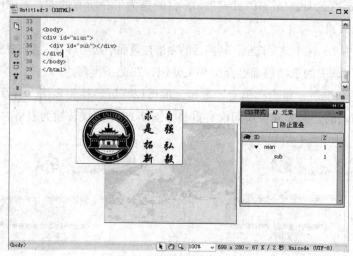

图 9-12 嵌套层源代码

9.3.4 在层中插入内容

在层中可以插入多种页面元素，包括文本、表格、图像、插件、按钮等。方法是先在某层内单击鼠标，将光标插入点置于层内，然后就可以采用在页面中插入元素的相同方法将各种元素插入层中。

元素被置于层中后，同样可以改变元素的大小、颜色、对齐方式等。在网页设计过程中，往往依靠层进行精确定位，使得插入的内容在页面上排列得井井有条，增强页面的整洁和美观。如图 9-13 为层中插入内容后的效果。

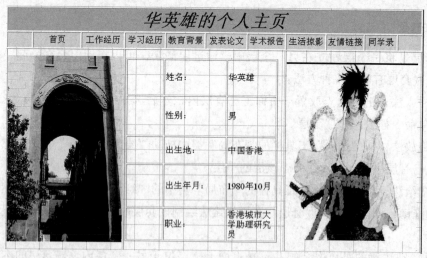

图 9-13 层中插入内容效果图

9.4 Dreamweaver 中的行为

行为是事件和动作的组合，它允许用户改变网页内容以及执行特定的任务。利用 Dreamweaver 的行为，可以轻松制作出动态的网页效果，从而使网页更具有吸引力。

9.4.1 行为概述

Dreamweaver 中的行为能够将 JavaScript 代码放置在文档中，以允许用户与网页进行交互，从而以多种方式更改页面或执行某些任务。行为是事件和由该事件触发的动作的组合，用户可以利用 Dreamweaver 的行为面板来使用它。在行为面板中，用户可以先指定一个动作，然后指定触发该动作的事件，从而将行为添加到页面中。

1. 行为面板

在 Dreamweaver 中，对行为的添加和控制主要是通过行为面板实现的。用户可以使用行为面板将行为附加到页元素，更具体地说是附加到标签，并修改以前所附加行为的参数。

选择"窗口"|"行为"或者按下 Shift+F4 键打开行为面板，如图 9-14 所示。

图 9-14　行为面板

行为面板分为上下两个部分，上部为显示事件、添加行为、删除行为等操作按钮，下部为行为列表。已附加到当前所选页元素的行为显示在行为列表中，按事件的字母顺序排列。如果同一个事件有多个动作，则将按照在列表上出现的顺序执行这些动作。如果行为列表中没有显示任何行为，则没有行为附加到当前所选的页元素。

用户可以从行为列表中选中一个行为项，通过单击事件右边的按钮，打开事件下拉列表，为该行为选择不同的事件。

动作是由 JavaScript 和 HTML 代码组成的，该代码能执行各种特殊任务，如弹出一个信息框、打开一个浏览器窗口、播放一段声音等。用户可以使用 Dreamweaver 的行为面板直接向页面中添加动作，而不需要自己书写代码。如果用户精通 JavaScript，则可以对现有的代码进行修改以符合需要，或者编写新动作并将它们添加到行为面板的动作弹出式菜单中。

2. 事件

事件是浏览器生成的消息，指示该页的用户执行了某种操作。例如，当用户将鼠标移动到某个链接上时，浏览器就生成一个 onMouseOver（鼠标滑过）事件，如果用户事先设置了某个动作的话，此事件将触发相应的动作发生，如弹出一个信息框等。

根据所选择对象的不同，显示在事件下拉列表中的事件也有所不同。若要了解对于给定的对象给定的浏览器支持哪些事件，可在当前页面中插入该对象并向其附加一个行为，然后查看行为面板中的事件下拉列表。如果页面上尚不存在相关的对象或所选择的对象不能接收事件，则这些事件将禁用（灰色显示）。如果未显示预期的事件，则检查是否选择了正确的对象。行为设置时一些常用事件的说明请参见表 9-1。

表 9-1 行为常用事件列表

事件	应用对象	触发条件
onFocus	按钮、链接、文本框等	当前对象得到输入焦点时
onBlur	按钮、链接、文本框等	焦点从当前对象移开时
onClick	所有元素	单击对象
onDbClick	所有元素	双击对象
onError	图像、页面等	图形等载入期间出错时
onLoad	图像、页面等	装入对象时
onMouseDown	链接图像、文字等	鼠标在链接或图形映射区按下时
onMouseUp	链接图像、文字等	鼠标从链接或图形映射区弹起时
onMouseOver	链接图像、文字等	鼠标移到链接或图形映射区时
onMouseOut	链接图像、文字等	鼠标移出链接或图形映射区时
onMouseMove	链接图像、文字等	鼠标在链接或图形映射区上移动时
onKeyDown	链接图像、文字等	焦点在对象上，键盘按下时
onKeyPress	链接图像、文字等	焦点在对象上，键盘按下并抬起时
onKeyUp	链接图像、文字等	焦点在对象上，键盘抬起时
onSubmit	表单等	表单提交时
onReset	表单等	表单重置时
onUnload	主页面等	离开页面时

9.4.2 添加行为

行为可以附加到整个文档（即附加到 body 标签），也可以附加到链接、图像、表单元素或其他 HTML 元素中的任何一种。Dreamweaver 中每个事件可以指定多个动作，动作按照行为面板的动作列中列出的顺序依次发生。

下面以"弹出信息"动作为例介绍如何向页面元素添加行为：

1）选中要附加行为的对象，这里我们选择 <body> 元素，打开行为面板。

2）单击"添加行为"按钮并从动作弹出式菜单中选择"弹出信息"，在打开的"弹出信息"对话框中输入信息。这里我们输入"欢迎来到 Dreamweaver 的奇妙天地！"，用户也可以在输入文本中嵌入任何有效的 JavaScript 函数、属性、全局变量或其他表达式，用来实现更复杂的特性。

3）单击"确定"按钮，完成设置，并使用默认事件"onLoad"触发该动作。

4）保存后按下快捷键 F12 预览该页面，可以看到打开该网页时，弹出如图 9-15 所示的对话框。

图 9-15 欢迎对话框

9.4.3 更改行为

在附加了行为之后，用户可以更改触发动作的事件、添加或删除动作以及更改动作的参数。若要更改行为，可以首先选择"窗口"|"行为"打开行为面板，然后选择一个附加有 JavaScript 行为的对象或 HTML 元素，多个行为按事件的字母顺序显示在面板上。如果同一个事件有多个动作，则以执行的顺序显示这些动作，如图 9-16 所示。

用户可以执行下列操作之一对行为进行更改：

1）若要编辑动作的参数，则用鼠标选择行为事件，双击行为名称或者先选取它然后按
下 Enter 键，可以打开行为参数对话框，修改好对话框
中的参数，单击"确定"按钮即可。

2）若要更改给定事件的多个动作的顺序，选取一
个动作并单击"向上箭头"或"向下箭头"按钮即可。

3）若要删除某个行为，请将其选中然后单击"删
除事件"按钮或按 Delete 键即可。

图 9-16　行为按事件的字母顺序排列

9.4.4　打开浏览器窗口

使用"打开浏览器窗口"动作可以在一个新的窗口中打开指定的 URL，同时用户还可
以指定新窗口的属性，包括它的大小、特性（窗体大小是否可以调整、是否具有菜单栏等）
和名称。如果不指定新窗口的任何属性，在打开时它的大小和属性与启动它的窗口相同。

下面以实例的形式介绍该行为的使用：

1）选中要附加行为的对象，这里选择 <body> 元素，打开行为面板。

2）单击"添加行为"按钮并从动作弹出式菜单中选择"打开浏览器窗口"，随即弹出如
图 9-17 所示的"打开浏览器窗口"对话框。

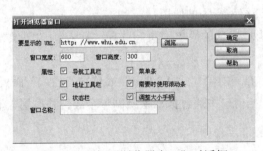

图 9-17　"打开浏览器窗口"对话框

3）设置"打开浏览器窗口"对话框。

①单击"浏览"按钮选择一个文件，或输入要显示的 URL。这里输入"http://www.
whu.edu.cn"。

②在"窗口宽度"和"窗口高度"文本框中可以输入新窗口的宽度和高度，单位是像素。
这里输入宽度为 600，高度为 300。

③在"属性"区域中可以设置新窗口是否显示相应的元素，选中复选框显示该元素，清
除复选框则不显示该元素。

- 导航工具栏：包括前进、后退、主页和刷新等浏览器按钮。
- 地址工具栏：帮助用户输入地址或进行链接的工具栏。
- 状态栏：浏览器窗口底部的区域，用于显示信息。
- 菜单条：浏览器窗口上显示菜单的区域，包括文件、编辑、查看、转到和帮助等。如
  果要让用户能够从新窗口导航，应该设置此选项。如果不设置此选项，则在新窗口中

用户只能关闭或最小化窗口。

- 需要时使用滚动条：指定如果内容超出可视区域是否显示滚动条。如果不设置此选项，则不显示滚动条。如果"调整大小手柄"选项也关闭，则访问者将难以看到超出窗口原始大小以外的内容。
- 调整大小手柄：指定是否能够调整窗口的大小。如果未选中此选项，则新窗口将无法改变大小。
- 窗口名称：指定新窗口的名称。如果想通过 JavaScript 使用链接指向新窗口或控制新窗口，则应该对新窗口进行命名。此名称不能包含空格或特殊字符。

4）单击"确定"按钮，完成设置，并使用默认事件"onLoad"触发该动作。

5）保存后按下快捷键 F12 预览页面，可以看到打开本网页时，同时打开一个新的浏览器窗口。

9.4.5 显示 – 隐藏元素

使用"显示 – 隐藏元素"动作可以显示、隐藏或恢复一个或多个元素的默认可见性。这个动作在显示用户与网页之间的交互信息时非常有用。例如，当用户将鼠标移到一张图片上时，可以触发显示一个层，此层用以描述该图片的相关信息。当鼠标离开该对象时再次隐藏该层，从而实现非常生动的动态网页效果。

下面以实例的形式介绍该行为的使用：

1）创建一个介绍明星信息的简单网页。选择"插入"|"图像"，在文档中插入一张明星图片。

2）选择"插入"|"布局对象"|"AP Div"或单击"插入"面板的"布局"类中的"绘制 AP Div"按钮，在文档窗口中通过拖动来绘制一个层，并在层内输入相关图片介绍信息，如图 9-18 所示。

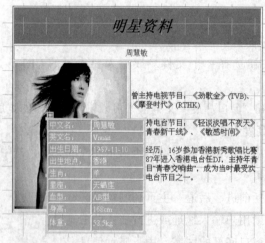

图 9-18 插入图像并创建层

3）将层的可见性设置为"hidden"。

4）选中插入的图像，并打开行为面板。

5）单击"添加行为"按钮并从动作弹出式菜单中选择"显示－隐藏元素"，随即弹出如图 9-19 所示的"显示－隐藏元素"对话框。

6）设置"显示－隐藏元素"对话框。

①在"元素"列表中选择要更改其可见性的元素，这里选择"div 'Layer'"。

②单击"显示"按钮以显示该层，单击"隐藏"按钮以隐藏该层，单击"默认"按钮以恢复该层的默认可见性。这里单击"显示"按钮。

图 9-19　"显示－隐藏元素"对话框

7）单击"确定"按钮，完成设置，检查默认事件是否是所需的事件。这里使用事件"onMouseOver"触发该动作。

8）依然选中插入的图像，再添加一个"显示－隐藏元素"动作，但在"显示－隐藏元素"对话框中单击"隐藏"按钮，将附加该行为的事件改为"onMouseOut"。对应的行为列表如图 9-20 所示。

9）保存后按下快捷键 F12 预览。

图 9-20　"显示－隐藏元素"行为列表对话框

9.4.6　设置状态栏文本

使用"设置状态栏文本"动作可以在浏览器窗口底部左侧的状态栏中显示当前状态的提示消息。例如，可以用该动作在状态栏中说明链接的目标，代替显示与之相关的 URL。

下面以实例的形式介绍该行为的使用：

1）选择"插入"|"超级链接"，打开如图 9-21 所示的"超级链接"对话框，在"文本"框中输入文字"新浪网"，在"链接"文本框中输入"http://www.sina.com.cn"，单击"确定"按钮，完成设置。

2）选中上面创建的链接对象，并打开行为面板。

3）单击"添加行为"按钮并从动作弹出菜单中选择"设置文本"|"设置状态栏文本"，随即打开如图 9-22 所示的"设置状态栏文本"对话框。

图 9-21　"超级链接"对话框

图 9-22　"设置状态栏文本"对话框

4）在"消息"文本框中输入要在状态栏中显示的文本，这里输入"链接至新浪网"。

5）单击"确定"按钮完成设置，并使用默认事件"onMouseOver"触发该动作。

6）保存后按下快捷键 F12 预览该页面，可以看到当鼠标移动到链接上时，在浏览器窗口的状态栏中显示"链接至新浪网"。

9.4.7　交换图像

"交换图像"动作可以通过更改 <img> 标签的 src 属性，将一个图像和另一个图像进行交换。使用此动作可以创建鼠标经过图像时的变化效果，包括一次交换多个图像。需要注意的是，因为只有 src 属性受此动作的影响，所以应该载入一个与原图像具有相同尺寸（高度和宽度）的图像。否则，换入的图像显示时会被压缩或扩展，以使其适应原图像的尺寸。

下面以实例的形式介绍该行为的使用：

1）准备两个具有相同尺寸的图像文件 pic1.jpg 和 pic2.jpg，选择"插入"|"图像"，在文档中插入图像 pic1.jpg，并命名为 swap，作为原始图像。

2）选中插入图像，并打开行为面板。

3）单击"添加行为"按钮并从动作弹出菜单中选择"交换图像"，随即打开如图 9-23 所示的"交换图像"对话框。

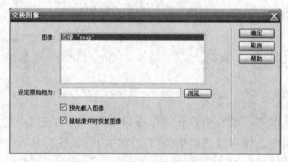

图 9-23　"交换图像"对话框

4）设置"交换图像"对话框。

①从"图像"列表中，选择要设置替换图像的原始图像，这里选择"图像'swap'"。

②单击"浏览"按钮，然后从磁盘上选择新图像文件，或在"设定原始档为"框中输入新图像的路径和文件名，这里取值为 images/pic2.jpg。

③选中"预先载入图像"复选框，用于在载入页时将新图像载入浏览器的高速缓存中，防止新图像载入时发生延迟。

④选中"鼠标滑开时恢复图像"复选框，则当鼠标离开图像时，图像自动恢复为交换前的原始图像。

5）单击"确定"按钮，完成设置，并使用默认事件"onMouseOver"触发该动作。

6）保存后按下快捷键 F12 预览。

9.4.8　拖动 AP 元素

使用"拖动 AP 元素"动作，可以使页面的层跟随用户的鼠标移动，从而实现某些特殊的页面效果，比如创建拼图游戏、滑块控件和其他可移动的页面元素。

下面以实例的形式介绍该行为的使用：

1）选择"插入"|"布局对象"|"AP Div"，在文档窗口的设计视图中插入一个层，并

在属性面板中将其命名为 Layer1。

2）将光标置于 Layer1 层内部，选择"插入"|"图像"，向层中插入图像文件 picture01.gif。

3）以同样的方法再创建三个层，并分别插入图像文件 picture02.gif、picture03.gif 和 picture04.gif，三个层分别命名为 Layer2、Layer3 和 Layer4。

4）移动层，将四个分图拼成一个整图。

5）再次选择"插入"|"布局对象"|"AP Div"，在文档窗口的设计视图中插入一个新层，并将该层命名为 Layer5。

6）将光标置于 Layer5 层内部，选择"插入"|"表格"，向层中插入一个两行两列的表格。

7）调整 Layer5 层的位置及表格大小，使表格的每个单元格与图相对应。

8）选择"窗口"|"AP 元素"打开层面板，将 Layer5 层置于底层，如图 9-24 所示。

图 9-24　插入层和图像并调整位置

9）选择插入的第一幅图像 picture01.gif，并打开行为面板。

10）单击"添加行为"按钮并从动作弹出菜单中选择"拖动 AP 元素"，随即弹出如图 9-25 所示的"拖动 AP 元素"对话框，因为必须先用"拖动 AP 元素"行为，访问者才能拖动 AP 元素，所以应将"拖动 AP 元素"附加到 body 对象（使用 onLoad 事件），如果"拖动 AP 元素"不可用，则可能已选择了一个 AP 元素，请选择 body 对象后，再单击"拖动 AP 元素"的按钮。

图 9-25　"拖动 AP 元素"对话框

11）设置"拖动 AP 元素"对话框。

①从"AP 元素"下拉列表中选择要使其可拖动的层，这里选择"div 'Layer1'"。

②从"移动"下拉列表中选择"限制"或"不限制"。如果选择"不限制"，则层可向任意位置拖动。如果选择"限制"，则会在其右边出现"上"、"下"、"左"、"右"四个文本框，

分别用于设置相对于所选层当前位置可以在上、下、左、右拖动的距离。这里选择"不限制"。

③在"放下目标"的"左"和"上"文本框中为目标位置数值（以像素为单位）。拖放目标是一个点，代表层被移动到的位置。当层的左坐标和上坐标与在"左"和"上"文本框中输入的值匹配时便认为层已经到达拖放目标。这些值是相对于浏览器窗口左上角而言的。单击"取得目前位置"按钮，可以用层的当前位置坐标来自动填充这些文本框。这里单击"取得目前位置"按钮获取当前位置数值。

④在"靠齐距离"文本框中输入一个值（以像素为单位），表示在拖动所选层时，当该层离拖放目标在多大范围内时，该层能自动移动到拖放目标。较大的值可以使用户较容易找到拖放目标，这里输入 50。

⑤单击"高级"选项卡可以对"拖动层"动作进行高级设置，这里采用默认设置。

12）单击"确定"按钮，完成设置，并使用默认事件"onLoad"触发该动作。

13）以同样的方法完成对其他三个层的设置。

14）利用鼠标拖动，将各层的位置打乱。

15）保存后按下快捷键 F12 预览，就能得到如图 9-26 所示的页面。用户可以拖动页面中的层，来进行拼图游戏。

图 9-26 "拖动 AP 元素"预览效果

本章小结

本章首先介绍了层的创建、删除、选择、叠放等基本操作方法，然后讲解了如何实现层和表格之间的转换，如何创建嵌套层以及在层中插入内容的方法。最后讲解了如何在网页中加入行为，并通过几个具体实例说明在 Dreamweaver CS5 中的行为用法。

思考题

1. 在 Dreamweaver CS5 中层的名称是什么？ HTML 标签是什么？

2. 什么样的层不能转换为表格？

3. <body> 标签的事件包括哪些？

4. 如果希望在网页 test.html 关闭时，自动打开网页 vote.html，应如何操作？

上机操作题

1. 练习使用层进行页面布局，并向层中加入文本或图像内容，如图 9-27 所示，最后将网页保存为文件"Practice9-1.htm"。

图 9-27　层中加入文本或图像内容

2. 行为的基本设置。

操作内容和要求：

1）利用学过的行为知识制作弹出消息效果，消息内容为"通知：今晚八点在二楼会议室开会！请准时参加！"。

2）练习使用行为面板实现"交换图像"功能。

3）请使用行为实现屏蔽快捷菜单功能，并弹出窗口提示"不能使用鼠标右键！"，如图 9-28 所示。

3. 制作下拉菜单：利用"显示弹出式菜单"和"隐藏弹出式菜单"行为制作与第 2 题类似的页面，当光标移入导航条的某个单元格时，显示下拉菜单；当光标移出该单元格时，隐藏下拉菜单。

图 9-28　屏蔽快捷菜单

第 10 章　Web 数据库应用

基于 Web 的数据库应用，是将数据库技术和 Web 技术有机地结合在一起，按照 Browser/Server 模式建立的通过浏览器访问数据库的服务系统。当前，Internet 的迅速发展正在不断改变着我们所处的世界，通过网络完成对信息的加工、管理和使用已成为人们工作和生活中非常重要的内容。随着 ATM、FDDI、快速以太网、VRML、Java 技术的出现和发展，将使视频会议、网上购物、互动娱乐等设想最终得以实现。所以 Web 与数据库的结合已成为发展的必然趋势，基于 Web 的数据库应用将在未来的信息化进程中发挥越来越重要的作用。

10.1　关于 Web 应用程序

Web 应用程序是一组静态和动态网页的集合。静态网页的特点是 Web 服务器直接将该网页发送到请求浏览器，而不对其进行修改。相反，动态网页要在经过服务器的修改后才被发送到请求浏览器。页面发生更改的特性便是称其为动态的原因。

10.1.1　静态网页的处理过程

静态网页驻留在运行 Web 服务器的计算机上，后缀名一般是 " .htm" 或 " .html"。当用户单击网页上的某个超链接、在浏览器中选择一个书签或在浏览器的地址栏中输入一个 URL 时，便生成一个网页请求，Web 服务器将根据接收到的请求查找指定的网页，然后将其发送到发出请求的浏览器，如图 10-1 所示。

步骤1：Web浏览器请求静态网页

步骤2：Web服务器查找网页

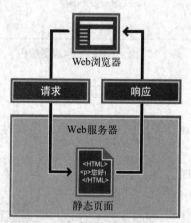

步骤3：Web服务器将网页发送到请求浏览器

图 10-1　静态网页的处理过程

10.1.2　动态网页的处理过程

动态网页的后缀名一般与产生其的服务器技术相匹配，如采用 ASP 技术的网页后缀名是 " .asp"，采用 .NET 技术的网页后缀名是 " .aspx"，采用 PHP 技术的网页后缀名是 " .php" 等。当 Web 服务器接收到浏览器对动态网页的请求时，它会将该网页传递给应用程序服务器。应用程序服务器是一种用来帮助 Web 服务器处理动态网页的软件，它读取动态网页中包含的代码，根据代码中的指令完成网页，然后将代码从网页中删除，最后得到的结果将是一个静态网页。应用程序服务器将该网页传回 Web 服务器，Web 服务器再将该网页发送到请求浏览器，浏览器得到的全部内容都是纯 HTML，如图 10-2 所示。

步骤1：Web浏览器
请求动态网页

步骤2：Web服务器
查找该网页并将其传
送给应用程序服务器

步骤3：应用程序
服务器查找该页面中
的指令并完成网页

步骤5：Web服务器
将完成的网页发送
到请求浏览器

步骤4：应用程序
服务器将完成的静
态网页传回Web服
务器

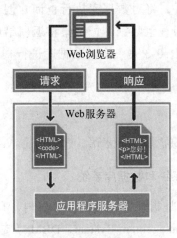

图 10-2　动态网页的处理过程

10.1.3　Web 数据库访问

动态网页可以指示应用程序服务器从数据库中提取数据并将其插入页面的 HTML 中。从数据库中提取数据的指令叫做数据库查询。查询由名为 SQL（结构化查询语言）的数据库语言所表示的搜索条件组成。SQL 查询被写入网页的服务器端脚本或标签中。

步骤1：Web浏览器
请求动态网页

步骤2：Web服务器
查找该网页并将其传
送给应用程序服务器

步骤3：应用程序
服务器查找该网页中
的指令

步骤4：应用程序
服务器将查询发送
到数据库驱动程序

步骤5：驱动程序
对数据库执行查询

步骤9：Web服务器
将完成的网页发送
到请求浏览器

步骤8：应用程序服
务器将数据插入网
页中，然后将该网
页传给Web服务器

步骤7：驱动程序将
记录集传递给应用
程序服务器

步骤6：记录集被返
回给驱动程序

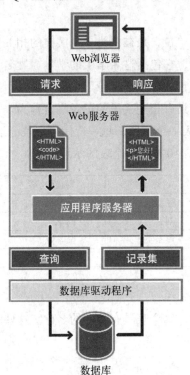

图 10-3　Web 数据库访问

应用程序服务器不能直接与数据库进行通信，必须通过数据库驱动程序作为媒介才能与数据库进行交互。数据库驱动程序是在应用程序服务器和数据库之间充当解释器的软件。

在驱动程序建立通信之后，将对数据库执行查询并创建一个记录集。记录集是从数据库的一个或多个表中提取的一组数据。记录集将返回给应用程序服务器，应用程序服务器使用该数据完成网页。图 10-3 是一个对数据库进行查询并将数据返回给浏览器的过程图解。

10.2 数据库基础

本节将介绍数据库的基本概念和基本术语，这是构建 Web 数据库应用的基础。

10.2.1 数据库、数据库管理系统和数据库系统

数据库（DataBase，DB）是指长期存储于计算机内、有组织的、可共享的数据集合。数据库管理系统（DataBase Management System，DBMS）是位于用户与操作系统之间的一层数据管理软件，它能有效地对数据库中的数据进行定义、操纵、管理和维护。数据库系统（DataBase System，DBS）是指在计算机系统中引入数据库后的系统，一般由数据库、数据库管理系统（及其开发工具）、应用系统、数据库管理员和用户构成。在一般不引起混淆的情况下，常常把数据库系统简称为数据库。目前使用比较广泛的数据库系统包括 Oracle、DB2、Sybase、SQL Server、Informix、Access、Foxpro 等。

10.2.2 记录与字段

记录是数据库的基本组成单位，是被视为单个实体的相关数据的集合。例如，单个学生的基本信息可以称为一条记录，它包括这名学生的学号、姓名、所在院系和成绩等。记录的每个部分都可以称为一个字段，如学生"记录"包括"学号"字段、"姓名"字段、"所在院系"字段和"成绩"字段等。具有相同字段的记录集合称为表，因为这类信息能很方便地以二维表的形式表示：每一列代表一个字段，每一行代表一条记录。实际上，"列"和"字段"、"行"和"记录"是同义的。图 10-4 是一个表的示意。

学号	姓名	所在院系	成绩
97004	杨鏖丞	计算机学院	88
97006	刘芬	商学院	86
97008	黄玉英	文学院	90
97010	杨鸿飞	电信学院	93

图 10-4 一个表

一个数据库可包含多个表，每个表具有唯一的名称。这些表可以是相关的，也可以是彼此独立的。

10.2.3　记录集

从一个或多个表中提取的数据子集称为记录集。记录集也是一种表，因为它是具有相同字段的记录集合。例如，列有学号和姓名的学生花名册可以称为记录集，它是学生所有信息中的一个子集，学生的所有信息包括学号、姓名、所在院系和成绩等。图 10-5 是一个记录集的示意。

学号	姓名	所在院系	成绩
97004	杨鏖丞	计算机学院	88
97006	刘芬	商学院	86
97008	黄玉英	文学院	90
97010	杨鸿飞	电信学院	93

数据库中的表

学号	姓名
97006	刘芬
97008	黄玉英

图 10-5　一个记录集

若要创建记录集，需要执行数据库查询。查询由搜索条件组成，例如，查询可以指定记录集中仅包含特定列或特定记录。本章后面将详细介绍如何使用 Dreamweaver 的"记录集"对话框来创建记录集。

10.2.4　数据库的设计流程

数据库设计是构建任何数据库驱动的 Web 应用程序的第一步。对于动态网站要准备一个用于存取客户信息的数据库，本章将以简单、易用的 Access 数据库为例进行介绍。以下是设计数据库的基本步骤：

1）确定新建数据库的目的。

2）确定该数据库中需要的表。

3）确定表中需要的字段。

4）明确可以唯一确定一条记录的字段或字段组合。

5）确定表之间的关系。

6）使用诸如 Access、SQL Server 或 Oracle 这样的数据库系统创建数据库。

7）完善数据库和对设计进行优化。

10.2.5　数据库连接

要构建基于 Web 的数据库应用，至少需要创建一个数据库连接。如果没有数据库连接，应用程序将不知道在何处找到数据库或如何与之连接。存储在数据库中的数据通常有专有的格式，应用程序无法解释这些数据。这就需要在应用程序与数据库之间存在一个软件接口，以允许应用程序和数据库互相进行通信。

三种常见接口可以使应用程序与数据库进行通信。第一种称为 ODBC（开放式数据库连接）；第二种称为 OLE DB（对象链接和嵌入数据库）；第三种称为 JDBC（Java 数据库连接）。

ODBC、OLE DB 和 JDBC 接口由数据库驱动程序实现，这些接口仅是软件片段。当 Web 应用程序与数据库进行通信时，应用程序是通过驱动程序的中间作用实现通信的，如图 10-3 所示。数据库驱动程序由诸如 Microsoft 和 Oracle 等数据库供应商编写，也可由各个第三方软件供应商编写。Microsoft 为最流行的数据库系统（如 Access、SQL Server 和 Oracle）提供了许多 ODBC 驱动程序和 OLE DB 提供程序。本章后面将详细介绍在 Dreamweaver 中如何通过 ODBC 驱动程序和 OLE DB 提供程序来连接数据库。

10.2.6　结构化查询语言

结构化查询语言（Structured Query Language，SQL）是一种用来从数据库中读取数据以及将数据写入数据库中的语言。虽然该语言仅使用几个关键字和一些非常简单的语法规则，但却使用户可以执行复杂的数据库操作。本章不对 SQL 语言的语法知识做详细介绍，读者可参阅相关的数据库书籍。在 Dreamweaver 中可以通过在高级"记录集"对话框中使用图形化的"数据库项"树来创建复杂的 SQL 查询。

10.3　设置 Web 数据库应用

如果要在 Dreamweaver 中生成基于 Web 的数据库应用，用户需要以下软件：

1）Web 服务器。

2）运行在 Web 服务器上的应用程序服务器。

3）数据库系统。

4）支持所选数据库的数据库驱动程序。

不同的软件可以安装在不同的计算机上，通过网络实现彼此之间的请求和响应过程。出于简化讲解的目的，本章假设所有软件均安装在 Dreamweaver 所在的同一台计算机上。下面将分别介绍如何设置这些软件，帮助读者了解什么才是真正的 Web 应用程序开发环境，如何在这一环境下开发基于 Web 的数据库应用。

10.3.1　设置 Web 服务器

由图 10-1 可以看出，若要运行 Web 应用程序，用户需要 Web 服务器。Web 服务器是根据 Web 浏览器的请求提供文件服务的软件，常见的 Web 服务器包括 Microsoft Internet Information Server(IIS)、Netscape Enterprise Server、Sun ONE Web Server 和 Apache HTTP Server 等，本章选用 IIS。在 Windows XP 上安装 IIS 和创建虚拟目录的方法在第 1 章中已做过介绍，这里不再赘述。

10.3.2　设置应用程序服务器

如果要运行 Web 应用程序，你的 Web 服务器需要使用应用程序服务器。应用程序服务器是一种软件，用来帮助 Web 服务器处理动态网页。本章选用的 Web 服务器 IIS 中内置了特定的应用程序服务器，因此不再需要单独安装。

应用程序服务器是用来帮助 Web 服务器处理动态页面的，如果页面只包含静态 HTML、CSS 和 JavaScript，无须应用程序服务器即可转换为可在实时视图中直接测试页面，或者按 F12（Windows）或 Option+F12（Mac OS）在浏览器中预览它们。

仅当使用 ASP、ColdFusion 或 PHP 等服务器端技术时，需要使用应用程序服务器，同时给予效率和安全性的考虑，在利用 Dreamweaver 开发 Web 应用时，最好选用测试服务器进行页面测试。实际上在开发动态页面时需要测试服务器处理动态代码并将它转换为可在实时视图或浏览器中显示的 HTML 输出。测试服务器的工作原理就像一个普通网站。唯一的区别在于，它不在开放的 Internet 上，而是在发布站点的地方。

如果要在 Dreamweaver 中定义测试服务器，执行以下操作：

1）选择"站点"菜单中的"管理站点"命令，弹出"管理站点"对话框，在列表中选择已创建的本地站点，单击"编辑"按钮，弹出"站点设置对象"对话框。

2）单击"站点"选项卡，在"站点名称"文本框中输入准备使用的名称，单击"本站点文件夹"右侧的"浏览文件夹"按钮，选择准备使用的站点文件夹，单击"选择"按钮确定。然后单击"保存"按钮，如图 10-6 所示。

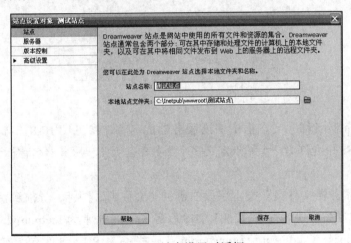

图 10-6　站点设置对话框

注意：如果测试服务器在本地计算机上，通常将本地文件存储在测试服务器的文档根中。这样，每次测试时，Dreamweaver 无需将这些文件复制到测试服务器。第一次尝试测试包含服务器端的代码的页面时，可使用实时视图或按 F12/Option+F12 在浏览器中预览，Dreamweaver 会显示一条警报，提示指定测试服务器。

3）单击"服务器"选项卡，在右边的文本框左下方单击" + "按钮，进行测试服务器的定义，如图 10-7 所示。

4）将打开一个新的对话框，可在其中定义服务器详细信息。测试服务器和远程服务器都使用这个对话框。要设置本地测试服务器，请从"连接方式"选项中选择"本地 / 网络"。如图 10-8 所示。

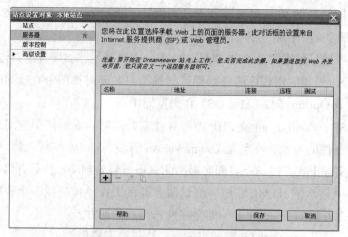

图 10-7 "服务器"选项卡

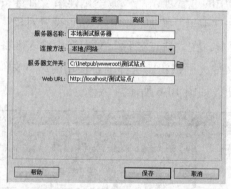

图 10-8 "基本"设置对话框

5）在"服务器名称"文本框中输入服务器的名称，参见图 10-8，与先前版本不同，Dreamweaver CS5 中允许为一个站点定义多个服务器。因此，服务器名称标识了定义属于哪个服务器。

6）单击"服务器文件夹"文本字段右侧的"文件夹"图标，导航到测试服务器根内部的文件夹（你准备在那里测试文件）。IIS 服务器目录通常为 Inetpub\wwwroot，Apache 服务器根为 htdocs，ColdFusion 为 wwwroot，某些一体 PHP 软件包（如 WampServer 和 EasyPHP）使用 www。

7）然后输入测试服务器的 Web URL。这是访问测试服务器时需要输入浏览器的 URL。如果选择测试服务器目录作为"服务器文件夹"的值，"Web URL"的值通常为 http://localhost/。如果使用测试服务器根的子文件夹，并将它称为测试站点，"Web URL"通常为 http://localhost/ 测试站点 /。

8）单击对话框顶部的"高级"按钮，如图 10-9 所示，这将显示远程服务器和测试服务器选项。你正在设置测试服务器，因此可以忽略顶部的选项。

9）从"服务器模型"下拉列表中选择服务器技术。

注意："服务器模型"列表提供可以在 Dreamweaver 中测试的 7 种服务器技术的选项。但是，Dreamweaver CS5 不再支持通过 ASP JavaScript、ASP.NET C#、ASP.NET VB 和 JSP

中的服务器行为和记录集自动生成代码。

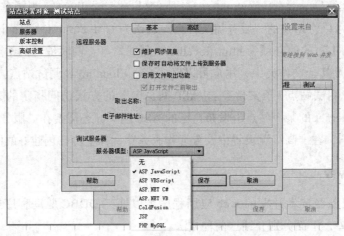

图 10-9　"高级"设置对话框

10）单击"保存"按钮返回主"站点设置对象"对话框，此时应列出测试服务器。确保选中"测试"复选框，如图 10-10 所示。

对话框左下角的 4 个图标此时应当都处于活动状态。除了添加新服务器，还可以单击减号图标删除当前选中服务器。单击铅笔图标可编辑选定服务器。最后一个图标允许复制服务器定义。如果大多数服务器详细信息相同，此图标很实用。你可以复制现有定义，然后编辑它。

11）单击"保存"按钮，关闭"站点设置对象"对话框。

Dreamweaver 将通知它正在更新站点缓存。完成后（除非站点比较大，否则一般只需要几秒钟），实时视图和"在浏览器中预览"一般可用于包含服务器端代码的文件。

注意：本地测试服务器最常见的问题原因是没有为"服务器文件夹"和" Web URL"输入正确的值。它们必须指向相同的位置："服务器文件夹"是指向服务器文档根中站点根的物理路径；" Web URL"是在浏览器地址栏中为到达同一位置而输入的值。

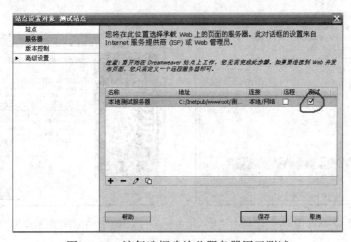

图 10-10　该复选框确认此服务器用于测试

通过上面的设置，创建好的 ASP 网页将会放入测试服务器文件夹中。在本例中，服务器的文档目录位于 C:\Inetpub\wwwroot\。它等同于 http://localhost/。为了在本地测试环境中测试多个站点，可以将站点的"服务器文件夹"定义为 C:\Inetpub\wwwroot\ 测试站点 \，则对应的"Web URL"的值必须为 http://localhost/ 测试站点 /，同时编写的站点的 ASP 网页将放置在该文件夹及其子文件夹中，用户可以以"http://localhost/ 测试站点 /ASP 网页名"或"http://localhost/ 测试站点 / 子文件夹名 /ASP 网页名"的方式访问指定的 ASP 网页。如果用户想真正在 Internet 的某个站点上发布自己的 ASP 网页，还需要在"服务器"对话框中单击"+"添加按钮，在"高级"设置中设置远程服务器，并上传已创建好的网页。

10.3.3 连接数据库

使用 ASP 服务器技术开发的 Web 应用程序可以通过 ODBC 驱动程序或 OLE DB 提供程序连接到数据库，下面分别介绍这两种方法。

1. 创建 ODBC 连接

用户可以使用数据源名称（Data Source Name，DSN）在 Web 应用程序和数据库之间建立 ODBC 连接，DSN 包含了使用 ODBC 驱动程序连接到指定数据库所需的全部参数。在 Windows XP 环境下创建自己的 DSN，需要执行以下操作步骤：

1）选择"开始"|"控制面板"|"管理工具"|"数据源（ODBC）"命令，在打开的"ODBC 数据源管理器"对话框中选择"系统 DSN"选项卡，然后单击"添加"按钮，如图 10-11 所示。

2）在打开的"创建新数据源"对话框中选择特定的数据库驱动程序，这里选择"Microsoft Access Driver（*.mdb）"，然后单击"完成"按钮，如图 10-12 所示。

3）在打开的"ODBC Microsoft Access 安装"对话框中，在"数据源名"文本框中输入数据源名称，这里输入"myDSN"；然后单击"数据库"栏中的"选择"按钮，在弹出的"选择数据库"对话框中选择要连接的具体数据库，这里选择"D:\MySite\database\information.mdb"；最后单击"确定"按钮，如图 10-13 所示。

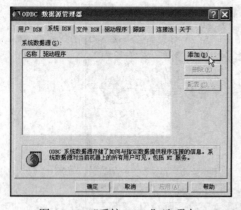

图 10-11 "系统 DSN"选项卡

图 10-12 "创建新数据源"对话框

4）在"ODBC 数据源管理器"对话框中单击"确定"按钮，完成对系统 DSN 的创建，如图 10-14 所示。

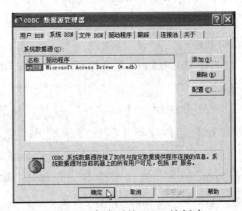

图 10-13　"ODBC Microsoft Access 安装"对话框　　　　图 10-14　完成系统 DSN 的创建

在定义了 DSN 后，可以使用它在 Dreamweaver 中创建数据库连接，具体操作步骤如下：

1）在 Dreamweaver 中打开一个 ASP 网页，然后选择"窗口"菜单中的"数据库"命令，打开"数据库"面板，如图 10-15 所示。

如果数据库面板中的"＋"按钮显示的是灰色，可以按照面板中的指定步骤进行设置，当某一步骤设置满足时，对应步骤左侧会显示一个正确的符号，完成所有的设置就可以使用添加功能了。

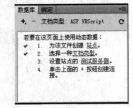

图 10-15　"数据库"面板

2）单击该面板上的"＋"按钮，从弹出的快捷菜单中选择"数据源名称（DSN）"命令，打开"数据源名称（DSN）"对话框。在"连接名称"文本框中输入新连接的名称，这里输入"myConn"；然后选择对话框底部的"使用本地 DSN"选项，从"数据源名称（DSN）"下拉列表框中选择要使用的 DSN，这里选择"myDSN"选项；最后如果有必要，填写"用户名"和"密码"文本框，如图 10-16 所示。

3）单击"测试"按钮，Dreamweaver 将尝试连接到数据库。如果连接成功，弹出连接成功消息框，如图 10-17 所示；如果连接失败，则需要检查 DSN 和站点设置是否正确。

图 10-16　"数据源名称（DSN）"对话框

图 10-17　连接成功消息框

4）单击"数据源名称（DSN）"对话框的"确定"按钮，完成对话框的设置，新连接出现在"数据库"面板上，如图 10-18 所示。

2. 创建 OLE DB 连接

用户可以使用 OLE DB 提供程序与数据库进行通信。通过创建直接的数据库特定的 OLE DB 连接，可以消除 Web 应用程序和数据库之间的 ODBC 层，从而提高连接的速度。

用户可以使用连接字符串在 Web 应用程序和数据库之间建立 OLE DB 连接，连接字符串包含了 Web 应用程序连接到指定数据库所需的全部信息。具体操作步骤如下：

1）在 Dreamweaver 中打开一个 ASP 网页，然后打开"数据库"面板。

2）单击该面板上的"＋"按钮，从弹出的快捷菜单中选择"自定义连接字符串"命令，打开"自定义连接字符串"对话框。在"连接名称"文本框中输入新连接的名称，这里输入"myConn"；在"连接字符串"文本框中输入连接字符串，连接 Access 数据库时，此字符串的设定语法为：

图 10-18 "数据库"面板

```
Provider=Microsoft.Jet.OLEDB.4.0;Data Source="指向 .mdb 文件的物理路径"
```

这里输入：

```
"Provider=Microsoft.Jet.OLEDB.4.0;Data Source=D:\MySite\database\information.mdb";
```

最后单击对话框底部的"使用此计算机上的驱动程序"单选按钮，如图 10-19 所示。

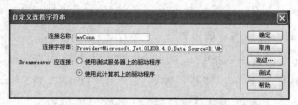

图 10-19 "自定义连接字符串"对话框

3）单击"测试"按钮，如果连接成功，弹出连接成功消息框，如图 10-17 所示；如果连接失败，则需要检查连接字符串的设置是否正确。

4）单击"确定"按钮，完成对话框的设置，新连接出现在"数据库"面板上，如图 10-20 所示。

需要注意的是，由"自定义连接字符串"导出的数据库连接，在视图中没有 Credit_Limits 的文件，因此在建立数据库连接的时候不需要输入用户名和密码，但是在采用"数据库名称（DSN）"建立数据库连接时，用户可以可选地输入数据库的用户名和密码，不填即为默认，对应的 Credit_Limits 文件中将保存这些信息。

图 10-20 "自定义连接字符串"
对应数据库连接视图

至此，一个真正的 Web 应用程序开发环境已经设置完成，接下来将介绍在这一环境下如何开发基于 Web 的数据库应用。

10.4 定义数据源

基于 Web 的数据库应用需要有一个可以从中检索和显示动态内容的数据源，Dreamweaver 允许使用记录集、命令、请求变量、阶段变量、应用程序变量以及其他动态内容源。下面将分别介绍定义不同数据源的方法。

10.4.1 引例

学校教务处想开发一个网上学生成绩管理系统，实现当某位授课老师利用合法的用户名和密码登录后，能对自己班上的学生成绩进行远程查询、录入、修改、添加和删除等操作。要想完成这一工作，需要掌握以下知识：

1）什么是记录集，如何定义简单记录集和高级记录集？

2）什么是命令对象，如何定义使用 SQL 语句编辑数据库的命令对象？

3）什么是服务器变量，如何将不同类型的服务器变量定义为动态数据源？

10.4.2 定义记录集

记录集在存储内容的数据库和生成页面的应用程序服务器之间起一种桥梁作用。记录集由数据库查询返回的数据组成，并且临时存储在应用程序服务器的内存中，以便进行快速数据检索。当服务器不再需要记录集时，就会将其丢弃。

记录集本身是从指定数据库中检索到的数据集合。它可以包括完整的数据库表，也可以包括表的行和列的子集。这些行和列通过在记录集中定义的数据库查询进行检索。数据库查询是用结构化查询语言 (SQL) 编写的。

使用 Dreamweaver 中的简单"记录集"对话框和高级"记录集"对话框都可以定义记录集。在简单"记录集"对话框中可以构建简单的数据库查询，在高级"记录集"对话框中可以通过编写 SQL 语句或使用图形化"数据库项"树来创建复杂的数据库查询。

1. 定义简单记录集

如果想要不通过编写 SQL 语句来定义记录集，执行以下操作：

1）在文档窗口中打开要使用记录集的页面。

2）选择"窗口"菜单中的"绑定"命令，打开"绑定"面板。

3）在"绑定"面板中单击"+"按钮，从弹出的快捷菜单中选择"记录集（查询）"命令，打开简单"记录集"对话框，如图 10-21 所示。

图 10-21 简单"记录集"对话框

4）设置简单"记录集"对话框。

① 在"名称"文本框中输入记录集的名称，这里选用默认名称 Recordset1。

② 从"连接"下拉列表框中选择一个数据库连接，这里选择"myConn"选项。

③ 从"表格"下拉列表框中选择为记录集提供数据的数据库表，这里选择"student"选项。

④ 若要使记录集中只包含表的某些字段，单击"选定的"单选按钮，然后按住 Ctrl 键并单击列表中的选项，这里选中"姓名"、"学号"和"院系"三个选项。

⑤ 若要使记录集只包含表的某些记录，则需要进行筛选操作。从"筛选"部分的第一个下拉列表框中选择用于筛选记录的条件字段，这里选择"期末成绩"选项；从第二个下拉列表框中选择用于筛选记录的条件运算符，这里选择">="选项；从第三个下拉列表框中选择用于筛选记录的基准值来源，这里选择"输入的值"选项；在第四个文本框中输入用于筛选记录的基准值，这里输入"85"。

⑥ 如果要对返回的记录进行排序，则从"排序"部分的第一个下拉列表框中选择作为排序依据的字段，这里选择"学号"选项；从第二个下拉列表框中选择是按升序还是按降序排序，这里选择"升序"选项。

依据上述设置执行得到的记录集等价于执行下列 SQL 语句得到的结果：

```
SELECT 姓名, 学号, 院系 FROM student WHERE 期末成绩 >= 85
ORDER BY 学号 ASC
```

SQL 语句的意思：从数据库的 student 表中提取期末成绩不低于 85 分的学生的姓名、学号和院系，并按照学号从小到大依次排列。

5）单击"测试"按钮执行查询，弹出显示返回数据的"测试 SQL 指令"对话框，如图 10-22 所示。

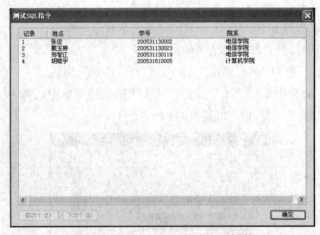

图 10-22 "测试 SQL 指令"对话框

6）单击简单"记录集"对话框的"确定"按钮，新定义的记录集出现在"绑定"面板中，如图 10-23 所示。

2. 定义高级记录集

高级"记录集"对话框使用户能够编写自己的 SQL 语句，或使用图形化的"数据库项"树来创建复杂的数据库查询。

如果想要通过编写 SQL 语句来定义记录集，执行以下操作：

1）在文档窗口中打开要使用记录集的页面。

2）选择"窗口"菜单中的"绑定"命令，打开"绑定"面板。

3）在"绑定"面板中单击"＋"按钮，从弹出的快捷菜单中选择"记录集（查询）"命令，打开"记录集"对话框，单击"高级…"按钮，切换到高级"记录集"对话框，如图 10-24 所示。

4）设置高级"记录集"对话框。

图 10-23　"绑定"面板

① 在"名称"文本框中输入记录集的名称，这里选用默认名称 Recordset2。

② 从"连接"下拉列表框中选择一个数据库连接，这里选择"myConn"选项。

③ 在"SQL"文本区域中输入一个 SQL 语句，或使用对话框底部的图形化"数据库项"树生成一个 SQL 语句。如图 10-24 所示，SQL 语句的意思：从数据库的 student 表中提取该院系所有学生都通过了期末考试的院系名称、该院系的考试人数和该院系所有学生的期末平均分，并按照期末平均分从高到低排列记录集中的数据。

④ 如果 SQL 语句包含变量，则需要在"参数"区域中定义它们的值，方法是单击"＋"按钮并输入参数名称、类型、值和默认值（如果未返回值，则变量应取该值）。

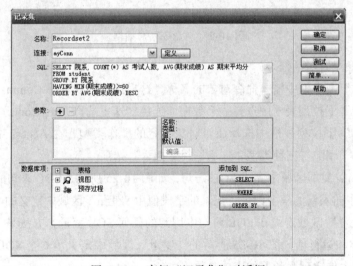

图 10-24　高级"记录集"对话框

5）单击"测试"按钮执行查询，弹出显示返回数据的"测试 SQL 指令"对话框，如图 10-22 所示。

6）单击高级"记录集"对话框的"确定"按钮，新定义的记录集出现在"绑定"面板中，如图 10-23 所示。

10.4.3　定义命令对象

命令对象是对数据库执行某些操作的服务器对象。该对象可以包含任何有效的 SQL 语句，包括返回记录集的语句或在数据库中插入、更新或删除记录的语句。用户还可以使用命令对象在数据库中运行预存过程。

如果要定义使用 SQL 语句编辑数据库的命令对象，执行以下操作：

1）在文档窗口中打开要使用命令对象的页面。

2）选择"窗口"菜单中的"绑定"命令，打开"绑定"面板。

3）在"绑定"面板中单击"＋"按钮，从弹出的快捷菜单中选择"命令（预存过程）"命令，打开"命令"对话框，如图 10-25 所示。

图 10-25 "命令"对话框

4）设置"命令"对话框。

①在"名称"文本框中输入命令对象的名称，这里选用默认名称 Command1。

②从"连接"下拉列表框中选择一个数据库连接，这里选择"myConn"选项。

③从"类型"下拉列表框中选择命令对象执行的操作类型，在 Access 中只能选择"插入"、"更新"和"删除"三种类型，这里选择"插入"选项。

④在"SQL"文本区域中完成 SQL 语句，如图 10-25 所示，SQL 语句的意思：向数据库的 student 表中插入新的学生记录，记录的字段值由"变量"区域中定义的 SQL 变量提供。

⑤使用"变量"区域定义在 SQL 语句中用到的任何 SQL 变量，方法是单击"＋"按钮并输入变量名称和运行值。图 10-25 所示的"变量"区域中定义了 6 个 SQL 变量，每个变量的运行值都是由传递到服务器的表单参数提供的。

5）单击"命令"对话框的"确定"按钮，完成命令对象的定义。当通过浏览器访问插入了命令对象的页面时，命令对象执行包含的 SQL 语句，实现在数据库中插入、更新或删除记录。

10.4.4 定义服务器变量

可以将服务器变量定义为动态数据源，以便在 Web 应用程序中使用。服务器变量因文档类型而异，其中包括表单变量、URL 变量、会话变量和应用程序变量。

1. 定义表单变量

表单变量用来存放表单通过 POST 方法提交到服务器上的数据, 定义表单变量的具体步骤如下:

1) 在文档窗口中打开要使用表单变量的页面。

2) 选择"窗口"菜单中的"绑定"命令, 打开"绑定"面板。

3) 在"绑定"面板中单击"+"按钮, 从弹出的快捷菜单中选择"请求变量"命令, 打开"请求变量"对话框, 如图 10-26 所示。

4) 在"类型"下拉列表框中选择"Request.Form"选项, 在"名称"文本框中输入表单变量的名称, 该名称是用于获得其值的 HTML 表单域或对象的名称。例如, 图 10-26 所示的表单变量的名称为 rqUser, 意味着该表单变量用来获取名称为 rqUser 的表单域的值。

5) 单击"请求变量"对话框上的"确定"按钮, 表单变量出现在"绑定"面板中, 如图 10-27 所示。

图 10-26　"请求变量"对话框

图 10-27　"绑定"面板

2. 定义 URL 变量

URL 变量用来存放浏览器传递到服务器上的 URL 参数值。URL 参数是追加到 URL 上的一个名称 / 值对。参数以"?"开始并采用"参数名 = 参数值"的格式。如果存在多个 URL 参数, 则参数之间用"&"隔开。下面的例子显示了带有两个 URL 参数的 URL:

```
http://www.mysite.com/login.asp?username=yac&password=123
```

在使用表单和超文本链接时, 都可以定义 URL 参数。对于表单来说, 使用 GET 方法提交数据时, 将创建 URL 参数, 表单中每个表单域的名称 / 值对将作为一个 URL 参数追加到 URL 的末尾。对于超文本链接来说, 可以在属性检查器的"链接"文本框中将 URL 参数追加到 URL 的末尾; 或者切换到"代码"视图, 直接编写带有 URL 参数的超文本链接。下面的例子显示了带有一个 URL 参数的超文本链接:

```
<a href="http://www.mysite.com/edit.asp?action=Add"> 添加记录 </a>
```

如果想要定义 URL 变量, 执行以下操作:

1) 在文档窗口中打开要使用 URL 变量的页面。

2) 选择"窗口"菜单中的"绑定"命令, 打开"绑定"面板。

3) 在"绑定"面板中单击"+"按钮, 从弹出的快捷菜单中选择"请求变量"命令, 打开"请求变量"对话框。

4) 在"类型"下拉列表框中选择"Request.QueryString"选项, 在"名称"文本框中输入 URL 变量的名称，该名称是用于获得其值的 URL 参数的名称。如图 10-28 所示，URL 变量的名称为 rqAction，意味着该 URL 变量用来获取名称为 rqAction 的 URL 参数的值。

5）单击"请求变量"对话框上的"确定"按钮，URL 变量出现在"绑定"面板中。

图 10-28 "请求变量"对话框

3. 定义跨网页变量

Web 应用程序的执行过程是由许多网页共同完成的，某些数据是各网页都需要使用的。用户可以在 Dreamweaver 中定义阶段变量和应用程序变量，以达到跨网页存取数据的目的。

（1）定义阶段变量

阶段变量又称为会话变量，用来存储某个联机用户在会话期间需要保持的信息。当用户第一次执行 Web 应用程序中的某一网页时，会话开始；当用户在一段时间内不再执行 Web 应用程序中的任何网页时，会话结束。会话对应于特定的联机用户，每个执行 Web 应用程序的用户都有单独的会话。

如果想要定义阶段变量，执行以下操作：

1）在文档窗口中打开要使用阶段变量的页面。

2）选择"窗口"菜单中的"绑定"命令，打开"绑定"面板。

3）在"绑定"面板中单击"+"按钮，从弹出的快捷菜单中选择"阶段变量"命令，打开"阶段变量"对话框，在"名称"文本框中输入阶段变量的名称，如图 10-29 所示。

4）单击"阶段变量"对话框上的"确定"按钮，阶段变量出现在"绑定"面板中。

图 10-29 "阶段变量"对话框

需要注意的是，阶段变量只有在用户浏览器配置成支持 Cookie 功能后才起作用。Cookie 是存储在用户计算机，供浏览器与 Web 服务器互通数据用的纯文本文件。当用户首次执行 Web 应用程序时，会话开始，服务器创建一个唯一标识该会话的 ID 号，并将该 ID 号发送到用户计算机的 Cookie 中保存。当用户通过浏览器请求服务器上的其他网页时，服务器会从存储在用户计算机上的 Cookie 中读取代表该会话的 ID 号以识别指定的用户，并检索存储在服务器内存中的属于该用户的阶段变量。

（2）定义应用程序变量

应用程序变量用来存储在 Web 应用程序的生存期内都需要保持的信息。当第一位用户首次执行 Web 应用程序中的某一网页时，Web 应用程序开始；当在某段时间内，没有任何一位用户执行 Web 应用程序中的任何网页时，Web 应用程序结束。

如果想要定义应用程序变量，执行以下操作：

1）在文档窗口中打开要使用应用程序变量的页面。

2）选择"窗口"菜单中的"绑定"命令，打开"绑定"面板。

3）在"绑定"面板中单击"+"按钮，从弹出的快捷菜单中选择"应用程序变量"命令，打开"应用程序变量"对话框，在"名称"文本框中输入应用程序变量的名称，如图 10-30 所示。

需要注意的是，阶段变量和应用程序变量都用来存储跨网页数据，阶段变量用来存储专属于某联机用户的跨网页数据，而应用程序变量用来存储供执行 Web 应用程序的所有联机用户共享的跨网页数据。

图 10-30　"应用程序变量"对话框

10.5　添加动态内容

定义了一个或多个数据源后，可以使用它们向网页中添加动态内容。所谓动态内容，也就是 Dreamweaver 自动在网页代码中插入一段服务器端脚本，该脚本指示服务器在接收到浏览器对该网页的请求时，将数据源中的数据传输到页面的 HTML 代码中，实现动态内容的显示。

在网页中可添加的动态内容包括动态文本、动态图像和动态 HTML 属性等。

10.5.1　引例

当授课老师利用网上成绩管理系统进行学生成绩查询时，希望能在页面上看到根据查询要求从数据库中获取的动态结果。要想完成这一工作，需要掌握以下知识：

1）如何定义动态文本？

2）如何将图像作为动态内容添加到页面中？

3）如何将 HTML 标签的属性绑定到数据源，实现对网页外观的动态更改？

10.5.2　动态文本

可以用动态文本替换现有文本，也可以将动态文本放置在页面的某个给定插入点处。

若要添加动态文本，执行以下操作：

1）在文档窗口中选择页面上的现有文本，或者单击需要添加动态文本的位置。

2）选择"窗口"菜单中的"绑定"命令，打开"绑定"面板，从列表中选择要使用的数据源。如果选择记录集，则在记录集中指定所需的字段，如图 10-31 所示。

3）单击"绑定"面板中的"插入"按钮，将数据源中的数据作为动态文本插入页面的指定位置，如图 10-32 所示。

需要注意的是，默认情况下动态文本会以 ASP 小图标的形式显示在页面上，如图 10-32 所示。

单击小图标，在属性面板上将会显示小图标的属性，单击"编辑"按钮，出现"编辑内容"对话框，可以查看动态文本的内容，并且可以对要显示的动态文本的内容进行更改。如果启用了实时视图（选择

图 10-31　选择数据源

"查看"菜单中的"实时视图"命令或者在"文档"工具栏中单击"实时视图"按钮），则动态文本会直接显示在页面上，如图 10-33 所示。

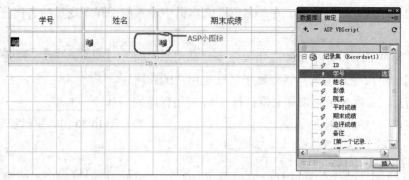

图 10-32 添加动态文本

图 10-33 "动态数据"视图

10.5.3 动态图像

与文本一样，图像也可以作为动态内容添加到页面中。图像在数据库中有两种保存方式：第一种方式是将图像直接作为 OLE 对象保存在数据库表中；第二种方式是将图像以一定的名称保存在用户指定的目录中，然后在数据库表的相应字段中保存指定图像文件的链接字符串。目前 Dreamweaver 不支持存储在数据库中的二进制图像。在实际的网页制作过程中，较多使用第二种方式。

若要添加动态图像，执行以下操作：

1）将插入点放置在页面上希望图像出现的位置，然后选择"插入"菜单中的"图像"命令，出现"选择图像源文件"对话框。

2）单击"数据源"单选按钮，随即在"域"列表框中出现数据源列表，如图 10-34 所示。

图 10-34　"选择图像源文件"对话框

3）从数据源列表中选择要使用的数据源。数据源应是包含图像文件路径的记录集，根据站点的文件结构的不同，路径可以是绝对路径、相对路径或根目录相对路径。

4）单击"选择图像源文件"对话框上的"确定"按钮，弹出"图像标签辅助功能属性"对话框，在"替换文本"文本框中输入对图像内容的简短文字描述（当浏览器不能显示图像时，该段文字将替代图像显示）；对于较长的描述，则在"详细说明"文本框中提供链接 URL，指向包含更多图像文字描述信息的页面，如图 10-35 所示。

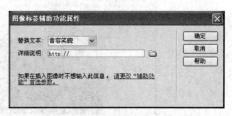

图 10-35　"图像标签辅助功能属性"对话框

5）单击"图像标签辅助功能属性"对话框上的"确定"按钮，完成动态图像的添加。如果启用了实时视图，则动态图像将显示在页面上，如图 10-36 所示。

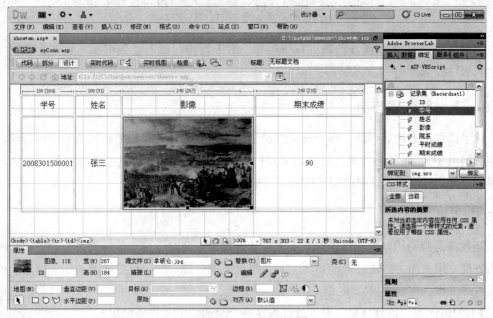

图 10-36　显示动态图像

10.5.4　动态 HTML 属性

通过将 HTML 标签的属性绑定到数据源，可以动态更改网页外观。例如，通过将 <table> 标签的 background 属性绑定到记录集中的字段，可以更改表格的背景图像。

若要添加动态 HTML 属性，执行以下操作：

1）在文档窗口中选择一个 HTML 对象。

2）选择"窗口"菜单中的"绑定"命令，打开"绑定"面板，从列表中选择要使用的数据源。数据源应包含与要绑定的 HTML 属性相适合的数据。如果列表中没有出现任何数据源，或者已有的数据源不能满足绑定的需要，则可单击"+"按钮定义新的数据源。

3）在"绑定到"下拉列表框中，选择一种 HTML 属性。

4）单击"绑定"按钮，实现将 HTML 属性绑定到指定的数据源，如图 10-37 所示。

图 10-37　添加动态 HTML 属性

当包含动态 HTML 属性的网页在应用程序服务器中运行时，数据源的数据会赋给与其绑定的 HTML 属性。

10.6　添加服务器行为

除了添加动态内容以外，用户还可以通过添加服务器行为轻松地将复杂的应用程序逻辑合并到网页中。"服务器行为"是预定义好的服务器端脚本片段，这些脚本向网页中添加应用程序逻辑，从而提供更强的交互性能和功能。

10.6.1　引例

当授课老师利用网上成绩管理系统进行学生成绩查询时，希望能看到易于理解、简单明了的查询结果页面，并通过单击页面上的某些超文本链接，获得更多详细的相关信息。要想完成这一工作，需要掌握以下知识：

1）如何使用"重复区域"服务器行为在一个页面上显示多条记录？

2）如何使用"记录集分页"服务器行为实现记录的分页显示？

3）如何使用"显示区域"服务器行为根据条件动态显示某个区域？

4）如何使用记录计数器来显示记录总数和当前浏览记录在记录集中的位置？

5）如何使用"转到详细页面"和"转到相关页面"服务器行为来将信息或参数从一个页面传递到另一个页面？

10.6.2　重复区域

在插入动态文本和动态图像后，在页面上只能显示一条记录的内容，而用户在查询时经常会遇到在一个页面上显示多条记录的情况，这就需要使用"重复区域"服务器行为。它既可以显示一条记录，也可以显示多条记录。

需要注意的是，如果要在一个页面上显示多条记录，必须指定一个包含动态内容的选择区域作为重复区域。任何选择区域都能转变为重复区域，最普通的是表格、表格的一行或者多行。

若要添加"重复区域"服务器行为，执行以下操作：

1）在文档窗口中打开要添加"重复区域"服务器行为的页面。

2）选择"窗口"菜单中的"服务器行为"命令，打开"服务器行为"面板。

3）在页面上选择包含动态内容的区域作为重复区域，如图 10-38 所示。

图 10-38　选择表格的一行作为重复区域

4）在"服务器行为"面板中单击"＋"按钮，从弹出的快捷菜单中选择"重复区域"命令，打开"重复区域"对话框，在"记录集"下拉列表框中选择用于重复的记录集，在"显示"单选按钮组中指定页面显示的记录数，如图 10-39 所示。

5）单击"确定"按钮，完成设置，服务器行为被添加到选中的区域上。

6）保存后按下快捷键 F12 预览页面，可以看到在

图 10-39　"重复区域"对话框

页面中显示了记录集包含的多条记录，如图 10-40 所示。

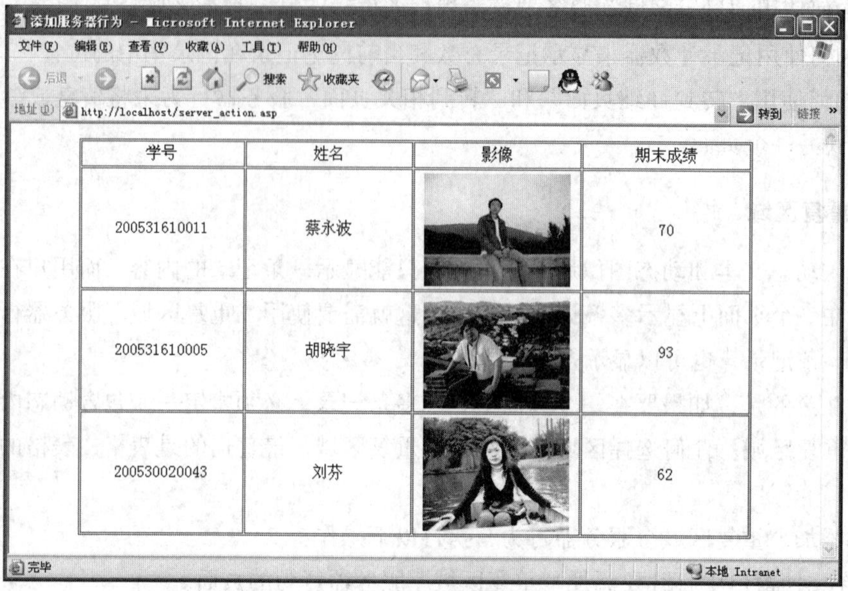

学号	姓名	影像	期末成绩
200531610011	蔡永波		70
200531610005	胡晓宇		93
200530020043	刘芬		62

图 10-40　显示记录集的多条记录

10.6.3　记录集分页

如果记录集中的记录数目太多，一个网页将无法容纳所有的记录，因此在很多时候都需要分页显示记录。用户可以首先使用"重复区域"服务器行为指定一页中可以显示的最大记录数，当记录集中的记录总数大于页面显示的记录数时，再使用"记录集分页"服务器行为建立导航链接，使记录能显示在多个页面上。

若要添加"记录集分页"服务器行为，执行以下操作：

1）在文档窗口中打开要添加"记录集分页"服务器行为的页面。

2）打开"服务器行为"面板，为页面添加"重复区域"服务器行为，指定页面显示的记录数。

3）将光标放置在页面上希望插入导航链接的位置，或者选中希望作为导航链接的链接文本。

4）在"服务器行为"面板中单击"+"按钮，从弹出的快捷菜单中选择"记录集分页"命令，从其子菜单中可以指定相应的导航链接，如图 10-41 所示。

"移至第一条记录"：在页面中创建可以跳转到第一条记录所在页面的链接。

"移至前一条记录"：在页面中创建可以跳转到前一条记录所在页面的链接。

"移至下一条记录"：在页面中创建可以跳转到下一条记录所在页面的链接。

图 10-41　"记录集分页"子菜单

"移至最后一条记录"：在页面中创建可以跳转到最后一条记录所在页面的链接。

"移至特定记录"：在详细页面中创建可以跳转到特定记录所在页面的链接。

5）在"记录集分页"子菜单中选择某个菜单项，弹出设置对话框，提示用户选择链接目标和记录集。图 10-42 显示的是选择"移至第一条记录"菜单项时弹出的对话框，选择其他菜单项时弹出的对话框与此类似。

图 10-42　创建导航链接

6）在"链接"下拉列表框中显示了页面中现有的所有链接文本名称，选择某个现有的链接就会将服务器行为应用到该链接上。如果选择"创建新链接：'第一页'"选项，则会在页面中指定的位置创建新链接，链接文本被设置为"第一页"，并将服务器行为应用到该链接上。

7）单击"确定"按钮，完成设置，服务器行为被添加到指定的链接上。

8）采用相似步骤创建其他的导航链接。

9）保存后按下快捷键 F12 预览页面，可以看到在网页中建立了不同的导航链接，单击它们可以实现记录的分页显示，如图 10-43 所示。

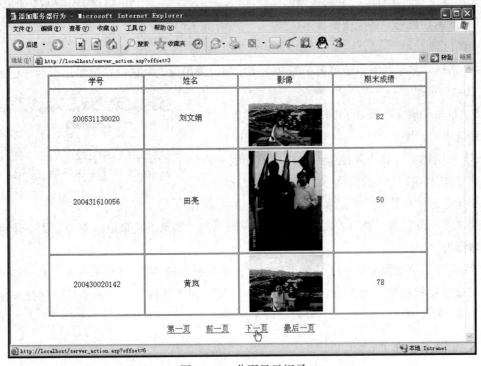

图 10-43　分页显示记录

10.6.4　显示区域

由图 10-43 可以看出，"第一页"和"前一页"两个导航链接应该在显示第一页时被隐藏，"下一页"和"最后一页"两个导航链接应该在显示最后一页时被隐藏。这就需要使用"显示区域"服务器行为，它可以根据条件动态显示某个区域。

若要添加"显示区域"服务器行为，执行以下操作：

1）在文档窗口中打开要添加"显示区域"服务器行为的页面。

2）选择需要显示的区域，如图10-43所示的导航链接。

3）打开"服务器行为"面板，单击面板中的"+"按钮，从弹出的快捷菜单中选择"显示区域"命令，在其子菜单中可以指定显示条件，如图10-44所示。

"如果记录集为空则显示区域"：当记录集为空时显示选中的区域。

"如果记录集不为空则显示区域"：当记录集中包含记录时显示选中的区域。

"如果为第一条记录则显示区域"：当处于记录集中第一条记录所在页面时显示选中的区域。

"如果不是第一条记录则显示区域"：当没有处于记录集中第一条记录所在页面时显示选中的区域。

"如果为最后一条记录则显示区域"：当处于记录集中最后一条记录所在页面时显示选中的区域。

图10-44 "显示区域"子菜单

"如果不是最后一条记录则显示区域"：当没有处于记录集中最后一条记录所在页面时显示选中的区域。

4）选择"显示区域"子菜单中的某个菜单项，弹出设置对话框，提示用户选择记录集，如图10-45所示。

5）单击"确定"按钮，完成设置，服务器行为被添加到选中的区域上。

6）采用相似步骤为其他选中的区域添加服务器行为。对于图10-43所示的页面来说，可以为"前一页"链接添加"如果不是第一条记录则显示区域"服务器行为，为"下一页"和"最后一页"两个链接分别添加"如果不是最后一条记录则显示区域"

图10-45 "如果不是第一条记录则显示区域"对话框

服务器行为。

7）保存后按下快捷键F12预览页面，可以看到处于第一页时，"第一页"和"前一页"两个导航链接被隐藏；处于最后一页时，"下一页"和"最后一页"两个导航链接被隐藏，如图10-46所示。

10.6.5 记录计数器

记录计数器主要用来显示记录总数和当前浏览记录在记录集中的位置。分页显示记录后，用户了解当前所在位置是很有必要的。

若要在页面中添加记录计数器，执行以下操作：

1）在文档窗口中打开要添加记录计数器的页面，并将光标放置在希望插入的位置。

2）选择"插入"|"数据对象"|"显示记录计数"|"记录集导航状态"命令，弹出如图10-47所示的"记录集导航状态"对话框，在"记录集"下拉列表框中选择导航的记录集。

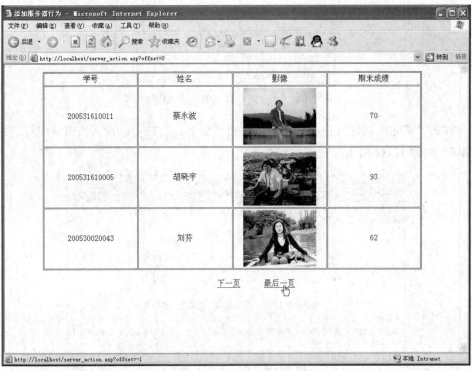

a）处于第一页

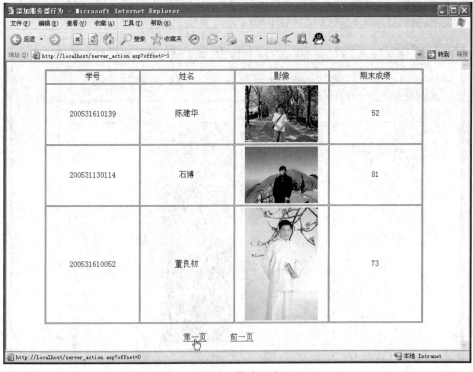

b）处于最后一页

图 10-46　根据条件动态显示选中区域

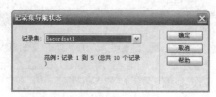

图 10-47   "记录集导航状态"对话框

3）单击"确定"按钮，记录计数器出现在页面上，用户可以在文档窗口中对它的外观进行编辑，如图 10-48 所示。

图 10-48   添加记录计数器

4）保存后按下快捷键 F12 预览页面，可以看到网页中的记录计数器显示了记录集包含的记录总数和当前显示的记录在记录集中的位置，如图 10-49 所示。

图 10-49   网页中显示记录计数器

10.6.6 转到详细页面

对于如图 10-49 所示的页面来说，如果想通过单击某动态图像跳转到包含更多详细信息的页面，可以使用"转到详细页面"服务器行为。

若要添加"转到详细页面"服务器行为，执行以下操作：

1）在文档窗口中打开要添加"转到详细页面"服务器行为的页面。

2）在页面上选中动态内容，该动态内容将用作到详细页面的链接，如选中图 10-48 所示的动态图像。

3）打开"服务器行为"面板，单击面板中的"+"按钮，从弹出的快捷菜单中选择"转到详细页面"命令，打开"转到详细页面"对话框，如图 10-50 所示。

图 10-50 "转到详细页面"对话框

4）在"链接"下拉列表框中显示了页面中现有的所有链接文本名称，选择某个现有的链接就会将服务器行为应用到该链接上。如果在页面中选择了动态内容，则会自动选中该内容。

5）在"详细信息页"文本框中输入详细页面的 URL，也可以单击其右侧的"浏览"按钮进行选择。

6）在"传递 URL 参数"文本框中输入 URL 参数名，在"记录集"和"列"下拉列表框中选择指定记录集的某个字段作为 URL 参数值的来源，该 URL 参数将传递到详细页面中。

7）如果有需要，可以选中"URL 参数"或"表单参数"复选框，表明将当前页面从其他页面获得的 URL 参数或表单参数以 URL 参数的方式传递到详细页面，在详细页面中可以通过创建 URL 变量来获取这些 URL 参数的值。

8）单击"确定"按钮，完成设置，服务器行为被添加到选中的动态内容上，动态内容变成了一个包含动态内容的超文本链接。

9）保存后按下快捷键 F12 预览页面，可以看到在网页中单击某动态图像后，实现了向详细页面的跳转，详细页面根据获取的 URL 参数值显示指定记录的详细信息，如图 10-51 所示。

a）单击动态图像转向详细页面

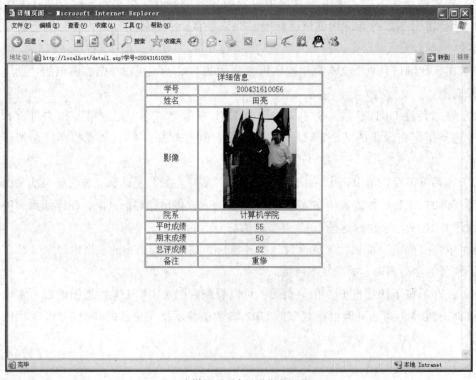

b）在详细页面中显示指定记录

图 10-51 转向详细页面

10.6.7　转到相关页面

在将"转到相关页面"服务器行为添加到当前页面时，必须确保当前页面从另一个页面获得表单参数或 URL 参数。服务器行为的工作是将这些参数以 URL 参数的方式传递到第三个页面。

若要添加"转到相关页面"服务器行为，执行以下操作：

1）在文档窗口中打开要添加"转到相关页面"服务器行为的页面。

2）在页面上选中用作到相关页面的链接的文字或图像，或者将光标放置在页面上希望插入链接文本的位置。

3）打开"服务器行为"面板，单击面板中的"+"按钮，从弹出的快捷菜单中选择"转到相关页面"命令，打开"转到相关页面"对话框，如图 10-52 所示。

图 10-52　"转到相关页面"对话框

4）在"链接"下拉列表框中显示了页面中现有的所有链接文本名称，选择某个现有的链接就会将服务器行为应用到该链接上。如果在页面中选中了某些文字或图像，服务器行为将把选中的文字或图像设置为链接；如果没有选中文字或图像，默认情况下 Dreamweaver 会在页面上创建一个名为"相关"的超文本链接。

5）在"相关页"文本框中输入相关页面的 URL。

6）在"传递现有参数"复选框组中选中相应的复选框。

①"URL 参数"复选框：选中此复选框表明将当前页面从另一个页面获得的 URL 参数传递到相关页面。

②"表单参数"复选框：选中此复选框表明将当前页面从另一个页面获得的表单参数以 URL 参数的方式传递到相关页面。

7）单击"确定"按钮，完成设置，服务器行为被添加到选中的文字或图像上，文字或图像变成了一个包含动态内容的超文本链接。

8）保存后按下快捷键 F12 预览页面，可以看到在网页中单击动态链接后，实现了向相关页面的跳转，相关页面中显示了获取的 URL 参数值和指定的记录集信息，如图 10-53 所示。

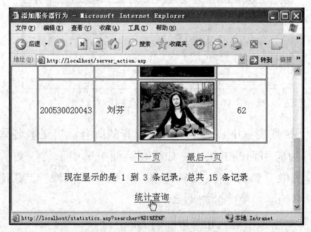

a）提交表单参数

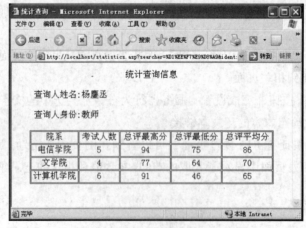

b）单击动态链接转向相关页面

c）相关页面显示 URL 参数值和记录集信息

图 10-53 转到相关页面

本章小结

本章首先阐述了 Web 应用程序的基本概念以及静态网页和动态网页的不同处理过程。接下来简单介绍了数据库的基本概念和基本术语。然后全面说明了搭建一个 Web 应用程序开发环境所需的软件和配置方法。最后从定义数据源、添加动态内容和添加服务器行为三方面对在 Dreamweaver 中进行基于 Web 的数据库应用程序开发进行了详尽阐述，并通过多个实例来具体说明实施的步骤。

思考题

1. 动态网页和静态网页的处理过程有什么不同？

2. 在 Dreamweaver 中设置服务器环境时，本地文件夹和测试服务器文件夹的作用有何不同？

3. 如何在 Dreamweaver 中使用连接字符串在 Web 应用程序和数据库之间建立 OLE DB 连接，它的优点是什么？

4. 如何在 Dreamweaver 中定义高级记录集？

5. 对于表单通过 POST 方法或 GET 方法提交到服务器上的数据，应创建什么类型的服务器变量来获取这些数据？

6. 如何定义阶段变量和应用程序变量，它们的相同点和不同点是什么？

7. 如何将页面上的一幅图像定义为一个动态超级链接？

8. 在页面中添加"转到相关页面"服务器行为时，选中"转到相关页面"对话框中的"URL 参数"和"表单参数"复选框代表什么含义？

上机操作题

1. 制作登录与注册系统。操作内容及要求：

1）制作一个注册与登录系统，实现用户注册、登录和验证等基本功能，如图 10-54 所示。

a）登录首页

图 10-54 注册与登录系统

b）注册页面

图 10-54 （续）

2）修改添加到登录首页 index.asp 中的"登录用户"服务器行为，使用户在成功登录后能跳转到文件夹 login 中的页面 loginok.asp。

3）在文件夹 login 内新建登录成功页 loginok.asp，将已绑定的阶段变量"MM_Username"插入页面中。然后在页面中插入一个链接到文档 changeinfo.asp 的超级链接，链接文本设置为"修改个人资料"。

4）在文件夹 login 内新建个人信息修改页 changeinfo.asp，在页面中插入表单和表单元素。

5）利用"绑定"面板新建记录集 rs1，从数据库表 members 中查询"username"字段值和阶段变量"MM_Username"值相等的记录。

6）将记录集 rs1 包含的数据作为动态初始值，插入页面 changeinfo.asp 的表单元素中。

7）为页面 changeinfo.asp 添加"更新记录"服务器行为。

8）为页面 changeinfo.asp 添加"限制对页的访问"服务器行为。

2. 制作 BBS 系统。操作内容及要求：

1）在第 1 题的基础上，制作一个可以供用户相互交流信息的 BBS 系统。用户成功登录后，可以浏览 BBS 中的主题帖列表，阅读某帖及其回复帖的详细内容，发表和回复帖子，对自己发表的帖子进行修改和删除。BBS 首页如图 10-55 所示。

2）在此基础上，为 BBS 系统开发一个后台管理模块，使具有管理员身份的用户能通过管理页面对系统数据执行添加、修改和删除等操作。

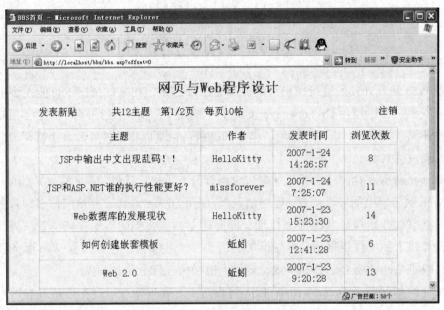

图 10-55　BBS 首页

第 11 章 站点管理

随着 Web 站点开发的进行，积累的资源会越来越多，在某些情况下可能在多个站点上使用同一资源。可以使用 Dreamweaver CS5 来管理站点，轻松地跟踪和预览已存储在站点中的多种资源，如图像、影片、颜色、脚本和链接，也可以将某种资源直接拖至当前文档以将其插入某一页中。

在 Dreamweaver CS5 中，站点通常包含两部分：本地计算机（本地站点）上的一组文件和远程 Web 服务器上的一个位置（远程站点）。使用 Dreamweaver 开始工作必须首先建立一个本地站点，在开始构建 Web 站点之前，需要建立站点文档的本地存储位置。当我们准备将本地计算机上的文件提供给公众访问时，需要将这些文件上传到远程 Web 服务器来发布该站点，即使 Web 服务器运行在本地计算机上也必须进行上传。

本章介绍如何定义 Dreamweaver CS5 远程站点、管理站点以及本地站点与远程服务器之间传输文件等。

11.1 创建本地站点

11.1.1 关于 Dreamweaver CS5 站点

Dreamweaver 站点是文件和文件夹的集合，它对应于服务器上的 Web 站点。Dreamweaver 站点可组织所有与 Web 站点相关的文档将站点上传到 Web 服务器，自动跟踪和维护链接、管理文件以及共享文件。Dreamweaver 站点由三部分（或文件夹）组成，具体取决于开发环境和所开发的 Web 站点类型。

1）本地文件夹是你的工作目录，Dreamweaver 将该文件夹称为"本地站点"，此文件夹可以位于本地计算机上，也可以位于网络服务器上。这就是 Dreamweaver 站点所处理的文件的存储位置。由此可见，只需建立本地文件夹即可定义 Dreamweaver 站点，若要向 Web 服务器传输文件或开发 Web 应用程序，还需添加远端站点和测试服务器信息。

2）远程文件夹是存储文件的位置，一般位于运行 Web 服务器的计算机上，Dreamweaver 在"文件"面板中将该文件夹称为"远程站点"。本地文件夹和远程文件夹使你能够在本地磁盘和 Web 服务器之间传输文件，这使你可以轻松管理 Dreamweaver 站点中的文件。

3）测试服务器文件夹是 Dreamweaver 处理动态页的文件夹。我们可以使用"站点定义向导"设置 Dreamweaver 站点，该向导会引领完成设置过程。或者使用"站点定义"的"高级"设置，根据需要分别设置本地文件夹、远程文件夹和测试服务器文件夹。

11.1.2 使用"管理站点"搭建站点

规划好站点结构后，或者如果已经存在一个站点，应该先在 Dreamweaver 中定义站点，然后才能进行开发。设置 Dreamweaver 站点是一种组织所有与 Web 站点关联的文档的方法，也可以在不设置 Dreamweaver 站点的情况下编辑文件。设置好 Dreamweaver 站点后，最好将该站点导出，以便拥有一个本地备份。设置 Dreamweaver 站点，执行以下操作：

1）启动 Dreamweaver CS5 程序，在菜单栏中选择"站点"|"管理站点"命令，如图 11-1 所示。

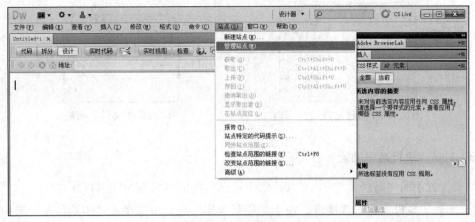

图 11-1　选择站点

2）弹出"管理站点"对话框，在该对话框中单击"新建"按钮，如图 11-2 所示。

图 11-2　选择"新建"按钮

3）弹出"站点设置对象"对话框，在该对话框中，选择"站点"选项卡；在"站点名称"文本框中输入准备的名称；单击"本地站点文件夹"右侧的"浏览文件夹"按钮 📁，选择准备使用的站点文件夹；并单击"保存"按钮，如图 11-3 所示。

图 11-3　输入本地站点名字

4）在"管理站点"对话框中显示刚刚新建的站点，单击"完成"按钮，如图11-4所示。

5）此时，在"文件"面板中即可看到创建的站点文件，如图11-5所示。通过以上步骤即可完成使用"管理站点"搭建站点的操作。

图11-4 "管理站点"对话框

图11-5 "文件"面板

11.1.3 对站点进行高级设置

站点设置中的"高级设置"，可以让创建站点发挥更强的主控性。打开"站点"|"新建站点"，选择"高级设置"选项卡，由于是创建本地站点，所以单击"本地信息"选项，如图11-6所示。

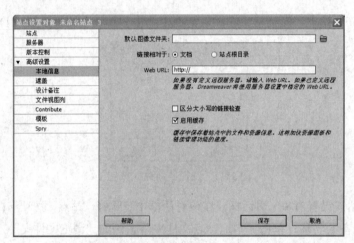

图11-6 "高级设置"选项卡

在"本地信息"选项中可以设置如下参数：

- "默认图像文件夹"文本框：单击该文本框后面的"文件夹"按钮，可以设置本地站点图像的存储路径。
- "链接相对于"：单击该单选按钮，即可更改创建的到站点其他页面链接的相对路径。
- "Web URL"文本框：Dreamweaver 使用 Web URL 创建站点根目录相对链接。
- "区分大小写的链接检查"复选框：在 Dreamweaver 检查链接时用于确保链接大小写与文件名的大小写匹配。
- "启用缓存"复选框：指定是否创建本地缓存以提高链接和站点管理任务的速度。

默认情况下启用站点遮盖功能，可以永久禁用遮盖功能，也可以为了对所有文件（包括遮盖的文件）执行某一操作而临时禁用遮盖功能。当禁用站点遮盖功能之后，所有遮盖文件都会取消遮盖。当再次启用站点遮盖功能时，所有先前遮盖的文件将恢复遮盖。也可以使用"取消所有遮盖"选项来取消所有文件的遮盖，但这不会禁用遮盖；而且，若要重新遮盖所有先前被遮盖的文件夹和文件，只能逐个对各个文件夹和文件类型重新设置遮盖，没有其他方法。

在"遮盖"选项中可以设置如下参数（见图 11-7）：

- "启用遮盖"复选框：可以激活 Dreamweaver 中文件遮盖功能，默认情况下是选中状态。
- "遮盖具有以下扩展名的文件"：选中该复选框，可以对特定的文件使用遮盖。输入的文件类型不一定是扩展名，可以是任何形式的文件名结尾。

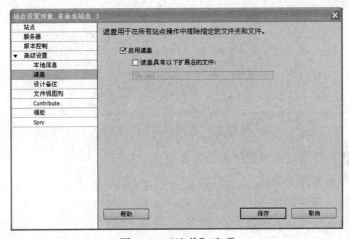

图 11-7 "遮盖"选项

单击"设计备注"选项，可以在需要记录的过程中添加信息，留以后使用。可以在"设计备注"选项中设置各项参数，如图 11-8 所示。

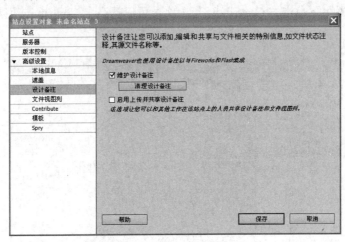

图 11-8 "设计备注"选项

- "维护设计备注"：选中该复选框，可以启用保存设计备注的功能。
- "清理设计备注"：单击该按钮，可以删除过去保存的设计备注。
- "启用上传并共享设计备注"：选中该复选框，可以在上传或取出文件的时候，将设计备注上传到远端服务器上。

单击"文件视图列"选项，可以设置站点管理器中文件浏览窗口所示的内容，如图 11-9 所示。

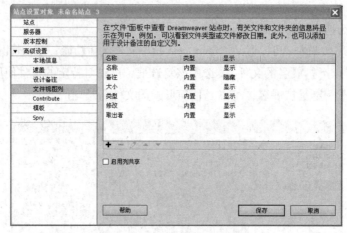

图 11-9 "文件视图列"选项

在"文件视图列"选项中可以设置如下参数：

- "名称"：显示文件的名称。
- "备注"：显示备注信息。
- "大小"：显示文件的大小状况。
- "类型"：显示文件的类型。
- "修改"：显示修改的内容。
- "取出者"：显示损毁的使用者名称。

在"高级设置"下单击"Contribute"选项，可以提高与 Contribute 用户的兼容性，如图 11-10 所示。

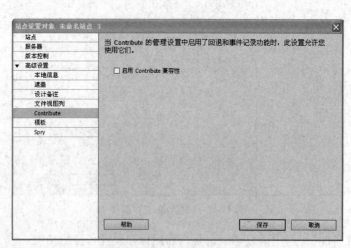

图 11-10 "Contribute"选项

在"高级设置"下单击"模板"选项，可以在更新站点中的模板时，不改变写入文档的相对路径，如图 11-11 所示。

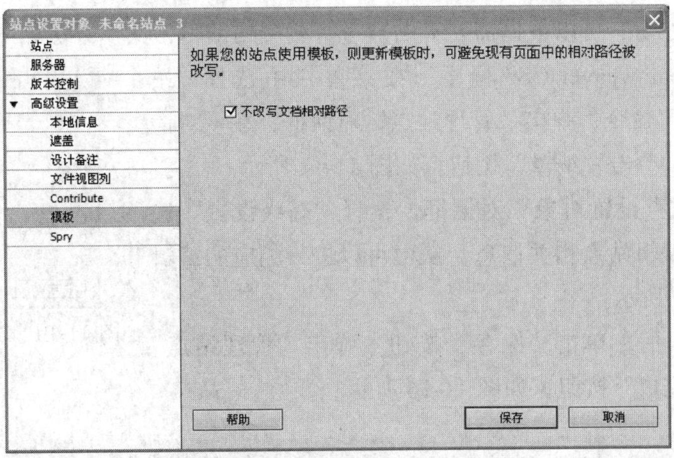

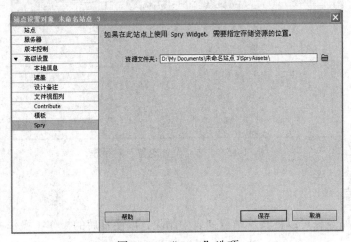

图 11-11 "模板"选项

在"高级设置"下单击"Spry"选项，可以设置 Spry 资源文件夹的位置，如图 11-12 所示。

图 11-12 "Spry"选项

11.2 管理站点

Dreamweaver CS5 除了具有强大的网页编辑功能之外，还有管理站点的功能，如打开站点、编辑站点、删除站点和复制站点等。

11.2.1 打开站点

运行 Dreamweaver CS5 之后，可以单击"文件"面板中左边的下拉按钮，在弹出的下拉列表中，选择准备打开的站点，单击即可打开相应的站点，如图 11-13 所示。

图 11-13 "文件"面板

11.2.2 编辑站点

在创建站点之后，可以根据需要对站点进行相应的编辑，操作方法如下：

1）启动 Dreamweaver CS5 程序，在菜单栏中选择"站点"|"管理站点"命令，弹出"管理站点"对话框，在该对话框中选中站点后，单击"编辑"按钮。如图 11-14 所示。

2）弹出"站点设置对象"对话框，选择"高级设置"选项卡，其中包括编辑站点相关信息，从中可以进行相应的编辑操作，如图 11-15 所示。

3）设置完毕后，单击"保存"按钮，弹出"管理站点"对话框，单击"完成"按钮，如图 11-16 所示。

图 11-14 "管理站点"对话框

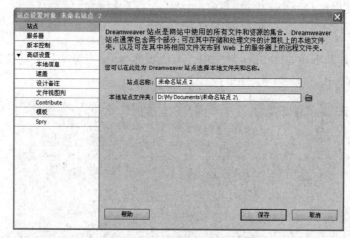

图 11-15 "站点设置对象"对话框

11.2.3 删除站点

对于多余的站点，可以将其从站点列表中删除，以便日后的操作，操作方法如下：

1）启动 Dreamweaver CS5 程序，在菜单栏中选择"站点"|"管理站点"命令，弹出"管理站点"对话框，在该对话框中选中欲删除的站点后，单击"删除"按钮。

2）弹出 Dreamweaver 对话框，单击"是"按钮，即可将站点删除，如图 11-17 所示。

图 11-16 "管理站点"对话框

图 11-17 删除站点

11.2.4 复制站点

对于有用的站点，可以通过站点复制功能进行相应的复制，操作方法如下：

1）启动 Dreamweaver CS5 程序，在菜单栏中选择"站点"|"管理站点"命令，弹出"管理站点"对话框。

2）在该对话框中选中欲复制的站点后，单击"复制"按钮。

3）在"管理站点"列表框中显示新建的站点，单击"完成"按钮，即可完成对站点的复制，如图 11-18 所示。

图 11-18 复制站点

11.3 管理站点中的文件

11.3.1 本地和远程文件夹的结构

设置 Dreamweaver 站点远程文件夹访问权限时，必须确定远程文件夹的主机目录，指定的主机目录应该对应于本地文件夹的根文件夹。如图 11-19 所示，在左侧显示一个本地文件夹示例，在右侧显示一个远程文件夹示例。

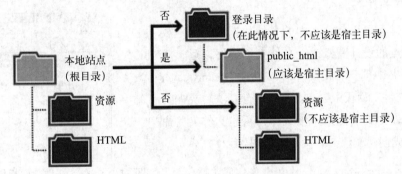

图 11-19 本地文件夹及远程文件夹

如果远程文件夹结构与本地文件夹的结构不匹配，Dreamweaver 会将文件上传到错误的位置，站点的访问者将无法看到这些文件，图像和链接路径也可能被破坏。远程根目录必须存在，Dreamweaver 才能连接到它，如果远程文件夹没有根目录，请创建一个根目录，或者请服务器管理员创建一个根目录，即使只打算编辑远程站点的一部分，也必须在本地复制远程站点相关分支的整个结构，即从远程站点的根文件夹到要编辑的文件。

如果远程站点的根文件夹名为 public_html，它包含两个文件夹"项目 1"和"项目 2"，而你仅想处理"项目 1"中的 HTML 文件，则不需要下载"项目 2"中的文件，但是必须将本地根文件夹映射为 public_html，而不是"项目 1"。如图 11-20 所示。

资源包括存储在站点中的各种元素，如图像或影片文件，可以通过各种方式获取资源，例如，可以在应用程序（如 Macromedia Fireworks 或 Macromedia Flash）中创建资源、从外界那里接收资源、从剪辑作品 CD 或图片 Web 站点中复制资源。

在 Dreamweaver CS5 中，管理站点中的文件操作包括创建文件夹、创建和保存网页文件以及移动和复制文件。

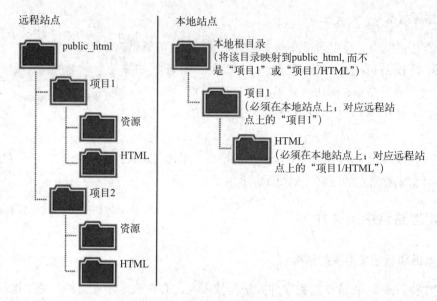

图 11-20   编辑远程站点的一部分

11.3.2   创建文件夹

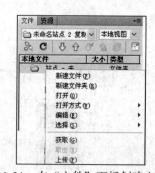

创建文件夹可以使站点中的文件数据有规律地放置，方便站点的设计和修改。文件夹创建好以后，就可以在文件夹中创建相应的文件。启动 Dreamweaver CS5，在"文件"面板中，右击准备创建新文件夹的父文件夹，在弹出的快捷菜单中选择"新建文件夹"命令，即可完成创建文件夹的操作，如图 11-21 所示。

11.3.3   创建网页文件

图 11-21   在"文件"面板创建文件夹

在 Dreamweaver CS5 中，同样可以创建网页文件，创建网页文件的方法和创建文件夹的方法相同。启动 Dreamweaver CS5，在"文件"面板中，右击准备创建文件的父文件夹，在弹出快捷菜单中选择"新建文件"命令，即可完成创建文件的操作，如图 11-22 所示。

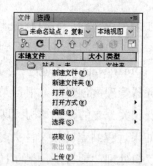

11.3.4   移动和复制文件

图 11-22   在"文件"面板创建网页文件

在文件管理中，还可以进行移动和复制文件的操作。启动 Dreamweaver CS5，在"文件"面板中右击准备要移动和复制的文件，在弹出的快捷菜单中选择"编辑"选项，在子菜单中选择相应的命令进行设置，如图 11-23 所示。

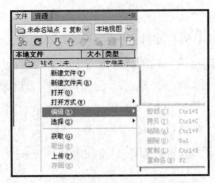

图 11-23　在"文件"面板编辑文件

11.4　网站测试

Dreamweaver 提供了多项功能以帮助你测试站点，其中包括预览页面和检查浏览器兼容性，还可以运行各种报告，如断开的链接的报告。

在将站点上传到服务器并声明其可供浏览之前，建议你先在本地对其进行测试（实际上，在站点建设过程中，建议你不断地对站点进行测试并解决所发现的问题，以便尽早发现问题，避免重复出错）。应该确保页面在目标浏览器中如预期地那样显示和工作，而且没有断开的链接，页面下载也不占用太长时间，还可以通过运行站点报告测试整个站点并解决出现的问题，并确保这些页面在其他浏览器中要么工作正常，要么"明确地拒绝工作"。

页面在不支持样式、层、插件或 JavaScript 的浏览器中应清晰可读且功能正常，对于在较早版本的浏览器中根本无法运行的页面，应考虑使用"检查浏览器"行为，自动将访问者重定向到其他页面。应尽可能多地在不同的浏览器和平台上预览页面，以便查看布局、颜色、字体大小和默认浏览器窗口大小等方面的区别，这些区别在目标浏览器检查中是无法预见的。检查站点是否有断开的链接，并修复断开的链接。

11.4.1　检查浏览器兼容性

检查浏览器的兼容性是检查文档中是否有目标浏览器所不支持的任何标签或属性等元素，当目标浏览器不支持某元素时，在浏览器中会显示不完全或功能运行不正常，具体操作如下：

1）启动 Dreamweaver CS5，打开准备检查浏览器的网页。在菜单中选择"窗口"｜"结果"｜"浏览器兼容性"命令，打开"浏览器兼容性"面板，如图 11-24 所示。

图 11-24　"浏览器兼容性"面板

2）在"浏览器兼容性"面板中，单击绿色三角按钮 ▷，在弹出的快捷菜单中选择"检查浏览器兼容性"命令。

3）此时，将对本地站点中所有文件进行目标浏览器检查，并显示检查结果。在面板左侧中单击某一个问题，右侧显示该问题的详细解释。

4）在"浏览器兼容性"面板中，单击绿色三角按钮 ▷，在弹出的快捷菜单中选择"设置"命令。

5）弹出"目标浏览器"对话框，对"浏览器最低版本"进行设置，单击"确定"按钮，如图 11-25 所示。

图 11-25　"目标浏览器"对话框

11.4.2　检查链接

在发布站点前应确认站点中所有文本和图形的显示是否正确，并且所有链接的 URL 地址是否正确，即当单击链接时能否达到目标位置。操作方法如下：

1）启动 Dreamweaver CS5，打开准备检查链接的网页。在菜单栏中选择"窗口"|"结果"|"链接检查器"命令，打开"链接检查器"面板。

2）在"链接检查器"面板中，单击绿色三角按钮 ▷，在弹出的快捷菜单中选择"检查整个当前本地站点的链接"命令。

3）在"链接检查器"面板中，即可显示检查结果。通过以上步骤即可完成检查链接的操作，如图 11-26 所示。

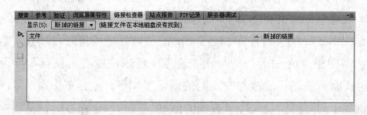

图 11-26　"链接检查器"面板

11.4.3　创建站点报告

工作流程报告可以改进 Web 小组中各成员之间的协作。运行工作流程报告显示谁取出了某个文件，哪些文件具有与之关联的设计备注以及最近修改了哪些文件。可以通过指定名称/值参数来进一步完善设计备注报告。但是必须定义远程站点连接才能运行工作流程报告。

HTML 报告可为多个 HTML 属性编辑和生成报告，可以检查可合并的嵌套字体标签、辅助功能、遗漏的替换文本、冗余的嵌套标签、可删除的空标签和无标题文档。运行报告后，可将报告保存为 XML 文件，然后将其导入模板实例、数据库或电子表格中，再将其打印出来或显示在 Web 站点上。

在测试站点时，可以使用"报告"命令来为一些 HTML 属性编译并产生报告，具体操作如下：

1）启动 Dreamweaver CS5，打开准备创建站点报告的网页。在菜单栏中选择"站点"|"报告"命令。

2）打开"报告"对话框，在"选择报告"列表框选择报告类型，单击"运行"按钮，如图 11-27 所示。

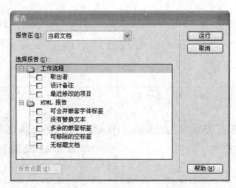

图 11-27 "报告"对话框

3）生成站点报告。

11.5 上传发布网站

网站制作完毕后，就可以正式上传到 Internet。在上传网站前应先从 Internet 上申请一个空间，这样才能把网页上传到 WWW 服务器上。

11.5.1 链接到远程服务器

在申请完毕远程服务之后，便可以链接到远程服务器，以便进行上传及维护工作，具体操作如下：

1）启动 Dreamweaver CS5，打开"文件"面板。在该面板中单击"展开以显示本地和远程站点"按钮，如图 11-28 所示。

2）弹出"站点管理"窗口，在工具档中单击"链接到远端主机"按钮，如图 11-29 所示。

3）在"站点管理"的左侧窗口中将显示远程服务器的目录，如图 11-30 所示。

图 11-28 "文件"面板

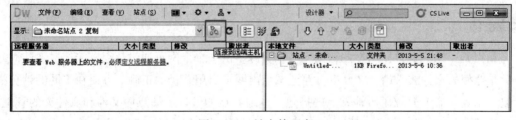

图 11-29 站点管理窗口

图 11-30 站点管理窗口

11.5.2 文件上传

可以使用 Dreamweaver 自带的上传工具上传文件，具体操作如下：

1）启动 Dreamweaver CS5，在站点管理窗口中选中准备上传的文件或文件夹，单击"上传"按钮，如图 11-31 所示。

图 11-31　站点管理窗口

2）Dreamweaver CS5 会自动将选中的文件或文件夹上传到远程服务器，然后，在远程站点即可显示刚刚上传的文件。

11.5.3 文件下载

启动 Dreamweaver CS5，在站点管理窗口中，单击"链接"按钮 ，选择准备下载的文件或文件夹。单击"获取文件"按钮 ，即可将远程服务器上的文件下载到本地计算机中，如图 11-32 所示。

图 11-32　站点管理窗口

在上传和下载文件时，将自动记录各种 FTP 操作。在菜单栏中选择"窗口"|"结果"|"FTP 记录"命令，即可打开"FTP 记录"面板，查看 FTP 记录。

本章小结

站点是一组具有共同属性的链接文档和资源，由一个个网页通过超级链接组成。建立站点就是把相关文件放入站点文件夹，保证站点内网页引用路径的正确，方便在不同的计算机上复制站点。本节介绍了本地站点的搭建、本地站点的管理、站点内文件和文件夹的管理、网站的链接测试以及发布站点时本地站点与远程服务器之间传输文件。

思考题

1. 如何在 Dreamweaver CS5 中创建一个站点？
2. 本地文件夹和远程文件夹的作用是什么，它们可以是同一文件夹吗？
3. 获取和取出有区别吗？

4. 如果要在 Internet 上发布站点，步骤是什么？

上机操作题

使用"管理站点"新建一个 Camera 站点并将它存放在 D 盘 Camera 文件夹中，在新建站点中添加：首页 index.html 和 image 文件夹，如图 11-33 所示。

图 11-33　"文件"面板

操作内容和要求：

1）打开"管理站点"，单击"新建"按钮，在"站点名称"命名为 Camera，将"本地站点文件夹"路径改为 D:\ Camera，单击"保存"按钮，在"管理站点"中选择"完成"按钮。

2）在操作界面右下角"文件"视图中，选中站点，单击右键选中"新建文件"生成一个新的 untitled.html 文件，重新命名为 index.html。选中站点重新单击右键选中"新建文件夹"，新建一个文件夹 untitled，重新命名为 image。

第三部分　图形动画篇

第 12 章　Fireworks CS5 入门

Adobe Fireworks CS5 是一款用来设计和制作网页图形的应用程序，它所含的创新性解决方案解决了图形设计人员和网站管理员所面临的主要问题。使用 Fireworks 可以在一个专业化的环境中创建和编辑网页图形、对其进行动画处理、添加高级交互功能以及优化图像。Fireworks 中的工具种类齐全，使用这些工具，设计者可以在单个文件中创建和编辑矢量和位图图形。Fireworks 可生成 JavaScript 脚本，从而使用户可以很轻松地创建变换图像。除此之外，其高效的优化功能可在不牺牲品质的前提下缩减网页图形文件的大小。

Fireworks 能与多种产品集成在一起协同工作，包括 Adobe 的其他产品（如 Dreamweaver、Flash、FreeHand 和 Director）和其他图形应用程序及 HTML 编辑器，从而提供了一个真正集成的 Web 解决方案。

12.1　Fireworks CS5 概述

Fireworks 具有易学易用、方便快捷、轻巧高效等众多优点，使用它可以用最少的步骤创建兼顾文件尺寸与质量的网页图形，自问世以来，一直受到广大网页制作人员的喜爱。

Fireworks 在 Microsoft Windows 平台下的系统需求如下：

- Intel Pentium 4 或 AMD Athlon 64 处理器。
- 带 Service Pack 2（推荐 Service Pack 3）的 Microsoft Windows XP；带 Service Pack 1 的 Windows Vista Home Premium、Business、Ultimate 或 Enterprise；或 Windows 7。
- 512MB 内存（建议使用 1GB）外加 1GB 可用磁盘空间；安装过程中会需要更多的可用空间（无法在可移动的基于闪存的存储设备上安装）。
- 1280×1024 像素分辨率，16 位色或更高的显示模式。
- DVD-ROM 驱动器。
- 联机服务所必需的宽带 Internet 连接。

1. 安装 Fireworks

按照以下步骤可以在 Windows 或 Macintosh 计算机上安装 Fireworks CS5。请在安装前关闭系统中正在运行的所有应用程序，包括其他 Adobe 应用程序、Microsoft Office 应用程序和浏览器窗口。此外，还建议在安装过程中临时关闭病毒防护程序。用户必须具有管理权限，或者能够通过管理员身份验证。

1）将 Fireworks CS5 的安装光盘放入光驱中。

2）请执行下列操作之一：

- 在 Windows 系统中，Fireworks 安装程序会自动启动。如果未启动，请选择"开始"|"运

行"，打开"运行"对话框，单击"浏览"按钮选择 Fireworks CS5 光盘上的 Set-up. exe 文件，然后单击"确定"按钮开始安装。

- 在 Macintosh 上，导航到位于光盘根目录下的应用程序文件夹，双击 Install.app。

3）根据屏幕上的提示进行相应操作即可完成安装。

2. 交互式图形

切片和热点是指定网页图形中交互区域的网页对象。切片将图像切成不同的部分，可以将变换图像行为、动画和统一资源定位器（URL）链接应用到这些部分。另外，可以使用不同的设置导出各个部分。在网页上，每个切片都出现在一个表格单元格中。使用热点可将 URL 链接和行为指定给整个图形或图形的某个部分。

切片和热点具有拖放变换图像手柄，可以直接在工作区中快速为图形指定交换图像和变换图像行为。"按钮编辑器"和"弹出菜单编辑器"是两个使用非常方便的 Fireworks 功能，可以帮助设计者生成特殊的、用于在网站中导航的交互式图形。

3. 优化和导出图形

Fireworks 具有强大的优化功能，在导出图形时可帮助用户在文件大小和可接受的视觉品质之间取得平衡。用户可以在 Fireworks 中优化网页图形以尽可能地压缩文件大小，使其能够快速地加载到网站中；另外，还可以在工作区的"预览"、"2 幅"或"4 幅"视图中对各种优化图形的品质进行比较，以便设计者选择出最优效果。

优化图形后，下一步是将它们导出以便在网页上使用。从 Fireworks 源 PNG 文档中，设计者可以导出许多种类型的文件，其中包括 JPEG、GIF、GIF 动画和包含多个切片图像的 HTML 表格。

4. 矢量和位图图形

计算机以矢量或位图格式显示图形。Fireworks 中既包含矢量工具，又包含位图工具，并且能够打开或导入这两种格式的文件，了解这两种格式之间的差异将有助于灵活使用 Fireworks。

（1）关于矢量图形

矢量图形使用称为"矢量"的线条和曲线（包含颜色和位置信息）呈现图像。例如，一片叶子的图像可以使用一系列描述叶子轮廓的点来定义。叶子的颜色由它的轮廓（即笔触）的颜色和该轮廓所包围的区域（即填充）的颜色决定。

编辑矢量图形时，修改的是描述其形状的线条和曲线的属性。矢量图形与分辨率无关，这意味着除了可以在分辨率不同的输出设备上显示以外，还可以对其执行移动、调整大小、更改形状或更改颜色等操作，而不会改变其外观品质，如图 12-1 所示。

（2）关于位图图形

位图图形由排列成网格的称为"像素"的点组成。计算机的屏幕就是一个大的像素网格。在叶子的位图版本中，图像是由网格中每个像素的位置和颜色值决定

图 12-1　矢量图形

的。每个点被指定一种颜色。在以正确的分辨率查看时，这些点像马赛克中的贴砖那样拼合在一起形成图像。

编辑位图图形时，修改的是像素，而不是线条和曲线。位图图形与分辨率有关，这意味着描述图像的数据被固定到一个特定大小的网格中。放大位图图形将使这些像素在网格中重新进行分布，这通常会使图像的边缘呈锯齿状，如图 12-2 所示。在一个分辨率比图像本身低的输出设备上显示位图图形还会降低图像品质。

图 12-2　位图图形

5. Fireworks 资源

有多种资源可用于学习 Fireworks，包括 Fireworks 帮助、PDF 版本的 Fireworks 教程以及若干基于 Web 的信息资源。

Fireworks 帮助在 Fireworks 应用程序处于活动状态时随时可用。Fireworks 帮助包含完整的 Fireworks 文档。在主界面中选择"帮助"|"Fireworks 帮助"菜单命令，即可打开"Fireworks 帮助"。

Fireworks 教程提供对 Fireworks 主要功能的交互式介绍。每讲大约一个小时可以完成。这些教程涵盖常见的 Fireworks 任务，例如使用绘图和编辑工具、优化图像以及创建变换图像、导航栏和其他交互元素等。这些教程可以从 Fireworks 支持网站（http://www.adobe.com/go/lrvid4032_fw_cn）上获得。

"开始"页面是一个中枢位置，从这里可以访问教程、技术说明和有关 Fireworks 的最新信息。"开始"页面是动态的，用户只需单击一下按钮就可以直接获得有关 Fireworks 的最新更新和资源信息。

6. Fireworks 中的新功能

利用 Fireworks CS5 中的新增功能，可以更方便地在网站上添加图形和交互元素，这使得该应用程序越来越易于使用。对于有经验的 Web 设计人员、需要与图形打交道的 HTML 开发人员、需要开发包含大量图形的交互式网页但对代码编写或 JavaScript 知之甚少的开发新手来说，Fireworks CS5 都可以最大限度地提高工作效率。

1. 性能和稳定性提高

- 对 Fireworks 中常用工具的大量改进将帮助用户提升工作效率。
- 更快的综合性能。
- 对设计元素像素级的更强控制。

- 更新了综合路径工具。

2. 像素精度

增强型像素精度可确保用户的设计在任何设备上都能清晰显示。可快速简便地更正不在整个像素上出现的设计元素。

3. Adobe Device Central 集成

使用 Adobe Device Central，可以为移动设备或其他设备选择配置文件，然后启动自动工作流程以创建 Fireworks 项目。该项目具有目标设备的屏幕大小和分辨率。设计完成后，可以使用设备中心的仿真功能在各种条件下预览此设计，还可以创建自定义设备配置文件。改进的移动设计工作流程包括使用 Adobe Device Central 整合的交互设计的仿真。

4. 支持使用 Flash Catalyst 和 Flash Builder 的工作流程

创建高级用户界面及使用 Fireworks 和 Flash Catalyst 之间的新工作流程的交互内容。在 Fireworks 中设计并选择对象、页面或整个文档以通过 FXG（适用于 Adobe Flash 平台工具的基于 XML 的图形格式）导出。通过可自定义的扩展脚本将设计高效地导出至 Flash Professional、Flash Catalyst 和 Flash Builder。

5. 扩展性改进

使用其他应用程序时将体验更强的控制：增强型 API 支持用户扩展导出脚本、批处理以及对 FXG 文件格式的高级控制。

6. 套件之间共享色板

使用 Fireworks 中的功能可更好地控制颜色准确性以便在 Creative Suite 应用程序之间共享色板。共享 ASE 文件格式功能可鼓励在设计者之间统一颜色。

12.2 Fireworks 工作环境

在 Fireworks 中打开或新建一个文档时，就会激活 Fireworks 工作环境，其中包括"工具"面板、"属性"检查器、菜单和其他一些面板，如图 12-4 所示。"工具"面板位于屏幕的左侧，该面板分成了多个类别并用标签标明，其中包括位图、矢量和 Web 等工具组。"属性"检查器默认情况下出现在文档的底部，它最初显示文档的属性，当用户在文档中工作时，它将改变为显示新近所选工具或当前激活对象的属性。其他各类面板最初沿屏幕右侧成组停放，文档窗口则出现在应用程序的中心。

由图 12-3 可以看出，Fireworks 的工作界面布局简单合理，为用户提供了一个良好的操作环境。当用户启动 Fireworks 而没有打开文档时，Fireworks "开始"页出现在工作环境中。"开始"页可以使你快速访问 Fireworks 教程、最近的文件以及 Fireworks Exchange（用户可以在其中将一些新能力添加到某些 Fireworks 功能中）。若要禁用"开始"页，请在"开始"页打开时单击"不再显示此对话框"。下面具体介绍一下工作界面的各个部分。

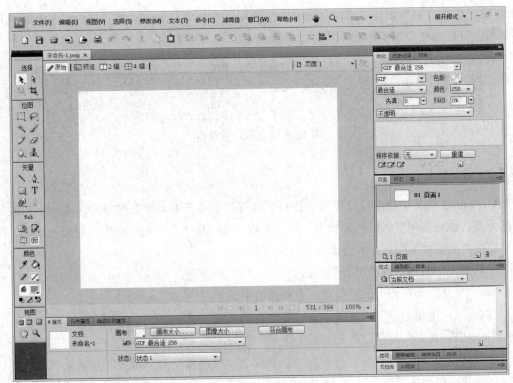

图 12-3　Fireworks CS5 主界面

12.2.1　"工具"面板

在默认状态下，"工具"面板放置在窗口的左侧，面板上分为 6 组不同种类的工具，分别为选择、位图、矢量、Web、颜色和视图。根据所选工具的不同，系统会自动识别矢量和位图对象。

当用户选择一种工具后，"属性"检查器中将显示该工具的设置选项。有些工具的右下角有个小三角形，表示这是一个工具组，在该工具按钮上按下鼠标左键不放，将会显示组内包含的所有工具以供用户选择。例如，"矩形"工具属于基本形状工具组，该工具组还包括"圆角矩形"、"椭圆"和"多边形"基本工具，以及所有出现在分隔线下面的"自动形状"工具，如图 12-4 所示。

图 12-4　基本形状工具组

12.2.2　"属性"检查器

"属性"检查器是一个上下文关联面板，它显示当前选区的属性、当前工具选项或文档属性。默认情况下，属性检查器停放在工作区的底部。"属性"检查器可以半高方式打开，只显示两行属性，也可以全高方式打开，显示四行属性。双击"面板"选项卡可以进行切换。用户还可以将"属性"检查器留在工作区中的同时将其完全折叠，方法是单击左上角的"属性"标签。

将鼠标移至"属性"检查器，单击右键按住不放，就可以将"属性"检查器拖至任意处，如图 12-5 所示。如果想让"属性"检查器重新吸附在主窗口底部，将"属性"检查器拖回标题栏，待标题栏变成蓝色松开鼠标键即可。

图 12-5 "属性"检查器

12.2.3 各类面板

Fireworks CS5 中的面板是浮动的控件，能够帮助用户编辑所选对象的多类别参数或文档的元素。面板使用户可以处理状态、层、元件、颜色样本等。每个面板都是可拖动的，因此可以按自己喜欢的排列方式将面板组合到一起。

默认情况下将以下面板组合到一起：

"样式"和"调色板"面板放在一个面板组中。

"路径"、"图像编辑"、"特殊字符"和"自动形状"面板放在一个面板组中。

"页面"、"状态"、"图层"和"历史记录"面板放在一个面板组中。

在默认情况下，"优化"、"样本"、"公用库"、"文档库"和"对齐"面板未与其他面板组合到一起，但如果需要，可以将它们组合到一起。将面板组合到一起时，所有被组合面板的名称将出现在面板组标题栏中，用户也可以为面板组指定任何喜欢的名称。

下面简单介绍一下各类面板的作用。

"优化"面板：可用于管理控制文件大小和文件类型的设置，还可用于处理要导出的文件或切片的调色板。

"图层"面板：组织文档的结构，并且包含用于创建、删除和操作层的选项。

"公用库"面板：显示"公用库"文件夹的内容，其中包含元件，可以轻松地将这些元件的实例从"文档库"面板拖到文档中。

"页面"面板：显示当前文件中的页面且包含用于操作页面的选项。

"状态"面板：显示当前文档的状态并包括用于创建动画的选项。

"历史记录"面板：列出最近使用过的命令，以便用户能够快速撤消和重做命令。另外，用户可以选择多个动作，然后将其作为命令保存和重新使用。

"自动形状"面板：包含"工具"面板中未显示的自动形状。

"样式"面板：可用于存储和重用对象的特性组合或者选择一个常用样式。

"文档库"面板：包含已在当前 Fireworks 文档中的图形元件、按钮元件和动画元件。用户可以轻松地将这些元件的实例从"文档库"面板拖到文档中，并可以通过修改该元件实现对全部实例进行全局更改，非常方便快捷。

"URL"面板：可用于创建包含经常使用的 URL 库。

"混色器"面板：可用于创建要添加至当前文档的调色板或要应用到选定对象的颜色。

"样本"面板：管理当前文档的调色板。

"信息"面板：提供所选对象的尺寸和指针在画布上移动时的精确坐标。

"行为"面板：对行为进行管理，这些行为确定热点和切片对鼠标移动所做出的响应。

"查找"面板：可用于在一个或多个文档中查找和替换元素，如文本、URL、字体和颜色等。

"对齐"面板：包含用于在画布上对齐和分布对象的控件。

"自动形状属性"面板：允许在将自动形状插入文档后，更改该形状的属性。

"调色板"面板（"窗口"|"其他"）：可以创建和交换调色板，导出自定义 ACT 颜色样本，了解各种颜色方案，以及获得选择颜色的常用控件。

"图像编辑"面板（"窗口"|"其他"）：将用于位图编辑的常用工具和选项组织到一个面板中。

"路径"面板（"窗口"|"其他"）：用于快速访问许多与路径相关的命令。

"特殊字符"面板（"窗口"|"其他"）：显示可在文本块中使用的特殊字符。

"元件属性"面板：管理图形元件的可自定义属性。

在各面板的右上角通常会有一个图标，单击该图标可以打开面板的选项菜单。按住面板的左上角进行拖动，可以移动面板的位置。单击面板组或面板的标题，或单击面板左上角的扩展箭头可以展开或折叠面板。

如果需要拆分默认状态下的面板组，可以通过执行面板菜单中的命令或直接将面板拖出来实现，而且还可以将其与其他的面板组合成新的面板组。当移动或组合面板组以后，如果想回到最初 Fireworks 默认的状态，从应用程序栏上的工作区切换器中选择默认或基本工作区。

利用"窗口"菜单中的命令可显示或隐藏各个面板，如果面板名称前有"√"标记，表明该面板当前处于显示状态，再次选择此菜单项可以将其隐藏起来。如果觉得工作界面上的面板太多遮挡了视线，可以执行"窗口"|"隐藏面板"命令将所有的面板都隐藏起来，而需要显示全部面板时，再次执行"窗口"|"隐藏面板"命令即可。

如果感觉某种面板的排列方式比较适合工作，从应用程序栏上的工作区切换器中选择"保存当前"，打开如图 12-6 所示对话框，输入名称后单击"确定"按钮将这种面板布局保存起来，这样以后打开 Fireworks 时，依然可以使用相同的布局方式。

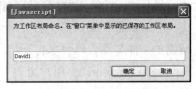

图 12-6　保存工作区布局

12.3　Fireworks 文档操作

文档操作是一个应用程序操作的最基本部分。Fireworks CS5 的文档操作有与其他 Windows 应用程序相同的部分，也有与其自身特点相关的不同部分。

12.3.1　创建新文档

在 Fireworks 中创建新文档时，系统默认创建的是可移植网络图形（Portable Network Graphics，PNG）文档，PNG 是 Fireworks 本身的文件格式。在 Fireworks 中创建图形之后，可以将其导出为常用的网页图形格式（如 JPEG、GIF 和 GIF 动画），还可以将图形导出

为许多流行的非网页用格式，如 TIFF 和 BMP 格式。无论选择何种格式导出图形，原始的
Fireworks PNG 文件都会被保留，以方便以后进行修改。

创建新文档的方法是选择"文件"|"新建"菜单命令，打开"新建文档"对话框，在
对话框的"宽度"和"高度"文本框中输入画布的宽度和高度值，其度量单位可以是像素、
英寸或厘米；在"分辨率"文本框中输入分辨率，单位可以是像素 / 英寸或像素 / 厘米，默
认的分辨率是 72 像素 / 英寸，比较适合制作网络图形；
在"画布颜色"选项组中可设置画布的颜色，用户可以
选择白色、透明或其他色彩，如图 12-7 所示。

如果想创建的是网页图形，必须首先建立一个新文
档或者打开一个现有文档，然后在"属性"检查器中调
整相关参数，如可将"默认导出选项"更改为" GIF 接
近网页 256 色"。

若要创建与剪贴板上的对象大小相同的新文档，可
按下列步骤操作：

图 12-7 "新建文档"对话框

1）将一个对象从另一个 Fireworks 文档、网页浏览器或其他应用程序中复制到剪贴板。

2）选择"文件"|"新建"。"新建文档"对话框自动以剪贴板中对象的宽度和高度尺寸
呈现相应参数。

3）设置分辨率和画布颜色，然后单击"确定"按钮。

4）选择"编辑"|"粘贴"将对象从剪贴板粘贴到新文档中。

12.3.2 打开和导入文件

选择"文件"|"打开"菜单项，然后在"打开"对话框中选择所需要的文件，就可以
打开一个已存在的文件。如果要打开文件而不覆盖原始文件，可选中"打开为未命名"复选
框，然后取一个新名称保存该文件。

在"文件"菜单的"打开最近的文件"子菜单中列出最近编辑的 10 个文档。用户选择
所需的文件名称，可快速打开相应图形。

使用 Fireworks，用户可以打开在其他应用程序中编辑或以其他文件格式创建的文件，
其中包括 Photoshop、FreeHand、Illustrator、未压缩的 CorelDraw、WBMP、EPS、JPEG、
GIF 和 GIF 动画文件。

当打开非 PNG 格式的文件时，将基于所打开的文件创建一个新的 Fireworks PNG 文
档，以便可以使用 Fireworks 的所有功能来编辑图像，然后可以选择"另存为"将所编辑
的文档保存为新的 PNG 文件；对于某些图像类型，也可以选择将文档以其原始格式保存。
如果以文档的原始格式保存，图像将会拼合成一个层，此后将无法编辑附加到该图像上的
Fireworks 特有功能。

Fireworks CS5 支持从扫描仪或数码相机中获取图像。为了能够导入图像，扫描仪或数
码相机必须兼容 TWAIN 标准（Windows 平台）或者使用内置的位于"应用程序"文件夹里
的图像捕捉程序（在 Mac OS 中）。从扫描仪或数码相机导入 Fireworks 中的图像将作为新的

文档打开。

注意：除非安装了适当的软件驱动程序、模块和插件，否则 Fireworks 将无法从图像扫描仪或数码相机中导入。有关安装、设置和选项的具体说明，请参考自己的扫描仪或数码相机文档以了解有关 TWAIN 模块信息。

在 Mac OS 中，Fireworks 自动在 Fireworks 应用程序文件夹下的 Plug-ins 文件夹中查找 Photoshop Acquire 插件。如果事先没有把插件放在此处，则必须为 Fireworks 指出替代位置。

12.3.3 保存 Fireworks 文档

当创建新文档或打开现有的 Fireworks PNG 文件时，这些文档的文件扩展名为 .PNG。有些类型的文件（如 PSD 和 HTML）也以 PNG 文件形式打开，从而使用户可以将 Fireworks PNG 文档用作源文件或工作文件。

使用 Fireworks PNG 文件作为源文件具有以下优点：

1）源 PNG 文件始终是可编辑的。即使已经将该文件导出并在网页上使用，用户仍可以回退并进行其他更改。

2）如果打开一个其他格式的现成文件，如 JPEG 文件，然后对它做了更改，原始文件会受到保护。实际的更改是对 Fireworks PNG 文件进行的，原始文件保持不变。

3）在 PNG 文件中，可以将复杂图形分割成多个切片，然后将这些切片导出为具有不同文件格式和不同优化设置的多个文件。

用户可以直接单击工具栏中的"保存"按钮来保存任何文件类型的图像，但对于 Fireworks 不能直接保存的图像格式，将自动打开"另存为"对话框提示更改格式。用户可以直接保存的文件格式有 Fireworks PNG、GIF、GIF 动画、JPG、BMP、WBMP 和 TIF（Fireworks 采用 24 位颜色深度保存 16 位 TIF 图像）。

保存新的 Fireworks 文档方法是选择"文件"|"另存为"菜单打开"另存为"对话框，然后选择存放位置并键入文件名即可。注意，无需输入扩展名，Fireworks 会自动设置为 PNG。

12.4　更改画布

当首次创建新的 Fireworks 文档时，可以先指定文档特性。当然在文档编辑过程中，用户也可以随时对画布进行更改。例如，使用"修改"菜单或"属性"检查器修改画布的大小和颜色、更改图像的分辨率、旋转画布或修剪多余的部分。

12.4.1 更改画布大小、颜色和图像大小

1. 更改画布大小

选择"修改"|"画布"|"画布大小"菜单命令，打开"画布大小"对话框，在宽度和高度文本框中输入新的尺寸，并且在"锚定"选项组中选择一个方向，以指定 Fireworks 在画布的哪一边进行增加或裁剪，从而更改画布的大小。注意：默认情况下选择中心锚定，这表示对画布大小的更改将在所有边上进行，如图 12-8 所示。

2. 更改画布颜色

如果需要更改画布的颜色，可选择"修改"|"画布"|"画布颜色"菜单命令，打开"画布颜色"对话框，选择"白色"、"透明"或"自定义"，如图 12-9 所示。如果选择"自定义"，则弹出"样本"窗口，在其中单击一种颜色。

如果通过"属性"检查器更改画布颜色，则必须首先取消所有对象的选择状态，并选择"指针"工具以便在"属性"检查器中显示文档属性，然后单击"画布"颜色框，从"样本"弹出窗口中选取一种颜色，或者在屏幕上任意位置的某种颜色上单击滴管。如果要使用透明画布，请单击"样本"弹出窗口中的透明按钮。

图 12-8　"画布大小"对话框

3. 更改图像大小

与改变画布大小不同，调整图像的大小将同时改变画布和画布中对象的大小。选择"修改"|"画布"|"图像大小"菜单命令，打开"图像大小"对话框，在"像素尺寸"文本框中输入新的水平和垂直尺寸，如图12-10 所示。

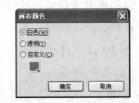

图 12-9　"画布颜色"对话框

默认的图像度量单位为像素，用户可以从其度量单位下拉列表中选择"百分比"选项。用户可在"打印尺寸"文本框中输入打印图像的水平和垂直尺寸，在"分辨率"文本框中为图像输入新的分辨率。

如果要在文档的水平和垂直尺寸之间保持相同的比例，请选择"约束比例"复选框。取消选择"约束比例"可单独调整宽度和高度。当选择"图像重新取样"复选框后，可以在调整图像大小时添加或去除像素，使图像在不同大小的情况下具有大致相同的外观。

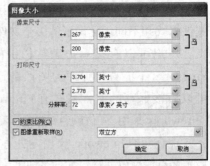

图 12-10　"图像大小"对话框

12.4.2　关于重新取样

Fireworks 对图像重新取样的方法与大多数图像编辑应用程序不同。Fireworks 包含基于像素的位图对象以及基于路径的矢量对象。

对位图对象重新取样时，将在图像中添加或去除像素，使图像变大或变小。对矢量对象重新取样时，由于通过数学方式以更大或更小的尺寸对路径进行重绘，所以几乎不会有品质损失。Fireworks 中矢量对象的属性是作为像素表现的，在重新取样后，由于必须重绘组成笔触或填充的像素，所以有些笔触或填充可能看起来略微不同。

注意：在更改文档的图像大小时，辅助线、热点对象和切片对象的大小都将被调整。

调整位图对象的大小时总会产生一个问题：是通过添加或去除像素调整图像大小，还是要更改每英寸或每厘米的像素数？

用户可以通过调整分辨率或对图像重新取样来改变位图图像的大小。在调整分辨率的时候，实际上更改了图像中像素的大小，从而使更多或更少的像素放在给定的空间中。调整分辨率而不重新取样不会导致数据损失。

向上重新取样即添加像素以使图像变大，因为添加的像素难以总是与原始图像相符，所以可能会导致品质损失。

向下取样即删除像素以使图像变小，因为要丢弃像素以调整图像的大小，所以总是会导致品质损失。图像中的数据损失是向下取样的另一种副作用。

12.4.3　旋转画布、修剪或符合画布

1. 旋转画布

将导入的图像倒置或侧放时，旋转画布非常有用。可以将画布顺时针旋转 180°、90°，也可以将画布逆时针旋转 90°。需要说明的是，旋转画布时，文档中的所有对象都将旋转。

若要旋转画布，请执行下列操作之一：

- 选择"修改"|"画布"|"旋转 180 度"。
- 选择"修改"|"画布"|"旋转 90 度顺时针"。
- 选择"修改"|"画布"|"旋转 90 度逆时针"。

2. 修剪或符合画布

如果文档的画布内容周围有多余的空间，可以适当地修剪画布。如果文档中画布大小容不下内容时，也可以扩展其大小以放入超出其边界的对象。

当选择"修改"|"画布"|"修剪画布"菜单命令时，画布中超出内容对象最外边的像素部分将被自动删除。画布的各个边缘都被修剪为与文档中对象的边缘平齐。如果文档包含多个帧，则修剪画布时会将所有帧中的所有对象包含进来，而不仅仅包含当前帧中的对象。

当选择"修改"|"画布"|"符合画布"菜单命令时，可以通过扩展画布大小以包含超出其边界的对象。

12.4.4　修剪文档

用户可以通过修剪来删除文档中多余的部分，画布将同时调整大小以适合定义的区域。默认情况下，修剪时会删除超出画布边界的对象，也可以通过在修剪前更改参数来保留画布外的对象。

修剪文档的操作方法如下：

1）从"工具"面板中选择"裁切" 工具，或者选择"编辑"|"裁剪文档"菜单。

2）在画布上拖动鼠标，并调整修剪手柄，直到边框包围要保留的文档区域为止。

3）在边框中双击或者按下 Enter 键以修剪文档。Fireworks 将画布调整为用户定义的区域大小并删除超出画布边缘的对象，如图 12-11 所示。

图 12-11 修剪文档

提示：可以保留画布外的对象，方法是在修剪之前在"首选参数"对话框的"编辑"选项卡上取消选择"裁剪时删除对象"。

12.4.5 使用标尺、辅助线和网格

使用标尺和辅助线可以尽可能精确地对对象进行布局以及执行各种绘制操作。用户可以将辅助线放在文档中并使对象与这些辅助线对齐，或者启用 Fireworks 网格并使对象与网格对齐。

1. 使用标尺

标尺能够帮助测量、组织和计划作品的布局。因为 Fireworks 图形旨在用于网页，而网页中的图形以像素为单位进行度量，所以不管创建文档时所用的度量单位是什么，Fireworks 中的标尺总是以像素为单位进行度量。

通过选择"视图"|"标尺"菜单命令可以显示和隐藏标尺。如果打开标尺，垂直和水平标尺会出现在文档窗口的边缘。

2. 使用辅助线

辅助线是从标尺拖到文档画布上的线条。它们可作为帮助放置和对齐对象的辅助绘制工具，也可以使用辅助线来标记文档的重要部分，如边距、文档中心点和要在其中精确地进行工作的区域。

为了帮助对齐对象，Fireworks 允许将对象与辅助线对齐。用户可以锁定辅助线以防止它们意外移动。注意：辅助线既不驻留在层上，也不随文档导出。它们只是设计工具。

Fireworks 还包含切片辅助线，允许为了在网页上使用而将文档切片。但是，常规图像辅助线与切片辅助线二者并不相同。

创建水平或垂直辅助线的方法是：在水平或垂直标尺上按下鼠标左键进行拖动，在画布上定位辅助线并释放鼠标按钮。注意：可以通过反复拖动辅助线来重新确定其位置。

辅助线定位好之后，如果要使对象与辅助线对齐，请选中"视图"|"辅助线"|"对齐辅助线"菜单项，以后移动对象时会自动吸附到最近的辅助线。

辅助线的其他操作方法如下：

- 将辅助线移动到特定位置：双击辅助线，在"移动辅助线"对话框中输入新位置并单击"确定"按钮。
- 显示或隐藏辅助线：选择"视图"|"辅助线"|"显示辅助线"菜单项。
- 更改辅助线颜色：选择"编辑"|"首选参数"菜单项单击辅助线和网格，然后从颜色框弹出窗口中选择新的辅助线颜色并单击"确定"按钮。
- 锁定或解锁全部辅助线：选择"视图"|"辅助线"|"锁定辅助线"菜单项。
- 删除辅助线：将辅助线从画布拖走。

3. 使用网格

网格在画布上显示一个由横线和竖线构成的体系，网格对于精确放置对象非常有用。此外，用户可以查看和编辑网格、调整网格大小以及更改网格的颜色。

注意：网格既不驻留在层上，也不随文档一起导出。它只是一种设计工具。

网格的主要设置方法如下：

- 显示和隐藏网格：选择"视图"|"网格"|"显示网格"菜单项。
- 使对象与网格对齐：选择"视图"|"网格"|"对齐网格"。
- 更改网格颜色：选择"视图"|"网格"|"编辑网格"，然后从颜色框弹出窗口中选择新的网格颜色并单击"确定"按钮。
- 更改网格单元格的大小：选择"视图"|"网格"|"编辑网格"，在水平和垂直间距文本框中输入适当的值并单击"确定"按钮。

12.5　首选参数和快捷键

Fireworks CS5 首选参数设置使设计者可以控制用户界面的常规外观，以及编辑方式和文件夹选项等。另外，Fireworks CS5 还允许自定义快捷键，以简化操作并提高工作效率。

12.5.1　设置首选参数

设置首选参数的方法如下：

1）选择"编辑"|"首选参数"菜单命令，打开"首选参数"对话框，如图 12-12 所示。

图 12-12　"首选参数"对话框

2）选择要修改的首选参数组："常规"、"辅助线和网格"、"文字"、"Photoshop 导入 / 打开"、"启动和编辑"或"插件"。

3）更改参数后单击"确定"按钮。

1. "常规"参数

"常规"参数选项卡中包括下列选项：

文档选项：若要在打开应用程序时直接进入工作区，请取消选择"显示启动屏幕"。若要在调整对象大小时维持笔触和效果的尺寸，请取消选择"缩放笔触和效果"。

保存文件：添加预览图标（仅限 Mac OS）在硬盘上显示或隐藏 Fireworks PNG 文件的缩略图。取消选择此选项可以显示用于 Fireworks PNG 文件的传统 Fireworks 图标。更改在用户保存文件后生效。

最多撤消次数：在文本框中输入 0 到 1009 之间的某个数值，可指定撤消或重做的次数。此设置对"编辑"|"撤消"命令和"历史记录"面板起作用。需要说明的是，设置较大的值可以方便用户进行撤消操作，但会增加 Fireworks 所需的内存量。另外，如果要使此参数更改生效，必须重新启动 Fireworks。

颜色默认值：设置刷子笔触、填充和高亮路径的默认颜色。"笔触"和"填充"选项不会自动更改"工具"面板的颜色框中显示的颜色；通过它们可以更改由"工具"面板中的"设置默认笔触 / 填充色"按钮所指定的默认颜色。

插值法：设置缩放图像时 Fireworks 用来插入像素的方式，共包括 4 种不同的缩放方法。

1）双立方插值法：大多数情况下都可以提供最鲜明、最高的品质，并且是默认的缩放方法。

2）双线性插值法：提供的鲜明效果比柔化插值法强，但没有双立方插值法那么鲜明。

3）柔化插值法：在 Fireworks 1 中使用的缩放方法，它提供了柔化模糊效果并消除了鲜明的细节。当其他方法产生了多余的人工痕迹时，此方法很有用。

4）最近的临近区域插值法：产生锯齿状边缘和没有模糊效果的鲜明对比度。此效果类似于使用"缩放"工具在图像上放大或缩小。

工作区：若要在远离已停放面板的位置单击时自动折叠这些面板，请选择"自动折叠图标面板"复选框。

2. "编辑"参数

"编辑"参数控制指针的外观和处理位图对象时的可视化提示，主要包括以下选项。

精确光标：用"十"字型指针替换工具图标指针。

裁剪时删除对象：选择执行"编辑"|"修剪文档"或"修改"|"画布"|"画布大小"命令时永久删除选定内容的定界框之外的像素或对象。该选项仅对位图对象有效。

刷子大小绘图光标：设置刷子、橡皮擦、模糊、锐化、减淡、加深、涂抹等工具的指针，以精确反映将要绘制或擦除的内容。对于某些较大的有多个笔尖的刷子，默认使用十字型指针。当此选项和"精确光标"关闭时，显示的是工具图标指针。

显示钢笔预览：在使用钢笔工具单击时，提供将创建的下一个路径段的预览。

显示实心点：将选中的控制点显示为空心，将未选中的控制点显示为实心。

鼠标滑过时高亮显示：高亮显示当前鼠标单击所选择的项目。

选择距离：指定指针必须离对象多近距离才能选中对象。取值介于 1 ~ 10 个像素之间。

拖动时预览：在拖动时显示新对象位置的预览。

显示填充手柄：允许在屏幕上编辑填充。

切片缩放选项：在使用切片缩放工具时对自动形状自动取消组合，避免出现询问是否要对此类图形取消组合的对话框。

3. "辅助线和网格" 参数

颜色框：在单击时，会显示一个弹出窗口，用户可以从中选择颜色或输入十六进制值选定颜色。

显示：在画布上显示辅助线或网格。

对齐：使对象与辅助线或网格线对齐。

锁定：锁定先前放置的辅助线的位置，防止用户在编辑对象时无意中移动了它们。

对齐距离：指定所移动的对象必须离网格或辅助线多近（1 ~ 10 个像素）才能与它对齐。但是 "对齐距离" 在选择了 "对齐网格" 或 "对齐辅助线" 时才有效。

网格设置：更改网格单元格的大小（以像素为单位）。在水平和垂直间距框中输入值。

4. "文字" 参数

字顶距，基线调整：更改相关快捷键的增量值。

以英文显示字体名称：替换字体菜单中的亚洲字符。注：重新启动 Fireworks 后，此更改即生效。

字体预览大小：指定菜单中字体示例的字号。

最近使用过的字体数量：确定字体菜单中分隔线上方列出的最近所用字体的最大数量。注：重新启动 Fireworks 后，此更改即生效。

默认字体：指定哪种字体替换系统缺少的所有文档字体。

5. "Photoshop 导入 / 打开" 首选参数

这些首选参数确定 Fireworks 在用户导入或打开 Photoshop 文件时的行为。

显示导入对话框：在用户使用 "文件" | "导入" 命令导入 PSD 文件时显示选项。

显示打开对话框：在将 PSD 文件拖入 Fireworks 或使用 "文件"|"打开" 命令时显示选项。

在状态间共享层：将导入的每个层添加到 Fireworks 文件中的所有状态。如果取消选择此选项，则 Fireworks 会将每个层添加到单独的状态中。在导入要用作动画的文件时，这非常有用。

具有可编辑效果的位图图像：在导入时，允许在位图图像上编辑效果。否则无法编辑位图图像。

拼合的位图图像：将位图图像及其效果导入为无法编辑的拼合图像。

可编辑文本：将文本层导入为可编辑文本。用户无法在 Fireworks 中更改如删除线、上标、下标和自动连字符等文本格式。此外，也无法分离源文本中的连字。

可编辑路径和效果：允许对形状层和相关效果进行编辑。

拼合的位图图像：将形状层导入为无法编辑的拼合图像。

具有可编辑效果的拼合位图图像：将形状层导入为拼合图像，但允许编辑与它们关联的效果。

层效果：使用相似的 Fireworks 滤镜替换 Photoshop 动态效果。

剪贴路径蒙版：栅格化并删除剪贴蒙版，以保持其外观。如果要在 Fireworks 中编辑这些蒙版，请取消选择此选项。但是，外观将与 Photoshop 中的外观不同。

6. "启动并编辑" 参数

通过设置"启动并编辑"参数，可以控制外部应用程序（如 Adobe Flash、Adobe Director 和 Microsoft FrontPage）在 Fireworks 中启动和编辑图形的方式。

在大多数情况下，Fireworks 尝试凭自己的力量来查找图形的源 PNG 文件。当无法找到源 PNG 时，Fireworks 会使用用户设置的"启动并编辑"参数来确定如何处理源 PNG 文件的查找工作。

在"从外部应用程序编辑时"下拉列表中确定使用 Fireworks 从其他应用程序内编辑图像时，原始 Fireworks PNG 文件是否打开。

在"从外部应用程序优化时"下拉列表中选择当优化图形时，原始 Fireworks PNG 文件是否打开。此设置不适用于 Director。Director 始终自动打开和优化图形，并不请求提供源 PNG，即使用户在 Fireworks 中并不是这样设置此首选参数的。

7. "插件" 参数

这些首选参数使用户能够访问其他 Adobe Photoshop 插件、纹理文件和图案文件。目标文件夹可以在用户的硬盘、CD-ROM、外部硬盘驱动器或网络卷上。

Photoshop 插件出现在 Fireworks 的"滤镜"菜单中和"属性"检查器的"添加效果"菜单中。以 PNG、JPEG 和 GIF 文件格式存储的纹理或图案以选项的形式出现在"属性"检查器的"图案"和"纹理"弹出菜单中。

12.5.2　更改快捷键设置

用户可以使用快捷键选择菜单命令或"工具"面板中的工具，从而能够快速执行简单的动作，提高工作效率。如果想更改当前的快捷键设置，请选择"编辑"|"快捷键"菜单以打开"快捷键"对话框，如图 12-13 所示。

为菜单命令、工具或其他动作创建自定义快捷键的方法如下：

1）打开"快捷键"对话框，并单击"重制设置"按钮。输入自定义设置的名称，然后单击"确定"按钮。

2）从"命令"列表中选择适当的快捷键类别：

"菜单命令"：为任何通过菜单栏访问的命令创建自定义快捷键。

"工具"：为"工具"面板上的任何工具创建自定义快捷键。

"其他"：为一系列的预定义动作创建自定义快捷键。

被选定后，特定类别中所有可能的快捷键都出现在"命令"滚动列表中。

3）从"命令"列表中选择要修改其快捷键的命令。如果快捷键已存在，它会显示在快捷键列表中。

4）在"按键"文本框中单击，然后在键盘上按希望用做新快捷键的键。如果选择的组合键已由另一个快捷键使用，"按键"文本框下方会出现一条警告信息。

5）单击"+"按钮向快捷键列表中添加一个辅助快捷键，或者单击"更改"按钮替换所选快捷键。先选择已设置好的某一快捷键，然后单击"一"按钮，可以删除自定义的快捷键。

图 12-13　"快捷键"对话框

12.6　操作的撤消与重复

使用"历史记录"面板可以查看、修改和重复操作文档过程中所进行的动作。在该面板中列出了最近在 Fireworks 中执行的操作及次序，所列动作个数最多不超过在 Fireworks "首选参数"对话框的"撤消步骤"域中指定的数值，如图 12-14 所示。

使用"历史记录"面板可以执行下列任意一种操作：

- 快速撤消最近执行的动作。
- 从"历史记录"面板中选择最近执行的动作，并重复这些动作。
- 将所选的命令作为 JavaScript 等效文本复制到剪贴板。
- 将一组最近执行的动作保存为自定义命令，然后从"命令"菜单中将其选中，以便将其作为单个命令重复使用。

1. 撤消操作

图 12-14　"历史记录"面板

选择"窗口"|"历史记录"菜单项，打开"历史记录"面板。向上或向下拖动撤消标记，向上拖动可以撤消一步或多步操作，向下拖动可以恢复撤消的操作。

2. 重复操作

先执行所需的操作，单击一个操作步骤使其高亮显示，或按住 Ctrl 键单击，以高亮显示多个不连续的动作（按住 Shift 键并单击可选择连续的多个动作），然后单击"历史记录"

面板底部的"重放"按钮。

3.保存动作

在"历史记录"面板中选择需保存的动作，然后单击面板底部的"将步骤保存为命令"按钮（磁盘图标），在打开的对话框中键入命令的名称并单击"确定"按钮，就可以将一批操作步骤保存为一个命令。

以后要使用保存的自定义命令时，只需从"命令"菜单中选择命令名称即可。

本章小结

本章首先介绍了 Fireworks CS5 的基本特性，然后介绍了 Fireworks CS5 的工作环境，着重讲述了"工具"面板、"属性"检查器等主要面板的功能；接着介绍在 Fireworks 中如何创建新文档，如何打开和导入文件，以及如何将文档保存为需要的格式。本章还介绍了 Fireworks 中画布的操作方法、系统首选参数和快捷键的设置、操作的撤消与重复等内容。

思考题

1. "优化"面板的主要功能是什么？
2. 矢量图形和位图图形的区别有哪些？
3. 如何将一个编辑好的 PNG 文档导出为网页需要的 256 色 GIF 图片？
4. 画布菜单中的"修剪画布"和"符合画布"有何不同？
5. Fireworks CS5 中默认可撤消的操作步骤为多少次？
6. Fireworks 对图像重新取样时会不会造成图像品质的变化？为什么？

上机操作题

1. 练习图片的导入和导出，了解"优化"面板的使用方法。
2. 新建 Fireworks 文档，复制一幅熊猫图片到画布中，然后将其水平翻转，如图 12-15 所示，并保存为文件 Practice12-1.png。

图 12-15　练习水平翻转

3. 练习工具箱中"滴管"和"刷子"工具的使用。
4. 打开自己的一幅图片，调整该图片的亮度、对比度、色相和饱和度并观察效果。
5. 利用矢量工具绘制如图 12-16 所示图标。

图 12-16　Apple 公司图标

6. 打开如图 12-17 所示图片（可从 Internet 下载），利用"套索"/"多边形套索"或"魔术棒"工具将整个米老鼠形状选取，然后复制到新画布中，并保存为文件"Practice12-2.png"。

图 12-17　米老鼠素材

7. 打开一幅图片，设置画布的背景颜色为 #0033FF，用蒙版的方法，给图像添加渐变效果的蒙版。

第13章 Fireworks CS5 制作实例

本章将通过实例介绍如何利用 Fireworks CS5 制作网页图片，进一步学习 Fireworks CS5 工具和面板的灵活使用。

13.1 制作环绕文字

如果希望文本不受矩形文本块的限制，可以绘制路径并将文本附加到它。文本将顺着路径的形状排列并且保持可编辑性。

将文本附加到路径后，该路径会暂时失去其笔触、填充以及效果属性。用户随后应用的任何笔触、填充和效果属性都将应用到文本，而不是路径。如果之后将文本从路径分离出来，该路径会重新获得其笔触、填充以及效果属性。（注：如果将含有硬回车或软回车的文本附加到路径，可能会产生意外结果。）

当文本的数量超过某个路径之内或之外的空间时，会出现一个图标，该图标指示无法容纳的多余文本，应该删除过多的文本或调整该路径的大小以容纳多余文本。当容纳所有文本时该图标会消失。

以下是制作环绕文字的具体步骤：

1）新建宽度为 300 像素、高度为 200 像素的文件，背景设为白色。

2）选择"工具"面板中的"文本"工具，在工作区输入文本"http://david.whu.edu.cn"，字体选择"Arial Black"，字号为 20 像素大小，颜色为黑色，如图 13-1 所示。

3）选择"工具"面板"矢量"部分的"椭圆"工具。

4）按住 Shift 键，在工作区画一个圆，并在"属性"检查器中设置新的宽度和高度值均为 108，如图 13-2 所示。

5）单击"填充颜色框"图标 。

6）在颜色弹出窗口中单击"透明"按钮，如图 13-3 所示。

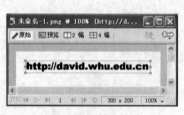

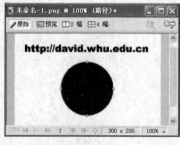

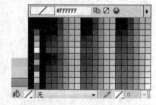

图 13-1　输入文本　　　　　图 13-2　绘制圆　　　　　图 13-3　设置透明效果

7）选中"描边"工具 ，在"描边种类"中选择"铅笔"|"1 像素柔化"，如图 13-4 所示。

8）按住 Shift 键，使用"指针"工具同时选择圆和文字。

9）打开"文本"菜单，单击"附加到路径"菜单命令，环绕文字效

图 13-4　柔化像素

果如图 13-5 所示。

10）如果想旋转文字，选择"工具"面板中的"缩放工具"，如图 13-6 所示。

11）出现圆形箭头，就可以旋转文字，如图 13-7 所示。

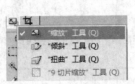

图 13-5　文本附加到路径　　　图 13-6　选择"缩放工具"　　　图 13-7　旋转文字

12）如果希望文本沿路径的内侧排列，选择"文本"菜单中的"倒转方向"。

13）打开另一幅图片，从其中复制徽标到圆的中心位置。

14）设置文本的颜色为 #FF3300，并可根据内容尺寸重设画布大小。

15）单击"文件"菜单中的"保存"，将图像保存为 Sample13-1.png。最终效果如图 13-8 所示。

图 13-8　最终效果

13.2　文字蒙盖图像

Fireworks CS5 中的蒙版能够隐藏 / 显示对象或图像的某些部分，可以使用蒙版技术在对象上实现许多种创意效果。

用矢量对象创建蒙版时，矢量对象的路径轮廓可用于剪贴或裁剪其他对象。当位图对象用作蒙版时，其像素的亮度或者其透明度会影响其他对象的可见性。

文本蒙版是一种矢量蒙版。应用文本蒙版的方式与使用已有对象应用蒙版的方式一样：只需将文本用作蒙版对象即可。应用文本蒙版的常用方法是使用其路径轮廓，但也可以使用其灰度外观产生遮罩效果。

以下是用文字蒙盖图像的操作步骤：

1）打开一幅原始图像（C:\Windows\Web\Wallpaper\Bliss.bmp），如图 13-9 所示。

图 13-9　原始图像

2）使用"汉仪大黑简"字体输入文字"天高任鸟飞",设置大小为 96 像素。

3）将文字的颜色改成白色,并为文字增加投影效果。设置投影的距离为 7 像素,颜色为白色,不透明度、柔化和角度均采用默认值,如图 13-10 所示。

图 13-10   添加文字并为文字设置效果

4）同时选中文字和图片,使用菜单命令中的"修改"|"蒙版"|"组合为蒙版"命令。

5）选择"修改"|"画布"|"修剪画布"菜单命令设置画布大小。

6）在"属性"面板中将默认导出选项设为"JPEG- 较高品质"。

7）使用"文件"|"导出"菜单命令将图像保存为 Sample13-2.jpg。

8）用 IE 浏览器打开图像文件,效果如图 13-11 所示。

图 13-11   最终效果

13.3   制作网页按钮

按钮是网页中的重要元素,以下通过实例讲解如何利用 Fireworks CS5 制作按钮。

1）创建 300×200 像素新文档,绘制一个矩形,修改"属性"检查器中的矩形圆度值为 100,将矩形四角转换成圆角样式。

2）将矩形宽度设为 150,高度设为 48,并用颜色 #FF6600 填充。

3）为此圆角矩形增加效果,在"属性"检查器中,单击"滤镜"标记旁边的加号 (+) 图标,然后从弹出菜单中选择"斜角和浮雕"|"内斜角"命令,设置斜角边缘形状为平坦,宽度为 7 像素,其他参数采用默认值,效果如图 13-12 所示。

4）在 Fireworks CS5 中有相当成熟的色彩层次调整工具。用户可以执行"滤镜"|"调整颜色"菜单中的各项命令对图形的色彩进行全方位调整。如果是对矢量图执行这些命令,首先会弹出一个提示对话框,询问是否将矢量图转换成位图模式,本例中单击"确定"按钮转换图形模式。

图 13-12   绘制圆角矩形

5）选择"滤镜"|"调整颜色"|"曲线"菜单命令,打开曲线对话框修改图像的光影层次效果。如图 13-13 所示。用鼠标指标拖动曲线生成波浪形状,色彩可形成带有金属质感的效果。需要说明的是:在曲线调整之前,色彩的添加没有任何意义,因为在曲线编辑中会打乱色调。

6）选择"滤镜"|"调整颜色"|"色相 / 饱和度"菜单命令,为按钮上色,相关参数如图 13-14 所示。

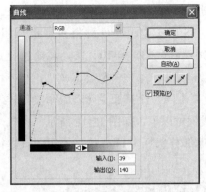

图 13-13　调整色彩曲线

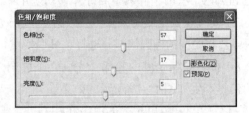

图 13-14　调整色相和饱和度

7）在制作好的按钮造型上，使用文本工具输入文字"BACK"，调整字体类型和大小，也可调整圆角矩形大小，并使二者居中对齐。

8）使用滴管工具吸取按钮中间色调，并为字体填充该色。单击"滤镜"标记旁边的加号 (+) 图标，选择"斜角和浮雕"|"内斜角"命令，为字体添加凹陷的立体化效果。属性设置如图 13-15 所示。

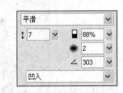

图 13-15　文本效果设置

9）在"属性"检查器上调整字体的透明度为 85，使文本的凹陷效果显得更加自然逼真。

10）为按钮添加投影，设置距离为 7 像素，不透明度为 32%，其他参数采用默认值。完成的按钮如图 13-16 所示。

13.4　绘制 QQ 企鹅卡通效果

图 13-16　制作完成的按钮

本节我们使用 Fireworks CS5 绘制一幅 QQ 企鹅的图像，主要熟悉一下"工具"面板中椭圆、选择、缩放、钢笔等工具的使用，帮助用户掌握如何通过它们绘制简单的卡通效果。

具体操作步骤如下：

1）新建一个大小为 300×300 的图像，然后使用"工具"面板中的椭圆工具绘制一个大小为 139×115 的椭圆，设置填充色为黑色。

2）同理绘制另外一个椭圆，设置大小为 164×149，这样大致得到了 QQ 企鹅的头部和肚子。

3）接着就要绘制 QQ 企鹅的两个小翅膀了。我们首先绘制一个大小为 121×50 的椭圆，然后使用"工具"面板中的部分选择工具 对椭圆的几个活动点进行调整，使得椭圆变成翅膀的样子。

4）选中变形的椭圆，单击"工具"面板中的"缩放"工具旋转椭圆，并将其放置到图像适当的位置，如图 13-17 所示。

图 13-17　变形和旋转椭圆

5）选中变形后的椭圆，按 Ctrl＋C 键复制，然后按 Ctrl＋V 键粘贴，选择复制所得的椭圆，右击鼠标，在弹出的快捷菜单中选择"变形"|"水平翻转"命令，然后将翻转

所得的图像移动到适当位置，就画好企鹅的另一个翅膀了。

6）按住 Ctrl + A 键选中前面画好的所有对象，然后按 Ctrl + G 键将对象进行组合。下面再来绘制企鹅的眼睛。分别绘制两个椭圆，其大小为 26×38 和 10×16，填充色分别为白色和黑色，将两个椭圆叠放好并移动至企鹅的面部。

7）同理绘制企鹅的另外一只眼睛，但是效果要显得不同，让其像是眯着眼睛笑一样。这里只需要将中间的椭圆用部分选择工具变换成一条曲线就可以了，如图 13-18 所示。

8）接着绘制企鹅的腹部。先画一个椭圆，然后用部分选择工具对椭圆的活动点进行调整，使得产生如图 13-19 所示的效果。

图 13-18　绘制眼睛

图 13-19　绘制企鹅腹部

9）使用"工具"面板中的钢笔工具 ▲ 简单勾勒出嘴巴和脚的图像，适当进行调整，设置填充色为 #EF9D17。然后为脚上画上两条短的矢量路径，让其看起来像脚趾一样。并将脚排列到图像最后，得到如图 13-20 所示的图像。当然这里同样可以使用椭圆工具画好基本形状，然后运用部分选择工具进行调整得到此效果。

10）最后为了美化图像，我们可以给企鹅画上围巾和蝴蝶结头饰，它们的画法与上面的基本类似，都是通过使用钢笔工具或者部分选择工具对椭圆进行调整得到的，这里不再详述。

11）根据需要调整层中各对象的大小，然后选择全部对象，按 Ctrl+G 键将它们进行组合，最终效果如图 13-21 所示。

图 13-20　绘制嘴和脚

图 13-21　QQ 企鹅卡通形象

13.5　制作弹出菜单

当用户将鼠标移动到某些网页对象上时，浏览器中将显示弹出菜单。用户可以将 URL 链接附加到弹出菜单项以便于导航。例如，可以使用弹出菜单来组织与导航栏中的某个按钮相关的若干个导航选项，也可以根据需要在弹出菜单中创建任意多级子菜单。

每个弹出菜单项都以 HTML 或图像单元格的形式显示，并具有"弹起"状态和"滑过"状态，并且在这两种状态中都包含文本。若要预览弹出菜单，请按 F12 键在浏览器中预览，Fireworks CS5 工作区中的预览不会显示弹出菜单效果。以下是创建弹出菜单的实例。

1）利用绘图工具栏中的钢笔工具绘制菜单背景样式，设置填充色为"#FFFF66"，没有边框线，并输入文字"David 的个人网站"，并将字体设置为"华文行楷"，如图 13-22 所示。

图 13-22　绘制菜单背景样式

2）绘制一个 88×25 的矩形，设置填充色为"#FFCC33"，边框线颜色为"#FFFF66"。在"属性"检查器中，单击"滤镜"标记旁边的加号 (+) 图标，然后从弹出菜单中选择"斜角和浮雕"|"凹入浮雕"命令为矩形添加立体效果，设置宽度为 2 像素，其他参数采用默认值。

3）按住 Alt 键移动立体矩形，将其复制 4 个，为制作按钮做准备。

4）将制作好的零部件水平排列整齐，在第一个立体矩形上输入相应文字，形成静态按钮，也就做好了网页的水平菜单条，如图 13-23 所示。

图 13-23　水平菜单条

5）单击 Web 工具箱中的"矩形热点"工具，为其中一个按钮绘制热区。

6）选择"修改"|"弹出菜单"|"添加弹出菜单"命令，为指定的按钮设置下拉菜单。或者单击切片中间的行为手柄，然后选择"添加弹出菜单"。

7）在打开的"弹出菜单编辑器"对话框中，包含 4 个选项卡。单击"内容"选项卡，然后单击"添加"菜单，在"文本"栏输入弹出菜单内容，"链接"栏中输入此菜单项超级链接的 URL 对象，"目标"栏中可选择浏览器打开链接的方式。如果要创建子菜单项，只需单击"缩进菜单"按钮即可，如图 13-24 所示。

8）创建了基本菜单和可选子菜单之后，即可在"弹出菜单编辑器"的"外观"选项卡上，对文本进行格式设置，对"滑过状态"和"弹起状态"应用图形样式，并选择垂直或水平方向。

图 13-24 弹出菜单编辑器

9）"高级"选项卡提供了用于控制以下各项的附加设置：单元格大小、边距和间距、文字缩进、菜单消失延时，以及边框宽度、颜色、阴影和高亮等。

10）在"位置"选项卡中设置弹出菜单和子菜单的位置。当"网页层"可见时，用户还可以通过在工作区中拖动弹出菜单的轮廓来调整其位置。

11）回到设计页面中，可以发现在热区下方出现弹出菜单的外轮廓样式，并与热区以线相连，但看不到弹出菜单的实际面貌，如图 13-25 所示。此时可拖动弹出菜单轮廓，调整其位置。

图 13-25 弹出菜单与热区相连

12）选择"文件"|"在浏览器中预览"|"在 Iexplore.exe 中预览"菜单命令，或按下 F12 键，切换到浏览器中查看制作效果。

13）在浏览器中将鼠标指针指向按钮，就会出现相应的弹出菜单，如图 13-26 所示。

14）单击任一菜单项，可链接到预设的 URL 对象。

15）如果在预览中对弹出菜单有不满意之处，可选择"修改"|"弹出菜单"|"编辑弹出菜单"命令重新进行编辑。

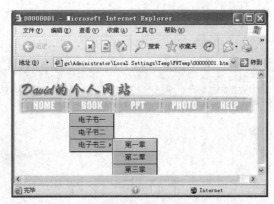

图 13-26   制作完成的弹出菜单

13.6   网页切片

切片就是将一幅大图像分割为一些小的图像切片，然后在网页中通过没有间距和宽度的表格重新将这些小的图像无缝隙地拼接起来，成为一幅完整的图像。

当网页上的图片文件较大时，浏览器下载整个图片需要花很长的时间，切片的使用使得整个图片分为多个不同的小图片分开下载，这样下载的时间就大大地缩短。在目前互联网带宽并不高的情况下，运用切片来减少网页下载时间且又不影响图片的效果，不能不说是一个两全其美的办法。

除了减少下载时间之外，切片还具有以下一些优点：

- 制作动态效果：利用切片可以制作出各种交互效果。
- 优化图像：完整的图像只能使用一种文件格式，应用一种优化方式，而对于作为切片的各幅小图片我们就可以分别对其优化，并根据各幅切片的情况还可以存为不同的文件格式。这样既能够保证图片质量，又能够缩小图片尺寸。
- 创建链接：切片制作好之后，就可以对不同的切片创建不同的链接，而不需要在大的图片上创建热区。
- 更新网页的某些部分：切片使用户可以轻松地更新网页中经常更改的部分。例如，某公司的网页中可能包含每月更改一次的"本月雇员"部分。切片使网站管理员可以快速更改雇员的姓名和照片而不用更换整个网页。

Fireworks CS5 在网页切片制作方面有很强的优势，下面通过实例分步讲解网页切片。

1）打开设计好的网页图像，如图 13-27 所示。

2）选择 Web 工具箱中的"切片"工具，在图像的"学习经历"位置上按下鼠标左键并拖动绘制一个矩形区域，当矩形大小适当时释放鼠标，这样就生成了一个切片。该切片区域被半透明的绿色所覆盖，称为切片对象，另外 Fireworks CS5 根据切片对象的位置以红色分割线对图像进行了分割，称为切片辅助线。

3）采用类似的方法创建其他切片。

4）要使切片与对象区域紧密匹配，可以先选中要制作成为切片的对象，然后选择"编辑"|"插入"|"矩形切片"菜单命令创建切片；如果选择了多个对象，请选择"单个"以

创建覆盖全部所选对象的单个切片对象，或选择"多个"为每个选定对象创建一个切片对象。最终切片结果如图 13-28 所示。

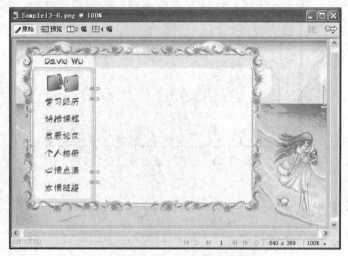

图 13-27　设计好的网页图像

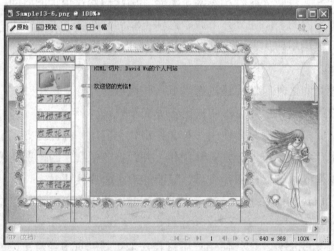

图 13-28　创建多个切片对象

　　5）通过拖动切片辅助线可以调整切片对象的大小，放大图像后更易于拖动切片辅助线到精确位置。

　　6）与热区的编辑非常类似，如果要选取切片，可以利用指针工具、部分选定工具来选中它，也可以使用"图层"面板进行该操作；选中切片之后，若要移动切片可以利用鼠标、方向键或者修改"属性"检查器中的位置值。

　　7）在切片"属性"检查器中，"类型"下拉列表框中包含"前景图像"、"背景图像"和"HTML"三项，选择"HTML"可以为切片对象设置 HTML 代码，并创建一个文本链接。

　　8）利用 Web 工具箱中的"隐藏切片和热点"工具可将所有的切片隐藏起来，需要显示切片的时候单击"显示切片和热点"工具即可。还可以利用"图层"面板上的眼睛图标控制切片的显示和隐藏。

9）选中一切片对象，在"属性"检查器的"切片"域中可设置切片名称，也可采用系统自动设定的名称，在"链接"域中输入切片链接的 URL 对象，"替代"域中输入图像的替换文本，在"目标"文本框中输入 HTML 状态的名称或从"目标"弹出菜单中选择一个保留目标，如图 13-29 所示。

图 13-29　切片属性设置

10）为所有切片对象设置好属性值后，选择"文件"|"导出"菜单命令，打开"导出"对话框，选择存放的文件夹并设定保存的文件名，单击"保存"按钮完成。

11）打开存放的文件夹，可以发现 Fireworks CS5 自动生成了一批图像文件和网页文件，如图 13-30 所示。可用 IE 浏览器打开网页文件查看效果。

图 13-30　切片后自动生成的图像和网页文件

13.7　制作动画

动画图形可以为网站增加一种活泼生动、复杂多变的外观。在 Fireworks CS5 中，用户可以创建包含活动的横幅广告、徽标和卡通形象的动画图形。例如，可以在徽标淡入淡出的同时让公司的吉祥物在网页上来回跳动。

在 Fireworks CS5 中制作动画的一种方法是通过创建元件并不停地改变它们的属性来产生运动的错觉。可以对元件应用不同的设置以逐渐改变连续状态的内容，也可以让一个元件在画布上来回移动、淡入或淡出、变大或变小或者旋转。一个元件就像是一个演员，其动作是由用户设计的。每个元件的动作都存储在一个状态中，当按顺序播放所有状态时，就形成了动画。

由于在单个文件中可以有多个元件，因此可以创建包含同时变化的多个不同类型动作的复杂动画。下面通过一个文字渐显渐隐动画实例描述在 Fireworks CS5 中制作动画的步骤。

1）创建一个新文档，宽度为 450 像素，高度为 300 像素，背景色为白色。

2）在文档窗口中使用文本工具输入"青玉案"三个字，字体为"华文行楷"，字号大小为 48 像素，文字方向设为"垂直从右向左"。类似输入"辛弃疾"文本，设置字号大小为 32 像素，然后再输入青玉案这首词的内容至文档中，设置字号大小为 22 像素，如图 13-31 所示。

3）同时选中三个文字对象，执行"修改"菜单下的"组合"命令，将它们组合成组。

4）用矩形工具绘制一个 450×300 像素的矩形。

5）打开"填充"面板，将填充方式设置为"线型渐变"，并设置渐变色彩为白色—红色—白色，如图 13-32 所示。

6）选中矩形对象，将其移动到文档的右边，放置在刚好盖住"青玉案"和"辛弃疾"文本位置。

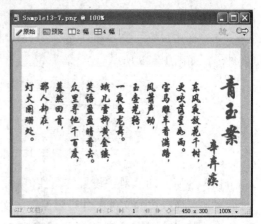

图 13-31 输入文本

7）选择"修改"|"动画"|"选择动画"菜单命令为矩形添加动画效果，动画的参数设置如图 13-33 所示，如果弹出警告框询问用户是否自动添加新的状态，单击"确定"按钮即可。

8）选中文字对象组，执行剪切操作，将文字对象组保存在剪贴板中。然后选择矩形对象，在"图层"面板中单击下方的"添加蒙版"按钮，然后执行粘贴操作，这时可以从"图层"面板中看到，文字对象组已形成遮罩效果并与矩形对象建立了链接，如图 13-34 所示。

图 13-32 设置填充方式

9）单击文档下方的播放按钮预览动画。如图 13-35 所示动画播放到第 29 个状态。

图 13-33 设置动画参数

图 13-34 设置遮罩效果

图 13-35 预览动画

10）"状态"面板中的循环设置决定动画重复的次数。此功能可以使状态一遍又一遍地循环，因此可以将制作动画时所需要的状态数减到最少。

如果要设置所选动画的循环次数，先打开"状态"面板，单击面板底部的"GIF 动画循环"按钮，选择动画第一遍播放后重复播放的次数。例如，如果选择 4，表示动画共播放 5 遍，选择"永久"表示重复播放动画。

11）打开"优化"面板，设置保存格式为"GIF 动画"，然后选择"文件"|"导出"菜单命令将动画保存到 GIF 文件中。

本章小结

本章通过实例介绍利用 Fireworks CS5 制作图形和处理图像的方法，并着重讲解了如何制作网页中的按钮、弹出式菜单、LOGO 图标、网页动画以及对网页进行切片等非常实用的网页元素处理方法。

思考题

1. 利用什么工具可以旋转对象？
2. "滤镜"菜单中的斜角方式有哪几种？浮雕方式有哪几种？
3. "部分选取"工具有什么特别作用？
4. 制作弹出式菜单的主要步骤是什么？
5. 利用 Fireworks 制作动画时，如何调整每个状态的播放时间？

上机操作题

1. 练习制作网页中的按钮，熟悉按钮的几种状态。
2. 绘制出如图 13-36 所示的卡通人物图标，并保存为文件"练习 13-1.jpg"。
3. 新建一个画布，制作个人网站的动画 Banner，并保存为文件"练习 13-2.jpg"。
4. 练习制作弹出式菜单和网页图形切片。
5. 利用元件的自动补间实例功能画出如图 13-37 所示的几何图形，并保存为文件"练习 13-3.jpg"。

图 13-36　卡通人物图标　　　　　图 13-37　几何图形

第 14 章　Flash CS5 概述

作为网页三剑客之一的 Flash 是交互式矢量图形和网页动画的制作软件。Flash 支持动画、视频、声音和交互，具有强大的多媒体编辑功能，使用 Flash 可以设计引导时尚潮流的网站、动画、多媒体及互动影像。由于 Flash 采用矢量绘图技术，生成的文件尺寸小，适合网络传输。目前，Flash 文件的格式已成为网络动画的标准格式，是发布网络多媒体的首选网页设计工具。本书介绍的是由 Adobe 公司于 2011 年 5 月发布的 Flash 版本：Adobe Flash Professional CS5.5。

14.1　Flash CS5 的工作环境介绍

14.1.1　开始页

启动 Flash CS5 后，首先显示出如图 14-1 所示的"开始"页。

图 14-1　"开始"页

"开始"页面包含以下 5 个区域。左上区域可以通过模板创建各种动画文件，左下区域可以打开最近使用过的项目；中间区域可以创建各种类型的 Flash 文件；右区域是用于学习、了解 Flash CS5 的相关知识。

选择"新建"下的"ActionScript 3.0"，就可以创建一个新的动画文件。

14.1.2 工作界面

Flash CS5 的工作界面由几个主要部分组成，最上方的是"菜单栏"；"时间轴"和"舞台"位于工作界面的中心位置；左边是功能强大的"工具箱"，用于创建和修改矢量图形的内容；多个"面板"围绕在"舞台"的周围，选择"窗口"|"工具栏"|"主工具栏"命令，可以打开"主工具栏"，如图 14-2 所示。

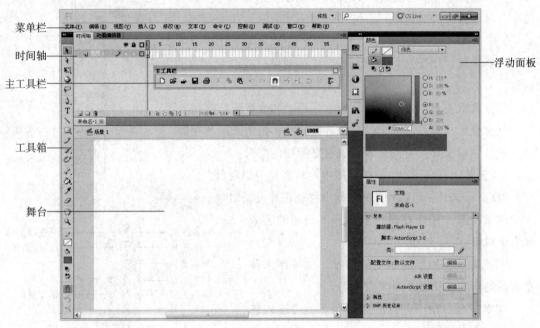

图 14-2 工作界面

14.1.3 菜单栏

Flash CS5 的菜单栏如图 14-3 所示，依次分为："文件"菜单、"编辑"菜单、"视图"菜单、"插入"菜单、"修改"菜单、"文本"菜单、"命令"菜单、"控制"菜单、"调试"菜单、"窗口"菜单及"帮助"菜单。

文件(F) 编辑(E) 视图(V) 插入(I) 修改(M) 文本(T) 命令(C) 控制(O) 调试(D) 窗口(W) 帮助(H)

图 14-3 菜单栏

14.1.4 主工具栏

主工具栏也称为常用工具栏，Flash CS5 将一些常用命令以按钮的形式组织在一起，如图 14-4 所示。主工具栏有 16 个按钮，其中一些按钮都是标准化的，如新建、打开、保存、剪切、复制、粘贴、打印等，另外一些按钮则用于绘图编辑，如平滑、旋转和倾

图 14-4 主工具栏

斜、缩放、对齐对象等。

14.1.5 工具箱

工具箱是 Flash CS5 最常用到的一个面板，提供了图形绘制和图形编辑的各种工具，用鼠标单击的方式就能选中。"工具箱"内从上到下分为"工具"、"查看"、"颜色"、"选项"4个功能区，如图 14-5 所示。选择菜单"窗口"|"工具"命令，可以打开"工具箱"。

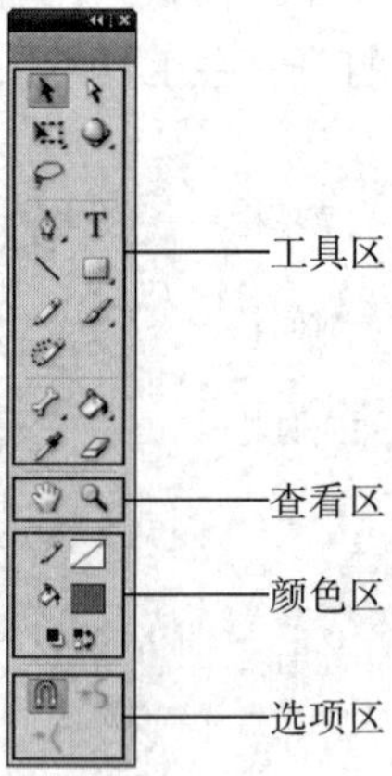

1)"工具"区：提供选择、绘图和涂色等工具，如图 14-6 所示。

选择工具：用于选择和移动舞台中的对象，或改变对象的大小和形状等。

部分选取工具：用于选择、抓取、移动和改变形状路径。

任意变形工具：对选定的对象进行缩放、扭曲或旋转变形。

渐变变形工具：对选定的对象填充渐变色变形。

3D 旋转工具：可以在 3D 空间中旋转影片剪辑对象。

3D 平移工具：可以在 3D 空间中移动影片剪辑对象。

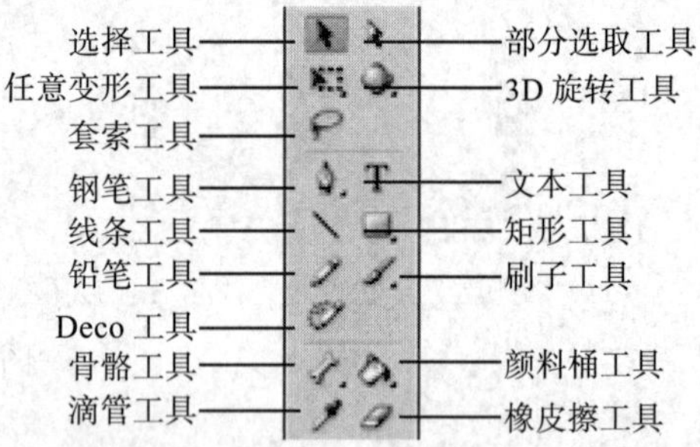

套索工具：用于在舞台上选择不规则的区域或多个对象。

钢笔工具：用于绘制精确路径，也可用来调整直线的角度、长度及曲线曲率等。

文本工具：用于创建静态、动态或者输入各种类型的文本对象。

线条工具：用于绘制各种长度的直线段。

矩形工具：用于绘制矩形图形，包括矩形线条和填充。

图 14-5 工具箱

图 14-6 "工具"区

椭圆工具：用于绘制椭圆图形，包括椭圆线条和填充。

基本矩形工具：绘制基本矩形图形，此工具用于图元对象（图元对象可以直接在属性面板中对其特征形状进行调整）的绘制。

基本椭圆工具：绘制基本椭圆图形，此工具用于图元对象的绘制。

多角星形工具：绘制多边形或星形图形（单击矩形工具，将弹出多角星形工具）。

铅笔工具：可以类似真实铅笔的效果来绘制任意形状的线条。

刷子工具：用于绘制出与刷子类似的笔触。

喷涂刷工具：可以使用当前填充颜色在舞台上"喷射"粒子点，也可以使用喷涂刷工具将图元对象或影片剪辑对象作为形状图案进行"喷射"。

Deco 工具：可以对选定的对象应用各种效果样式。

骨骼工具：可以向图形、按钮和影片剪辑对象添加 IK 骨骼。

绑定工具：可以对单个骨骼和形状控制点之间进行连接。

颜料桶工具：可以用颜料桶填充形状区域。

墨水瓶工具：可以改变形状轮廓或者线条的笔触颜色、宽度和样式。

滴管工具：可以对一个对象的填充和笔触属性取样，然后应用到其他对象上。还可以从位图图像取样用作填充。

橡皮擦工具：可以快速擦除舞台上图元对象。

2）"查看"区：提供进行缩放和移动操作的工具，如图14-7所示。

手形工具：利用手形工具可以移动舞台，以便更好地观察。

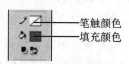

手形工具 ———— ———— 缩放工具

图14-7 "查看"区

缩放工具：改变舞台画面的显示比例。

3）"颜色"区：提供调整笔触颜色和填充颜色的按钮，如图14-8所示。

笔触颜色：用于更改当前图形轮廓和线条的颜色。

填充颜色：用于更改当前填充区域的颜色。

黑白按钮：系统默认的颜色，笔触颜色为黑色，填充颜色为白色。

交换颜色按钮：可将笔触颜色和填充颜色进行交换。

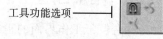

———— 笔触颜色
———— 填充颜色

图14-8 "颜色"区

4）"选项"区：不同工具有不同的功能选项，通过"选项"区为当前选择的工具提供属性选择，如图14-9所示。

工具功能选项 ————

图14-9 "选项"区

14.1.6 时间轴

时间轴用于组织和控制影片内容在一定时间内播放的图层数和帧数。Flash把动画按时间分解成帧，而所谓图层就相当于舞台中对象所处的前后位置。图层靠上，相当于该图层中的对象在舞台的前面。在同一个时刻某一位置处，前面的对象会挡住后面的对象。时间轴是处理帧和图层的地方，帧和图层是对象和动画的组成部分。时间轴是控制动画流程最重要的手段，将一些对象按一定的时间、空间顺序播放，就形成了动画。时间轴的组成和功能介绍如图14-10所示。

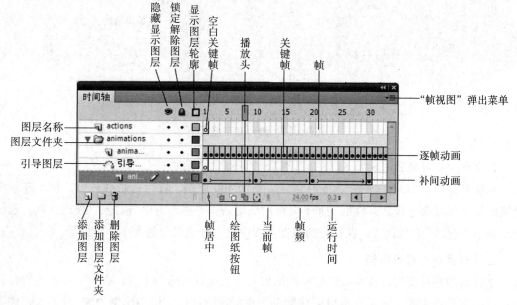

图14-10 时间轴

每一个动画都有与它相应的时间轴。时间轴窗口分为左右两个部分，左边区域是图层控制区，主要用来对各图层进行操作；右边区域是帧控制区，主要用来对各帧进行操作。

1. 图层控制区

图层控制区位于时间轴的左侧，图层控制区上边第一行是所有图层的控制栏，有三个按钮：显示、锁定和图层轮廓。图层控制区下边是图层工作区，每行表示一个图层。在图层控制区中，可以显示正在舞台上编辑的所有层的名称、层类型、状态等，并可以通过工具按钮对图层进行操作。

2. 帧控制区

帧控制区位于时间轴的右侧，由播放头、帧、信息栏和多个按钮组成。Flash 文件将时间长度划分为帧。帧控制区上边的第一行是指示帧编号，帧控制区下边是帧工作区，给出各帧的属性信息，播放头指示当前显示的帧。帧控制区最下边是信息栏，它显示当前帧编号、动画播放速度以及到当前帧为止的动画运行时间等信息。

14.1.7　舞台和工作区

舞台位于工作界面的正中间部位，可以在其中绘制图形和放置动画内容，包括矢量插图、文本框、按钮、导入的位图图形或视频剪辑等。任何时间看到的舞台上的内容都表示当前帧的内容。舞台周围的灰色区域是工作区，在编辑时，工作区里不管放置了多少内容，都不会在最终的动画中显示出来，因此可以将工作区看作是舞台的后台，它是动画的开始和结束点，也就是对象进场和出场的地方。舞台和工作区的一些功能介绍如图 14-11 所示。

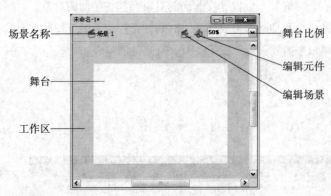

图 14-11　舞台和工作区

1. 舞台大小与颜色的设置

默认状态下，"舞台"的宽为 550 像素，高为 400 像素，舞台背景颜色为白色。在最终动画的任何区域都可看见该背景，而不会被对象覆盖。在舞台上单击对象以外的区域，选择菜单命令"窗口"|"属性"，在打开的属性面板中可以修改舞台的大小、背景等。

2. 舞台显示比例的调整

工作时根据需要可以改变舞台显示的比例大小，在舞台的右上方，有一个可改变舞台显示比例的下拉列表框，通过它可以调整舞台工作区显示比例，最小比例为 8%，最大比例为

2000%；在下拉列表框中有三个选项，"符合窗口大小"选项可用来自动调节到最合适的舞台比例大小；"显示帧"选项可以显示当前帧的内容；"显示全部"选项能显示整个工作区中包括"舞台"之外的元素。

3. 舞台的两个控制工具

在工具箱的"查看"区中提供了两个舞台的辅助控制工具，一个是手形工具，另一个是缩放工具。选择"手形工具" ，在舞台上按下鼠标左键并拖曳，可平移舞台，在舞台的不同部位进行查看。选择"缩放工具" 🔍，在舞台上单击鼠标可放大或缩小舞台的显示比例；选择"缩放工具"后，在工具箱的"选项"区下会显示两个按钮："放大"按钮 🔍 和"缩小"按钮 🔍，分别单击它们可在"放大"工具与"缩小"工具之间切换，如图 14-12 所示。

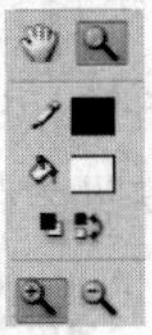

图 14-12　"缩放工具"的选项

4. 标尺和网格

在舞台中，为了使对象准确定位，可以在舞台的上边和左边加入标尺，或在舞台上显示网格。

可以通过标尺了解对象在舞台上的位置。当在舞台上移动、缩放或者旋转对象时，左标尺和上标尺将分别出现表示对象的宽度和高度的直线。选择"视图"|"标尺"命令，可以显示或隐藏标尺。

放置在舞台和工作区中的一组水平和垂直线可以构成网格。网格用于精确对齐、放置和缩放对象。选择"视图"|"网格"|"显示网格"命令，可以显示或隐网格线。

14.1.8　常用面板

Flash CS5 为用户提供了复杂多样、功能完善的各种类型的面板（也叫浮动面板），利用这些面板，可以完成图形绘制、文字编辑、动画制作等许多操作。选择"窗口"菜单，可以打开不同的面板。

Flash CS5 中的面板现在以方便的、自动调节的停靠方式进行排列，单击面板顶端的小图标■，可以将面板收缩，如图 14-13 所示。如果单击相应的图标，又会显示出相关的面板，如图 14-14 所示。这样可以使工作界面极大简化，又可以访问必备的工具。

图 14-13　缩放后的面板

图 14-14　显示相应的面板

1. "属性"面板

在动画编辑的过程中，对于正在使用的工具或资源都可以使用"属性"面板进行查看和编辑修改。当选定某个对象时，如文本、组件、形状、视频、帧等，"属性"面板都可以显示相应的信息和设置。例如，如果选择"文本工具"，"属性"面板会显示文本属性，从而使用户方便地选择所需文本属性，如图 14-15 所示即为文本的"属性"面板。

2. "库"面板

"库"面板是 Flash 中创建和存储元件的地方，它还可以用于存储和组织导入的文件，包括位图图像、视频剪辑和声音文件等。用户使用"库"面板，可以方便地组织文件夹中的库项目，按照类型对项目进行排序等。"库"面板如图 14-16 所示。

图 14-15 文本的"属性"面板

图 14-16 "库"面板

3. "对齐"面板

"对齐"面板的主要作用是在进行多个对象操作时，控制各个对象的对齐、分布等。如图 14-17 所示的"对齐"面板可以分为如下 5 个区域：

- 对齐：用于调整选定对象的左对齐、水平中齐、右对齐、顶对齐、垂直中齐和底对齐。
- 分布：用于调整选定对象的顶部分布、垂直居中分布和底部分布，以及左侧分布、水平居中分布和右侧分布。
- 匹配大小：用于调整选定对象的匹配宽度、匹配高度或匹配宽和高。

图 14-17 "对齐"面板

- 间隔：用于调整选定对象的垂直平均间隔和水平平均间隔。
- 与舞台对齐：选择此复选框后，可以调整选定对象相对于舞台尺寸的对齐方式和分布；如果没有按下此按钮，则是两个以上对象之间的相互对齐和分布。

4. "颜色"面板和"样本"面板

（1）"颜色"面板

"颜色"面板，如图 14-18 所示，用于设置笔触颜色和填充颜色，有两种颜色模式：

RGB 模式和 HSB 模式，默认为 RGB 模式，显示红、绿和蓝的颜色值，A 值（即 Alpha 值）用来设置颜色的透明度，其范围为 0% ~ 100%，0% 为完全透明，100% 为完全不透明。"十六进制编辑文本框"显示的是以"#"开头的十六进制模式的颜色代码，可直接输入。在面板的"颜色空间"上用鼠标单击，选择一种颜色，上下拖动右边的"亮度控制"可调整颜色的亮度。"填充类型"中还可以选择"线性渐变"、"径向渐变"和"位图填充"等填充模式。

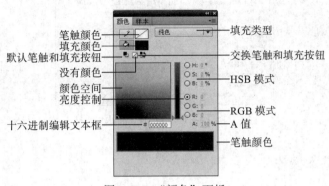

图 14-18　"颜色"面板

（2）"样本"面板

"样本"面板即颜色库面板，如图 14-19 所示。"样本"面板提供了各种颜色，包括纯色和渐变色效果，它们都可以作为笔触和填充的颜色。

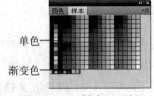

图 14-19　"样本"面板

5."变形"面板

"变形"面板可以对选定对象执行缩放、旋转、倾斜和创建副本的操作。"变形"面板分为 4 个区域，如图 14-20 所示。

- 最上面的是缩放区，可以输入"垂直"和"水平"缩放的百分比值，选中"约束"按钮，可以使对象按原有的长宽比例进行缩放，单击"重置"按钮可恢复到对象原有的长宽。

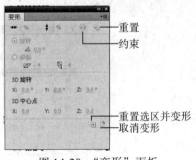

图 14-20　"变形"面板

- 中间是旋转和倾斜区，选中"旋转"，可输入旋转角度，使对象旋转；选中"倾斜"，可输入"水平"和"垂直"角度来倾斜对象。

- 最下面是 3D 区，可以设置 3D 旋转的 X、Y、Z 坐标值，还可以设置 3D 中心点的 X、Y、Z 坐标值。

- 单击面板下方的"重置选区并变形"按钮，可执行变形操作并且复制对象的副本；单击"取消变形"按钮，可恢复上一步的变形操作。

6."动作"面板

"动作"面板是为了方便用户使用 Flash 的脚本编程语言 ActionScript，而专门提供的一种非常简易的操作界面，如图 14-21 所示。用户只需移动鼠标，在命令列表中选择合适的动作命令，然后进行必要的设置即可。

图 14-21　"动作"面板

14.2　文档的基本操作

熟悉了 Flash CS5 的工作环境后，接下来学习在制作动画过程中需要经常使用的文档的基本操作方法。

14.2.1　新建文档

新建文档是使用 Flash CS5 进行设计的第一步，有两种方法：一是启动 Flash CS5，弹出开始页面，单击"新建"栏下的选项（如"ActionScript 3.0"），即可创建一个默认名称为"未命名 -1"的 Flash 文档；二是选择菜单"文件"|"新建"命令，弹出如图 14-22 所示的"新建文档"对话框，选择"ActionScript 2.0"或者"ActionScript 3.0"选项，单击"确定"按钮，即可完成新文档的建立。

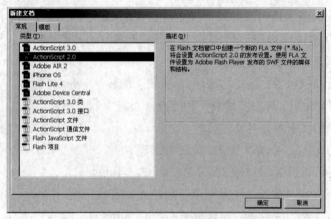

图 14-22　"新建文档"对话框

14.2.2　设置文档属性

新建一个文档后，其属性面板如图 14-23 所示。在属性面板中单击"大小"右侧的"编

辑"按钮，在弹出的如图 14-24 所示的"文档设置"对话框中，在"尺寸"栏可以设置舞台的大小，默认单位为像素；单击"背景颜色"后的按钮，会弹出"颜色"面板，选中一种颜色，设置为舞台背景颜色；帧频即影片的播放速度，默认 24fps，即每秒播放 24 帧画面；设置完成后单击"确定"按钮即可。选择菜单中的"修改"|"文档"命令，也可打开"文档设置"对话框。

图 14-23　属性面板

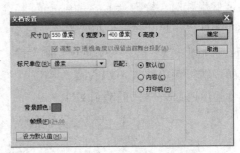

图 14-24　"文档设置"对话框

14.2.3　保存文档

为了防止意外时丢失动画文档，新建文档后，一定要及时保存文档。选择菜单中的"文件"|"保存"命令，弹出如图 14-25 所示的"另存为"对话框，在其中设置要保存文件的名称、路径和保存类型，最后单击"保存"按钮，即可将动画文档进行保存。Flash 源文件的扩展名是 .fla。

图 14-25　"另存为"对话框

14.2.4　测试影片

编辑完成后，接下来进行的就是测试影片的播放，以查看整个动画的播放效果是否连贯、是否有明显的缺陷，以便回到场景编辑窗口对动画进行修改。通常预览的方法有以下几种：

1）选择菜单中的"控制"|"测试影片"（或按快捷键 Ctrl+Enter）命令，即可测试影片。

2）直接播放动画。将"时间轴"面板上的播放头定位在第 1 帧上，然后按下键盘上的 Enter 键，即可在舞台窗口内播放动画，各帧内容依次播放一遍。

3）如果想循环播放动画，可以执行菜单"控制"｜"循环播放"命令，此时该命令会被
选中，如图 14-26 所示。接下来，在键盘上按下 Enter 键即可循
环播放动画。

14.2.5　发布影片

在测试影片时，按键盘上的 **Ctrl+Enter** 组合键进行播放，即
可在同一文件夹下将其自动发布为名称与已保存的源文件（扩展
名为 .fla）相同但扩展名为 ".swf" 的动画文件，如图 14-27 所示。

还可以执行菜单中的"文件"｜"导出"｜"导出影片"命令，
把源文件输出成 .swf 格式的动画文件。

图 14-26　"循环播放"命令

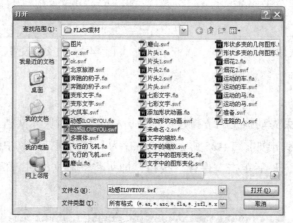

图 14-27　.swf 格式的动画文件

14.3　基本绘图工具

根据图形生成原理的不同，计算机中的图形可以分为位图图像和矢量图形两种。

位图图像是由许多颜色不同、深浅不同的像素点组成。像素是构成位图图像的最小单
位，许许多多的像素点构成一幅完整的图像。在一幅位图图像中，像素越小，数目越多，则
图像越清晰。真实的照片和内容复杂的图像都属于位图图像。位图图像与分辨率有关，在放
大和缩小的过程中会失真，如图 14-28 所示。位图图像与矢量图形相比，具有色彩丰富、更
接近于实际观察到的真实景物的特点，但是由位图图像生成文件相对较大。

矢量图形是指使用数学公式和函数定义图形中对象的大小、轮廓、形状和位置等属
性。由于矢量图形是采用数学方式描述的图形，所以通常由它生成的图形文件相对比较
小。矢量图形与分辨率无关，对矢量图形进行缩放和旋转等操作时，图形对象不会产生失
真，如图 14-29 所示。

在 Flash 动画制作中采用了矢量图形技术，虽然有其他专门的矢量图形制作软件，如
CorelDraw 软件等，但使用 Flash 自带的矢量绘图工具将会更便利。Flash 制作的动画文件
体积特别小，凭借这一优点，Flash 动画在网络中就占有不可取代的位置。我们将通过 Flash
基本绘图工具来绘制一些简单的矢量图，还可以对位图图像进行简单处理。

图 14-28 位图图像

图 14-29 矢量图形

14.3.1 选择工具

"选择工具" ➤ 是所有工具中使用最频繁的工具，用于选择和移动对象，或改变对象的大小和形状等。在工具箱中选中"选择工具"，在"选项区"会出现如图 14-30 所示的 3 个附属工具按钮。

- 贴紧至对象：可以自动将舞台上的对象定位到一起，还可以将对象定位到网格上。
- 平滑：可以对所选择的对象进行平滑处理。
- 伸直：可以对所选择的对象进行伸直处理。

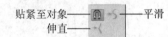
贴紧至对象————————平滑
伸直
图 14-30 "选择工具"的附属工具

1. 选择对象

在编辑对象之前，必须先选择对象，利用"选择工具"可以选择整个对象或只选择对象的一部分，这主要取决于所选择对象的类型，可以分以下几种情况。

- 如果选择对象是"形状"，单击"选择工具"可以选择部分线条或填充区域，双击填充颜色可选择填充区域及轮廓，双击线条可选择对象中的所有线条。
- 如果选择的对象是"组合"、"位图"或"符号"，单击"选择工具"可以选择整个对象。还可以用"选择工具"拖曳出一个矩形框，将框内的对象全部选中。
- 如果选择的对象是相互连接的多个线条，则只需双击其中的一条线，相互连接的所有线条都会被选择。
- 如果需要选择的是当前舞台上的所有对象，选择菜单栏的"编辑" | "全选"（或按 Ctrl+A 组合键）命令。
- 如果选择的是当前图层上的对象，可以在"时间轴"上，单击当前图层上的当前帧。

2. 移动和复制对象

选择对象，然后在对象上按住鼠标左键不放，直接拖曳对象到新的位置。如果在选择对象的同时按住 Alt 键，拖曳对象到新的位置，可以复制所选择的对象。

如果对象是形状，在单击选择对象时，要注意填充区域和轮廓线，如果在填充区域中单击，移动的就只有填充区域，轮廓线部分不会移动。移动对象时，在该对象附近会显示一条虚线，以便移动对象和对齐对象，这种功能叫做吸附排列。

3. 编辑对象

使用"选择工具"拖曳线上的任意点，都可以改变线条或轮廓线的形状。根据鼠标指针外观的改变，指示出在线条、填充区域上发生了变化，可以分为以下几种情况：

- 用鼠标指向未选定的对象边界时，鼠标指针会变成，这时按住鼠标左键并拖曳轮廓线上任何一点，即可对对象进行编辑，改变边界的曲率。
- 当鼠标指向未选定对象的一个角点时，鼠标指针变成，这时按住鼠标左键并拖曳角点，可以在改变长短的同时，形成拐角的线段仍然保持为直线。
- 按住 Ctrl 键，同时用鼠标在一条线上拖动，可以生成一个新的角点。
- 如果被拖动的是线段的终点，则还可以改变线段的长度。

【例 14-1】绘制月亮。

1）选择"椭圆工具"，设置线条颜色为黑色，填充颜色为黄色。按住 Shift 键，绘制两个大小不同的带轮廓线的正圆，如图 14-31 所示。

2）把小圆形移动到大圆形里面，如图 14-32 所示。

3）再次单击小圆形，按 Delete 键，删除小圆形，小圆形对下面的大圆形进行了切割，留下了一个弯弯的月亮的形状，如图 14-33 所示。

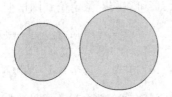 

图 14-31　两个圆形　　　　　图 14-32　圆形重叠　　　　图 14-33　切割

14.3.2　部分选取工具

"部分选取工具"可以用来进行抓取、选择、移动和改变形状的路径。用"部分选取工具"选择对象后，对象轮廓线以路径方式显示，可对路径上的锚点进行编辑以更改轮廓线的形状。在选择"部分选取工具"后单击曲线时，被选中曲线上的锚点显示为空心的小方点。

"部分选取工具"的操作方法如下：

1）利用"部分选取工具"单击图形对象的轮廓线，轮廓线上将显示锚点。

2）利用鼠标单击某个锚点，锚点两边会出现控制柄。

3）移动锚点编辑图形的形状，拖动控制柄会改变曲线的弧度。

【例 14-2】绘制心形。

1）选择"椭圆工具"，设置填充颜色为红色，单击笔触颜色按钮，在出现的颜色选择面板上，单击右上角透明色按钮。按住 Shift 键，绘制两个大小相同的正圆。

2）利用"选择工具"，拖动两个圆重合，如图 14-34 所示。

3）利用"部分选取工具"单击两个圆的轮廓线，轮廓线上显示节点，拖动两个圆下部交接点往下拉，再把相邻的两个点拖动与下面点重合，如图 14-35 所示，这样心形就制作完成了。

图 14-34 两圆重合

图 14-35 心形的制作过程

14.3.3 套索工具

"套索工具" ○用于选择和编辑对象的一部分,其选择区可以是不规则的,这较好地弥补了"选择工具"选取的不足。在工具箱中单击"套索工具"后,在"选项区"中会出现"魔术棒"、"魔术棒设置"和"多边形模式"3 个附属工具按钮,如图 14-36 所示。

"套索工具"有两种选取模式:魔术棒和多边形模式。

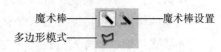

图 14-36 "套索工具"选项

- 魔术棒:在此模式下,拖曳"套索工具"包围要选择的区域。在拖曳时必须始终按下鼠标左键,而拖曳轨迹既可以是一个封闭的区域,也可以是不封闭的区域,都将自动建立一个完整的选择区。

- 多边形模式:在此模式下,把鼠标移动到区域内,单击鼠标,然后移动鼠标到下一个位置点,不必始终按住鼠标进行选取,再单击,勾选出多边形选择区后确定,双击结束。如果需要选择两块不相连的区域,可以在使用"套索工具"的同时按住 Shift 键不放。

- 魔术棒设置:可以把图像上相近的颜色全部选中。不适用于矢量图形,只适用于位图图像,因此在使用之前需要把矢量图形转换为位图图像。可以用来给图像抠像,或把物体从一个统一的背景上分离出来。

"魔术棒设置"的操作方法如下:

1)选择"文件"|"导入"|"导入到舞台"命令,在 Flash 中导入一幅位图图像,如图 14-37 所示。选中位图图像,选择"修改"|"分离"命令(或按快捷键 Ctrl+B),将位图分离。

2)单击"魔术棒设置" ，打开"魔术棒设置"对话框,如图 14-38 所示。对于"阈值",输入一个介于 1 到 200 之间的值,用于定义选择范围内相邻像素颜色值的相近程度。数值越大,选择范围越大。"平滑"菜单中有 4 个选项,用于定义所选区域边缘的平滑程度。设置完成后,单击"确定"按钮,鼠标变成魔术棒,单击需要选择的部分,按 Delete 键删除,删除选区后的效果如图 14-39 所示。

图 14-37 导入的位图图像　　图 14-38 "魔术棒设置"对话框图　　图 14-39 效果图

14.3.4 线条工具

"线条工具"是 Flash 中最简单的绘图工具。单击"线条工具",在舞台上按住鼠标左键并拖动,松开鼠标,一条直线就画好了。使用"线条工具"绘制直线时,同时按下 Shift 键,可以绘制出垂直和水平的直线,或者是 45°角的斜线。

打开"线条工具"属性面板,在其中可以设置线条的属性,如图 14-40 所示。

在该属性面板中可以设置以下几种属性:

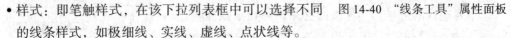

- 笔触颜色:单击 █ 按钮会弹出调色板,可以为线条选择一种颜色,或者在文本框里直接输入以"#"开头的十六进制颜色数值。在 Flash 的调色板中可以设置颜色的 Alpha 值,还可以将颜色设置为无色。
- 笔触:即笔触高度,可以通过调节滑块的方式调节线条的粗细,也可以在文本框中直接输入数字。
- 样式:即笔触样式,在该下拉列表框中可以选择不同的线条样式,如极细线、实线、虚线、点状线等。

图 14-40 "线条工具"属性面板

- 编辑笔触样式:单击样式后的"编辑笔触样式" ✎ 按钮,会打开"笔触样式"对话框,在该对话框中可以对线条的属性进行设置,如图 14-41 所示。

"滴管工具" ✎ 和"墨水瓶工具" ⬧ 可以很快地将一条线的颜色样式套用到别的线条上。设置不同的线条属性后,绘制的线条如图 14-42 所示。

图 14-41 "笔触样式"对话框

图 14-42 "线条工具"绘制的线条

14.3.5 铅笔工具

"铅笔工具" ✎ 绘制线条的方法,几乎与使用真实的铅笔一样。"线条工具"和"铅笔工具"都是绘制线条的工具,不同之处在于"线条工具"只能绘制不同角度的直线,而使用"铅笔工具"能绘制各种不同的线条。使用"铅笔工具"时,按住 Shift 键的同时拖动鼠标,可绘制出水平或垂直的线条。

在工具箱中单击"铅笔工具",在"选项区"中会出现如图 14-43 所示的 3 种铅笔模式。

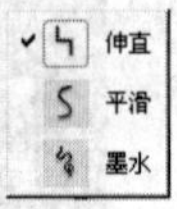

- 伸直模式:可画出平直的线条,并可把近似于正方形、矩形和椭圆形的图形转换为接近形状的线条。
- 平滑模式:可画出平滑的曲线。
- 墨水模式:不加修饰,可随意画线,完全保持鼠标轨迹的形状。

图 14-43 铅笔模式

"铅笔工具"的操作方法如下:

1）单击"铅笔工具"，并在"选项区"选择一种铅笔模式。

2）打开"铅笔工具"的属性面板，进行相应的设置（类似于"线条工具"）。

3）设置好所有参数后，使用"铅笔工具"在舞台上拖曳，即可创建相应的线条，如图 14-44 所示。

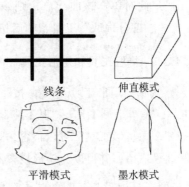

线条　　　　　伸直模式

平滑模式　　　墨水模式

图 14-44　"铅笔工具"绘制的线条

14.3.6　钢笔工具

"钢笔工具" 可以绘制直线或平滑、流畅的曲线；可以生成直线段、曲线段；可以调节直线的角度和长度、曲线倾斜度。使用"钢笔工具"绘制的线段能够调整控制点，以改变路径的形状。例如可以调节直线段、曲线段，还可以把曲线转变为直线，反之亦可。此外，"钢笔工具"还可以调节由其他工具，如"铅笔工具"、"椭圆工具"或者"矩形工具"生成的图形（如线条、椭圆形、矩形等）上的图形锚点。

1. 绘制直线段

使用"钢笔工具"在舞台上依次单击生成锚点，从而绘制直线段。在绘制的同时，如果按下 Shift 键，则可以绘制出与舞台的水平线成 0°、45° 或 90° 角的直线段。

将路径定为一个开放或封闭路径可以进行以下操作。

- 要完成一个开放路径，只需双击最后一个锚点，或者单击工具箱中的"钢笔工具"，还可以在远离路径的地方，按 Ctrl 键并同时单击。

- 要完成一个封闭路径，可将钢笔工具定位在第 1 个锚点上，此时，在鼠标指针旁会出现一个小圆环，然后单击或拖曳即可封闭路径，如图 14-45 所示。

图 14-45　绘制封闭路径

2. 绘制曲线段

使用"钢笔工具"，在舞台上沿着曲线延伸的方向拖曳，创建曲线的第一个锚点，然后沿着相反的方向拖曳"钢笔工具"创建第 2 个锚点，可以用这种方法继续增加锚点，从而绘制出曲线，如图 14-46 所示。当使用"钢笔工具"绘制曲线段时，曲线段上的锚点会显示出正切方向的调节柄。每一个调节柄的斜率和长度定义了曲线的斜率、深度或者高度，移动正切手柄可以改变曲线路径的形状。

图 14-46　绘制曲线段

3. 调节路径锚点

使用"钢笔工具"在绘制线段时，鼠标会发生不同的变化，其代表的含义也不同。

- 添加锚点工具：选择"钢笔工具"，将钢笔尖对准线段上要添加锚点的位置，当鼠标指针显示为 时，单击即可添加锚点。

- 删除锚点工具：选择"钢笔工具"，并将钢笔尖对准角点（直线路径上或直线和曲线路径接合处的锚记点被称为转角点），当鼠标指针显示为 时，单击即可删除该角点。

● 转换锚点工具：选择"钢笔工具"，当鼠标移动到曲线上时，鼠标指针会显示为 ，此时单击该曲线点，则该曲线点会转换为角点；要将角点转换为曲线点，可以选择"部分选取"工具，然后按住 Alt 键，再拖曳角点即可。

14.3.7　椭圆工具和矩形工具

选择"矩形工具" ，按下鼠标左键，会出现一个窗口，包括"矩形工具"、"椭圆工具"、"基本矩形工具"、"基本椭圆工具"和"多角星形工具"。使用"椭圆工具"、"矩形工具"和"多角星形工具"可以很容易地绘制出一些常见的图形，用户还可以设置图形的内部填充和线型颜色，并可以为矩形设置不同的圆角。

1. "椭圆工具" 和"基本椭圆工具"

"椭圆工具"和"基本椭圆工具"用来创建圆形、椭圆形、圆环形和饼形等。单击"椭圆工具"，在工具箱的"颜色区"中设置笔触颜色和填充颜色，在舞台中拖动鼠标，即可绘制出椭圆形。按住 Shift 键的同时绘制图形，可以绘制出正圆图形。

也可以在"椭圆工具"的"属性"面板中，设置不同的笔触颜色、粗细、样式和填充颜色，如图 14-47 所示。设置不同的笔触属性和填充颜色后，绘制的图形如图 14-48 所示。

图 14-47　"椭圆工具"属性面板　　　　图 14-48　"椭圆工具"绘制的图形

"椭圆工具"和"基本椭圆工具"的区别是：用"椭圆工具"绘制的图形是形状，只能使用编辑工具进行修改；用"基本椭圆工具"绘制的图形可以在其"属性"面板中修改。

2. "矩形工具" 和"基本矩形工具"

"矩形工具"和"基本矩形工具"用来创建方角或圆角的矩形。"矩形工具"的用法与"椭圆工具"基本类似。单击"矩形工具"，在工具箱的"颜色区"或"矩形工具"的属性面板中，设置笔触颜色和填充颜色，然后在舞台中拖动鼠标，即可绘制出矩形。

如果要绘制圆角矩形，可在如图 14-49 所示"矩形工具"的"属性"面板的"矩形选项"内设置矩形的边角半径，即可绘制出圆角矩形。按住 Shift 键的同时绘制图形，可以绘制出正方形。设置不同的笔触属性和填充颜色后，绘制的图形如图 14-50 所示。

图 14-49 "矩形工具"属性面板   图 14-50 "矩形工具"绘制的图形

3."多角星形工具"

"多角星形工具"用来创建多边形或多角星形，它
的用法与"矩形工具"基本类似。单击"多角星形工具"，
在工具箱的"颜色区"或在如图 14-51 所示的"多角星
形工具"的"属性"面板中，设置笔触颜色和填充颜色，
然后在舞台中拖动鼠标，即可绘制出多边形。

单击"属性"面板中"工具设置"下的"选项"按
钮，将弹出如图 14-52 所示的"工具设置"对话框。打
开"样式"下拉菜单，可以选择"多边形"或"星形"，   图 14-51 "多角星形工具"属性面板
可以在"边数"文本框中定义多边形或星形的边数，数
值介于 3 ~ 32 之间。可以在"星形顶点大小"文本框中输入一个 0 ~ 1 之间的数字来指定
星形顶点的深度。设置不同的数值后，绘制的多边形和多角星形如图 14-53 所示。

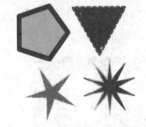

图 14-52 "工具设置"对话框   图 14-53 "多角星形工具"绘制的图形

14.3.8 刷子工具

1.刷子工具

使用"刷子工具"就像现实中的刷子一样可以给物体刷颜色，也与使用"铅笔工具"一
样可以绘制不同轨迹的线条，不同的是使用"刷子工具"绘制出来的是填充颜色的封闭填充
形状，而使用"铅笔工具"绘制的则是笔触颜色的轮廓线。

在工具箱中单击"刷子工具"，在"选项区"会出现如图 14-54 所示的 5 个附属工具按

钮。单击"刷子大小"按钮、"刷子形状"按钮，在其下拉列表中可以设置刷子的大小和形状。单击"刷子模式"按钮，在其下拉列表中提供了5种可供选择的刷子模式。

- 标准绘画：在同一层的线条和填充区涂刷。

- 颜料填充：只能对填充区和空白区进行填充，线条不受影响。

- 后面绘画：在同一层中的空白区涂色，线条及填充区不受影响。

图 14-54　"刷子工具"选项

- 颜料选择：在选择的填充区进行涂刷，每次只能选择一个填充区。

- 内部绘画：使用刷子笔触对所在的填充区涂色，但不会影响线条。这样有良好的智能着色本领，刷子绝不允许在线条之外涂色。如果在空白区开始涂色，则填充颜色绝不会影响任何现存的已填充区。

"刷子工具"的操作方法如下：选择"刷子工具"，在出现的附属工具中选择刷子模式、刷子大小、刷子形状。在颜色区设置填充颜色，在舞台上单击并按住鼠标不放，可以用刷子绘制如图14-55所示的图形。

在使用"刷子工具"绘图时，还可以使用导入的位图作为填充。

图 14-55　"刷子工具"绘制的图形

2. 喷涂刷工具

"喷涂刷工具"的作用类似于粒子喷射器，可以一次性将形状图案"喷射"到舞台上。通常情况下，"喷涂刷工具"使用当前的填充颜色喷射粒子点，也可以使用图形元件或影片剪辑元件作为喷射图案。

"喷涂刷工具"的操作方法如下：选择"喷涂刷工具"，在如图14-56所示的"属性"面板中，选择默认喷涂点的填充颜色，或者单击"编辑"按钮，从库中选择图形元件或影片剪辑元件作为喷涂刷粒子，设置喷涂的高度和宽度等属性，在舞台上单击或拖动鼠标喷涂如图14-57所示的图形。

图 14-56　"喷涂刷工具"属性

图 14-57　"喷涂刷工具"喷涂的图形

14.3.9　Deco 工具

"Deco（装饰性绘图）工具" 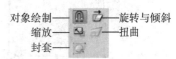 是一种类似"喷涂刷"的填充工具，使用"Deco 工具"可以快速完成大量相同图案的绘制，与影片剪辑元件和图形元件配合，可以制作出更加丰富的动画效果。

"Deco 工具"在 Flash CS5 中一共提供了 13 种绘制效果，包括：藤蔓式填充、网格填充、对称刷子、3D 刷子、建筑物刷子、装饰性刷子、火焰动画、火焰刷子、花刷子、闪电刷子、粒子系统、烟动画和树刷子。此外，Flash CS5 还为用户提供了开放的创作空间，通过创建元件，完成复杂图形或者动画的制作。

"Deco 工具"的操作方法如下：选择"Deco 工具"，打开如图 14-58 所示的"属性"面板，选择"绘制效果"中的"树刷子效果"，在舞台上进行绘画，可以快速创建如图 14-59 所示的树状图案。

图 14-58　"Deco 工具"属性

图 14-59　"树刷子"绘图效果

14.3.10　骨骼工具

"骨骼工具" 可以为动画角色添加骨骼，轻松地制作出各种动作的动画。在 Flash CS5 中向"骨骼工具"添加了"强度"和"阻尼"等新的属性，通过这些属性，可以制作出更加逼真的物理效果，可以使骨骼动画更加灵活。

选择"骨骼工具"，在舞台上对要添加骨骼的图形单击并拖曳即可，如图 14-60 所示为添加了骨骼的图形。

图 14-60　添加"骨骼工具"的图形

14.3.11　任意变形工具和渐变变形工具

在图形的制作过程中，可以使用"任意变形工具" 来改变图形的大小及倾斜度，也可以使用"渐变变形工具" 来改变图形中渐变填充颜色的效果。

1. 任意变形工具

"任意变形工具"可以旋转、倾斜及缩放对象，也可以对对象进行扭曲、封套变形。选中舞台上的对象，在工具箱中单击"任意变形工具"，在"选项"区出现如图 14-61 所示 5 个附属工具按钮。

对象绘制————————旋转与倾斜
缩放——　　　——扭曲
封套——

图 14-61　"任意变形工具"选项

- 旋转与倾斜：用来旋转或倾斜对象。
- 缩放：用来调整对象大小。
- 扭曲：用来调整对象的形状，使之扭曲变形。
- 封套：用来得到更加奇妙的变形效果，以弥补扭曲变形在某些局部的缺陷。

（1）旋转与倾斜对象

选择"任意变形工具"后，单击舞台上的对象，这时对象被一个方框包围着，中间有一个小圆圈，这是变形中心点，将以它为中心进行倾斜旋转，如图 14-62 所示。

变形中心点是可以移动的，将鼠标移近它，鼠标右下角会出现一个圆圈，按住鼠标拖动，将它拖到任意位置，对象将绕变形中心点进行旋转，如图 14-63 所示。

图 14-62　变形中心点

图 14-63　拖动变形中心点到右下角

将鼠标移动到方框上，当鼠标光标变成旋转圆弧状，拖动鼠标，对象绕变形中心点旋转，到合适位置时松开鼠标，如图 14-64 所示。

将鼠标移动到方框上，当鼠标光标变成倾斜箭头状，拖动鼠标，对象倾斜，到合适位置时松开鼠标，如图 14-65 所示。

图 14-64　旋转后的图形

图 14-65　倾斜后的图形

（2）缩放对象

将鼠标移动到方框上，当鼠标光标变成双向箭头状，拖动任一角上的缩放手柄，可以将对象放大或缩小。拖动中间的手柄，可以在垂直和水平方向上放大或缩小对象，甚至翻转对象，将对象适当变形，如图 14-66 所示。

另外："任意变形工具"的各项功能可选择菜单"修改"|"变形"命令来实现，如图 14-67 所示。

图 14-66　缩放对象

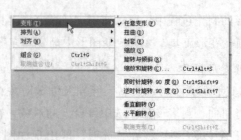
图 14-67　变形命令

2. 渐变变形工具

"渐变变形工具"是用来对填充颜色进行各种变形处理的工具。当编辑一个渐变填充或位图填充时，该填充区的中心会显示出来，同时边框也会显示出来。边框上带有编辑手柄，当鼠标指针落在这些手柄上时，指针的形状就会发生对应的改变，并且改变的形状可以指示出对应的手柄功能。

调节渐变填充或位图填充的操作介绍如下：

- 如果要改变渐变填充或位图填充的宽度或亮度，可以拖曳边框左边或底边的方形手柄。此操作仅影响填充，而不影响含有填充的对象，如图 14-68 所示。

图 14-68 缩放线性渐变

- 如果要旋转渐变填充或位图填充，既可以拖动角上的圆形手柄，也可以拖动圆形渐变或填充边框最底下的手柄，如图 14-69 所示。

图 14-69 旋转位图填充

- 如果要改变渐变填充或位图填充的高度，可以拖动边框底部的方形手柄。

- 如果要改变渐变填充或位图填充的中心点，可以用鼠标拖曳其中心点，然后放至新位置即可。

【例 14-3】绘制花。

1）选择"椭圆工具"，设置笔触颜色为黑色，填充颜色为 ，绘制一个椭圆。选择"部分选取工具"将椭圆调整成化花瓣状。

2）打开"颜色"面板，设置径向渐变填充：左色标为 #CC338F，右色标为 #F9CAE2，再选择"颜料桶工具"，在花瓣内填充渐变颜色，如图 14-70 所示。利用"渐变变形工具"对花瓣内的填充颜色进行调整，删除轮廓线。

3）单击花瓣，在右键打开的快捷菜单中选择"转化为元件"命令，在打开的"转化为元件"对话框中，选择类型为"影片剪辑"，单击"确定"按钮。

4）选择"任意变形工具"，选中花瓣后，把变形中心点移到最下端，如图 14-71 所示。打开"变形"面板，如图 17-72 所示，设置旋转为 60 度，单击"重置选区并变形" 按钮 5 次，得到花的图形。

图 14-70 花瓣的制作

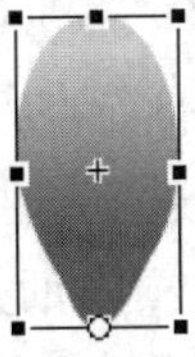

图 14-71 花瓣的中心点移到最下端

5）选择"椭圆工具"绘制一个圆形，对圆形进行径向渐变填充，左色标为 #B8DA2E，

右色标为 #B0E85B。选择"笔刷工具",填充颜色为 #FFFF66,在圆形中随意画些小点,如图 14-73 所示,最后将圆形也转化为影片剪辑元件。

6)将圆形移动到花中间适当位置,这样一朵花就制作完成了,如图 14-74 所示。

图 14-72 "变形"面板

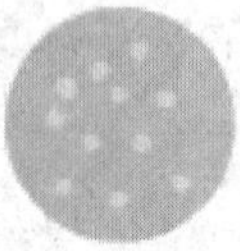

图 14-73 花蕊

图 14-74 花

14.3.12　3D 旋转工具

"3D 旋转工具" 🔵 和 "3D 平移工具" 🔨 是用来处理 3D 变形的工具,这两个工具都是只针对影片剪辑元件而起作用的。例如单击影片剪辑,再单击"3D 旋转工具"或"3D 平移工具",出现一个 3D 旋转轴,这时候可以进行 3D 变化,如图 14-75 所示。

可以通过"属性"面板中的 3D 坐标、透视角度和消失点来调整 3D 变形的参数,如图 14-76 所示。3D 消失点和透视角度的设置对整个场景内的所有元件,以及嵌套的元件都产生影响,消失点的默认位置是在场景的正中间。

3D 旋转　　　　　3D 平移

图 14-75　3D 变形工具

"3D 旋转工具"的操作方法如下:

1)导入一张图像,并按下 F8 键将其转换为"影片剪辑元件"。

2)选择"3D 旋转工具"在图像中央会出现一个类似瞄准镜的图标,十字的外围是两个圈,并且它们呈现不同的颜色,当鼠标移动到红色的中心垂直线时,鼠标右下角会出现一个"x";当鼠标移动到绿色水平线时,鼠标右下角会出现一个"y";当鼠标移动到蓝色圆圈时,鼠标右下角又出现一个"z";可以对图像 x 轴、y 轴、z 轴进行综合调整。

3D 坐标

透视角度

消失点

图 14-76　"3D 变形"的属性

3)通过属性面板的"3D 定位和查看"可以对图像的 x、y、z 轴数值进行调整。

4)还可以通过属性面板对图像的"透视角度"和"消失点"进行数值调整。

"3D 平移工具"的操作方法如下:

1)导入一张图像,并按下 F8 键将其转换为"影片剪辑元件"。

2)选择"3D 平移工具"在图像中央会出现一个三维坐标轴,红色为 x 轴,可以对 x 横向轴进行调整;绿色为 y 轴,对以对 y 纵向轴进行调整;中间的黑色圆点为 z 轴,可以对 z

轴进行调整。

3）通过属性面板中的"3D 定位和查看"来调整图像的 x 轴、z 轴、y 轴的数值。

4）通过调整属性面板中的"透视角度"数值，调整图像在舞台中的位置。

5）通过调整属性面板中的"消失点"数值，可以调整图像的"消失点"。

14.3.13　墨水瓶工具和颜料桶工具

1. 墨水瓶工具

"墨水瓶工具"  可以为形状添加轮廓线，也可以更改线条或者形状轮廓线的笔触颜色、大小和样式。但对线条或形状轮廓线只能应用纯色，不能应用渐变色和位图。

选择"墨水瓶工具"，打开如图 14-77 所示的属性面板，设置线条或轮廓线的笔触颜色、大小和样式，在如图 14-78 所示的左边图形边缘单击，可以得到右边图形。

图 14-77　"墨水瓶工具"属性

2. 颜料桶工具

"颜料桶工具"  用来填充封闭区域，它既能填充一个空白区域，又能改变区域原有的颜色，它可以使用纯色、渐变色和位图填充。使用"颜料桶工具"还可以调整渐变色和位图的尺寸、方向和渐变的中心点。

图 14-78　为图形添加轮廓线

选择"颜料桶工具"，在"选项区"中单击"空隙大小"按钮 ○，其中有 4 种模式可供选择。

- 不封闭空隙：在此模式下，选择的填充区必须是封闭的，否则不能填充颜色；只有手动封闭缺口后才能进行填充。
- 封闭小空隙、封闭中等空隙、封闭大空隙：这 3 种填充模式的作用都是自动封闭填充有空隙的填充区，只是 3 个选项在允许的缺口大小上有所不同。如果缺口比较大，就必须手动进行调整。

选择"颜料桶工具"，在"选项区"中选择一种填充模式，打开"颜色"面板设定填充颜色，在舞台上的填充区内单击即可。如果要在填充区进行位图填充，将一张图片导入舞台中并按 Ctrl+B 键将其分离，单击"颜料桶工具"，选择一种填充模式，单击"吸管工具"，在分离的图片上单击，再在需要填充的如图 14-79 所示左图形上单击，填充出的效果见右图形。

图 14-79　位图填充

【例 14-4】绘制小房子。

1）选择"矩形工具"，设置笔触颜色为黑色，单击填充颜色按钮 ，在出现的颜色选择面板上，单击右上角透明色按钮。绘制两个矩形，上面的矩形做房顶，下面的做房身，如图 14-80 所示。

2）利用"选择工具"双击上面矩形的任一线段，将整个矩形选中。单击"任意变形工具"，将光标移动到上边线处，光标变成 ⇆ 形状时，拖动鼠标，将上面的矩形变成平行四边形，如图 14-81 所示。

图 14-80　绘制两个矩形　　　　图 14-81　将矩形变形为平行四边形

3）利用"线条工具"将两个图形连接起来，再绘制屋顶的侧，最后绘制门，如图 14-82 所示。

4）画窗户。利用"椭圆工具"绘制一个圆形，再用"选择工具"框选出下面的一大半，按 Delete 键删除掉，剩下上面的弧线。在弧线下面绘制一个长方形，加直线画成窗格，如图 14-83 所示。

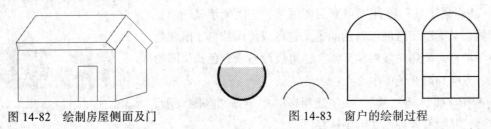

图 14-82　绘制房屋侧面及门　　　　图 14-83　窗户的绘制过程

5）全部选中窗户，在其"属性"面板中，将笔触颜色改为浅蓝色，笔触大小改为 5，单击"确定"按钮，效果如图 14-84 所示。

6）将窗户移动到房屋中的适当位置，利用"颜料桶工具"对绘制好的房屋填充颜色，并去除多余的轮廓线，最终效果如图 14-85 所示。

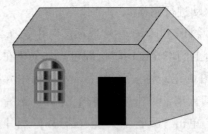

图 14-84　为窗户着色　　　　图 14-85　为房屋填充颜色

14.3.14　滴管工具

"滴管工具" ⚲ 可以采集一个对象的填充和笔触的颜色信息，并将其应用到其他图形上，还可以对位图取样，以填充出其他区域。

选择"滴管工具"，然后将鼠标指针靠近对象，由指针旁出现的图标就可以判断是线条、填色区还是文字对象。此时再单击对象，则会自动选择可编辑该对象的相应工具。

（1）吸取轮廓属性

如果单击的是如图 14-86 所示左边图形的轮廓线，则鼠标自动转到"墨水瓶工具"，"墨水瓶工具"下的选项值就是刚才滴管所单击区域的颜色值，然后移动鼠标到右边图形的轮廓线上单击，这时右边图形的轮廓线颜色及样式和左边图形的轮廓线属性相同，如图 14-87 所示。

图 14-86　原左右图形

（2）吸取填充区颜色

如果吸取的是如图 14-86 所示的左边图形的填充区颜色，则鼠标自动转到"颜料桶工具"，"颜料桶工具"下的选项值就是刚才滴管所单击填充区的颜色值，然后移动鼠标到右边图形的填充区内单击，这时右边图形填充区的颜色和左边图形填充区颜色相同，如图 14-88 所示。

图 14-87　右图轮廓吸取

左图轮廓属性

（3）吸取位图图像

"滴管工具"可以吸取外部引入的位图图像。导入一张如图 14-89 所示的左图形后，并不能直接用"滴管工具"吸取位图中的图案，这时用"滴管工具"只能吸取位图上鼠标按下点的颜色。按 Ctrl+B 组合键将位图分离，然后选择"滴管工具"，将鼠标移动到图案上，这时光标变成滴管和画笔的组合 ，单击鼠标即可吸取位图样本，移动到如图 14-89 所示中间的多边形图形上并单击鼠标，图案被填充，如图 14-89 所示的右图。

图 14-88　右图填充区吸取

左图填充区属性

位图　　　　　　多边形　　　　　填充了位图的多边形

图 14-89　吸取位图图像

14.3.15　橡皮擦工具

使用"橡皮擦工具" 就与橡皮一样，可擦除形状的轮廓线和填充。根据擦除方式的不同，可以完整或部分擦除轮廓线、填充及形状。双击"橡皮擦工具"，可以删除舞台上的所有内容。

"橡皮擦工具"包括 3 个附属工具，如图 14-90 所示。

1）单击"橡皮擦模式" 按钮，在弹出的菜单中有 5 种擦除模式可供选择：

· 标准擦除：擦除同一层上的笔触和填充。

· 擦除填色：只擦除填充，不影响笔触。

橡皮擦模式———— ————水龙头

橡皮擦大小————

· 擦除线条：只擦除笔触，不影响填充。

图 14-90　"橡皮擦工具"选项

● 擦除所选填充：只擦除当前选定的填充，并不影响笔触（不管笔触是否被选中）。这种模式在使用"橡皮擦工具"之前，应先选择要擦除的填充。

● 内部擦除：仅擦除最先单击区域的颜色填充。如果该区域为空白，则不会擦除任何内容，以这种模式使用橡皮擦并不会影响笔触。

2）单击"橡皮擦大小" ● 按钮，在其下拉框内，可选择橡皮擦的形状和大小。

3）单击"水龙头" ⬚ 按钮，单击需要擦除的填充区或笔触线，可以快速将其擦除。如果你只擦除一部分笔触或填充区域，就需要通过拖动进行擦除。

例如，选择"橡皮擦工具"，选择橡皮擦的形状，选择一种橡皮擦模式（如标准擦除），擦除如图 14-91 所示的左图形，得到效果如右图形。

原图　　　擦除后的图片

图 14-91　"橡皮擦工具"的使用

14.3.16　文本工具

"文本工具" T 可以创建各种类型的文本。从 Flash CS5 开始，可以使用新一代的文本引擎——文本布局框架（TLF）添加文本，TLF 支持更加丰富的文本布局和文本属性的精确控制功能。用户可以选择使用 TLF 文本或者传统文本工具，以添加和编辑文本。

1. 文本的类型

在"文本工具"中提供了两种文本工具：传统文本工具和 TLF 文本工具。其中传统文本工具提供了 3 种文本类型：静态文本、动态文本和输入文本。

● 静态文本：默认情况下创建的文本对象均为静态文本，直接在舞台中输入文字，在影片的播放过程中不会进行动态改变，一般用于文本说明。

● 动态文本：该文本对象的内容可以动态改变，甚至可以随着影片的播放自动更新，常用来动态链接网址或网页，需要对输入的文本对象实例命名。

● 输入文本：用来提供给用户输入文本的功能，也需要对输入的文本对象实例命名，广泛地应用于交互式动画例如表单中。

TLF 文本工具也可以创建 3 种文本类型：只读文本、可选文本和可编辑文本。

● 只读文本：当作为 SWF 文件发布时，此类型文本无法选中或编辑。

● 可选文本：TLF 文本工具的默认选项，当作为 SWF 文件发布时，此类型文本可以选中，并复制到剪贴板，但是不能编辑。

● 可编辑文本：当作为 SWF 文件发布时，此类型文本可以选中和编辑。

2. 创建文本

选择"文本工具"，选择"窗口"|"属性"命令，打开"文本工具"属性面板，设置文本工具及类型等属性。文本的输入方式有两种：连续输入方式、固定文本框输入方式。

● 连续输入方式：系统默认方式，在舞台上需要输入文本的区域单击鼠标，出现文本输入光标后，直接输入文本或粘贴文字，效果如图 14-92 所示。当输入文字时，文本框将随着文字的增加而延长，如果需要换行，可以按 Enter 键。

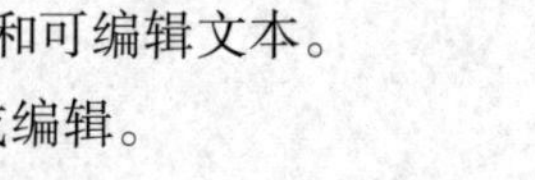

连续输入方式

图 14-92　连续方式输入文本

- 固定文本框输入方式：在舞台上需要输入文本的区域单击并按住鼠标，往下拖曳出一个文本框，放开鼠标，出现文本输入光标，输入文本或粘贴文字，文字被限定在文本框中，当输入的文字长度超过文本框的宽度时，文字自动换行。如图 14-93 所示。

图 14-93　固定文本框
方式输入文本

3. 文本属性

输入文本以后，如果对该文本格式不满意，可以选中文本，通过"属性"面板来调整；也可选择"文本"菜单命令进行设置，包括字符大小、样式、颜色和行距等字符属性和段落对齐、边距、缩进和间距等段落属性。

（1）字符属性

选择文本对象以后，在"属性"面板的"文本工具"下选择"传统文本"或"TLF 文本"选项，打开如图 14-94 或者如图 14-95 所示的"属性"面板对文本字符进行设置。

图 14-94　传统文本字符属性

图 14-95　TLF 文本字符属性

- 位置和大小：设置文本字符在舞台上的 x 轴和 y 轴坐标，并且设置文本的宽和高。
- 系列：在下拉列表框中选择文本字符的字体。
- 大小：用以改变文本字符的大小。
- 字母间距：用来输入字符与字符之间的间隔。
- 颜色▇▇：单击此按钮，可以从打开的调色板中选择颜色，或者使用滴管工具选择颜色。
- 上标T和下标T₁：将所选择的文字变成上标或下标。
- 加亮显示▱：可以加亮文本字符的颜色。
- 旋转：在下拉列表框中选择自动旋转、0 度旋转或 270 度旋转字符。
- 下划线T：在字符下面加一条水平线。
- 删除线T：在字符中间添加一条水平线。

选择"文本工具"，输入文字"美丽的家园 SKY"。利用"选择工具"选择文字；打开"属性"面板，设置文本为"传统文本"中的"静态文本"，设置 x 的值为 60.00，y 的值为 100.00。在"系列"下拉列表框中选择"华文彩云"，设置"大小"为 30；设置"字母间距"为"5.0"。单击"颜色"按钮，在弹出的颜色板中选择蓝色，最后选中"SKY"两字按下

"上标"按钮，完成后如图 14-96 所示。

（2）段落属性

选择舞台上的文本对象以后，在"属性"面板的"文本工具"下选择"传统文本"或"TLF文本"，打开如图 14-97 或者如图 14-98 所示的"属性"面板对段落进行设置。

图 14-96   文本字符属性设置

图 14-97   传统文本段落属性

图 14-98   TLF文本段落属性

- 改变文本方向 ：如果文本工具是"传统文本"，该按钮下拉列表框中有 3 个命令，分别设置选中的文本对象的方向为"水平"、"垂直"和"垂直、从左向右"；如果文本工具是"TLF文本"，该按钮下拉列表框中有两个命令，分别设置选中的文本对象的方向为"水平"和"垂直"。
- 左对齐 ：使文本在文本框中以左边线进行对齐。
- 居中对齐 ：使文本在文本框中以中线进行对齐。
- 右对齐 ：使文本在文本框中以右边线进行对齐。
- 两端对齐，末行左对齐 ：使文本在文本框中两端对齐，最后一行左对齐。
- 两端对齐，末行居中对齐 ：使文本在文本框中两端对齐，最后一行中间对齐。
- 两端对齐，末行右对齐 ：使文本在文本框中两端对齐，最后一行右对齐。
- 全部两端对齐 ：使文本在文本框中全部两端对齐。
- 边距：包括左边距 和右边距 ，用来调整文本段落的左边或右边的距离。
- 缩 ：用来调整文本段落的首行缩进。
- 间距：包括段前间距 和段后间距 ，用来调整文本段落前后的距离。

选择"文本工具"，然后打开"属性"面板，设置文本为 TLF 文本中的只读文本。使用"选择工具"选择文本框，在舞台上输入一段文本。打开"属性"面板，在"段落"中选择"左对齐"按钮，在"边距"中设置"起始边距"为 36.0，在"缩进"中输入 50，设置文本的首行缩进，最后设置完成后如图 14-99 所示。

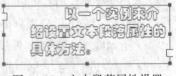

图 14-99   文本段落属性设置

【例 14-5】金属字效果。

1）选择"文本工具"，输入文字为"动画"，如图 14-100 所示。

2）利用"选择工具"选择文本，再选择菜单"修改"|"分离"命令对文本进行两次分离操作，这样，文本"动画"变成了普通图形，如图 14-101 所示。

3）选择"墨水瓶工具"，给分解后的文字图形添加轮廓线，如图 14-102 所示。

4）选择菜单"修改"|"形状"|"将线条转换为填充"命令，把图形的轮廓变成可以填充渐变色的填充区域。填上渐变色，将渐变色选区锁定。

5）选择"渐变变形工具"，调节渐变色的位置和方向，如图 14-103 所示。

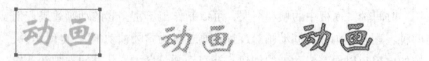

图 14-100　文本　　图 14-101　二次分离后的文本　　图 14-102　添加轮廓线　　图 14-103　金属字效果

本章小结

本章主要介绍了 Flash CS5 的基本工作环境、文档的基本操作过程，以及工具箱中各种绘图工具的使用，要求熟练使用各种绘图工具绘制所需的图形。

思考题

1. Flash CS5 的工作界面由哪几部分组成？

2. 说明矢量图形和位图图像之间的区别？

3. 如何给填充和形状添加边框？

4. 在 Flash CS5 中要绘制精确的直线或曲线路径，可以使用什么绘图工具？

5. 文本类型分为几种？

6. 铅笔工具和钢笔工具的区别，及其各自的特点？

7. 如果使用颜料桶、墨水瓶工具进行填色，在"选项区"和"属性"面板的颜色列表中选取颜色不能满足用户所需，应该怎么办？

上机操作题

1. 使用 Flash CS5 制作运动的小车的动画，如图 14-104 所示。

2. 使用 Flash CS5 的绘图工具绘制如图 14-105 所示的鸡蛋和文字。

3. 使用 Flash CS5 的绘图工具绘制如图 14-106 所示的树叶图形。

图 14-104　动画"运动的小车"　　图 14-105　图形"三个鸡蛋"　　图 14-106　图形"树"

第15章　基本动画制作

动画是由一幅幅静止的图像，按照一定的速度连续播放形成的画面。在 Flash CS5 的动画制作过程中，灵活应用"时间轴"面板中的帧和图层，可以制作出丰富多彩的动画效果。创建动画的基本方法有两种：逐帧动画和补间动画。逐帧动画也称为"帧帧动画"，也就是说，它需要具体定义每一帧的内容，以便完成动画的创建。补间动画包含了形状补间动画和动作补间动画两大类动画效果，也包含了遮罩动画和引导路径动画这两种特殊效果的动画。在补间动画中，用户只需要创建起始帧和结束帧的内容，而让 Flash 自动创建中间帧的内容。

15.1　动画制作基础

15.1.1　动画的原理

谈起动画，大家一定会想到小时候看的动画片。这些精彩的动画片，都是先把一帧一帧的连续动作的画面绘制好，然后让它们连续播放，再利用人的"视觉暂留"特点，在人的大脑中形成动画效果。

Flash 动画的制作原理也一样，它是把画面放到"时间轴"面板的一帧一帧中，然后进行连续播放，从而产生了动画的效果。

15.1.2　使用帧

在 Flash 中，帧是进行动画制作的最基本的单位，每一个 Flash 动画都是由很多个帧构成的，在时间轴面板上的每一帧都可以包含需要显示的所有内容，包括图形、声音、各种素材和其他多种对象。动画中每秒显示的帧数叫帧频，一般将帧频设为 24 帧 / 秒。

在 Flash 中，动画制作就是决定动画每帧显示什么画面。如逐帧动画，就需要在每一个帧上创建一个画面，然后连续播放形成动画。但逐帧动画的工作量非常大，因此，Flash 还提供了一种简单的动画制作方法，即补间动画，只需确定动画开始帧和终点帧的画面，而中间帧的画面由 Flash 根据两帧的内容自动计算得到。

1. 帧的类型

Flash 中的帧可以分为关键帧、空白关键帧和普通帧 3 种类型，如图 15-1 所示。

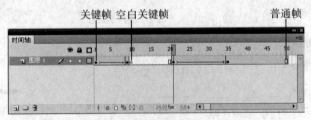

图 15-1　帧的类型

• 关键帧：是指包含对象的帧，当动画的内容发生变化或关键性动作时必须插入关键帧,如动画的开始帧和结束帧,关键帧有延续性,开始关键帧中的对象会延续到结束关键帧,在时间轴中用实心小黑点表示。

- 空白关键帧:是不包含任何对象的关键帧,当动画内容发生变化却又不希望延续前面关键帧的内容时需要插入空白关键帧。在时间轴中空白关键帧用空心的小圆圈表示,一旦在空白关键帧创建了内容,空白关键帧就变成了关键帧。
- 普通帧:是不起关键作用的帧,起着延长内容显示或过渡的作用,在时间轴中普通帧以单元格或空心矩形表示。

2. 编辑帧

编辑帧的操作是动画制作时最常用、最基本的操作,主要包括插入帧、选择帧、删除帧等操作,这些操作都可以通过帧的快捷菜单命令来实现。也可以通过 Flash CS5 菜单命令对帧进行编辑。

(1)插入帧

- 选择"插入"|"时间轴"|"帧"命令,或按快捷键 F5,可以在时间轴上插入一个普通帧。
- 选择"插入"|"时间轴"|"关键帧"命令,或按快捷键 F6,可以在时间轴上插入一个关键帧。
- 选择"插入"|"时间轴"|"空白关键帧"命令,或按快捷键 F7,可以在时间轴上插入一个空白关键帧。

(2)选择帧

- 选择"编辑"|"时间轴"|"选择所有帧"命令,即可选中时间轴中的所有帧。
- 按住 Ctrl 键的同时,鼠标单击要选择的帧,可以选择多个不连续的帧。
- 按住 Shift 键的同时,鼠标单击要选择的首尾两个帧,则包括首尾两个帧的中间所有帧都被选中。

(3)删除帧

- 选择"编辑"|"时间轴"|"删除帧"命令,即可删除选中的帧。
- 选中要删除的普通帧,按下 Shift+F5 键,即可删除帧。
- 选中要删除的关键帧,按下 Shift+F6 键,即可删除帧。

15.1.3 使用图层

时间轴面板中左边的"图层控制区"是对图层进行各种操作的区域,在该区域中可以进行创建、删除、调整和重命名等各种类型的图层操作,如图 15-2 所示。

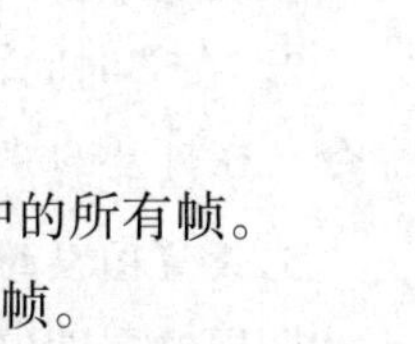

1. 新建图层

新建图层的具体操作如下:

1)单击"时间轴"面板下方的"新建图层" 按钮,可在当前图层之上添加一个图层。

图 15-2 图层

2)在"时间轴"面板中选择相应的图层,然后右击,从弹出的快捷菜单中选择"添加传统运动引导层"命令,可为当前图层增加一个运动引导层。

3)单击"时间轴"面板下方的"新建文件夹" 按钮,可在当前图层之上增加一个图层文件夹，其中可以包含若干个图层。

2. 删除图层

当某个图层不再需要时，可以将其删除，具体操作步骤如下：

1）在"时间轴"面板中选择想要删除的图层。单击"时间轴"面板下方的"删除图层"按钮，即可将选中的图层删除。

2）在"时间轴"面板中选择相应的图层，然后右击，从弹出的快捷菜单中选择"删除图层"命令，即可删除当前图层。

3. 调整图层的顺序

图层中上面图层中的内容会覆盖下面图层中的内容。在动画制作过程中，可以调整图层之间的顺序，具体操作步骤如下：单击需要调整位置的图层，按住鼠标左键不放，然后拖动到相应的位置，此时会出现一条灰色的线条，接着放开鼠标，这样就调整好了图层的位置。

4. 重命名图层

按照图层创建的先后顺序，新建图层的默认名称为图层 1、图层 2、图层 3……，而在实际工作中经常需要对图层进行重命名，具体操作方法如下：

1）双击图层的名称，进入名称编辑状态。输入新的名称，再按 Enter 键确认即可完成对图层的重命名。

2）在"时间轴"面板中选择相应的图层，然后右击，从弹出的快捷菜单中选择"属性"命令，在打开的"图层属性"对话框中重命名。

5. 设置图层的属性

图层的属性包括图层的名称、类型和轮廓颜色等，这些属性可以在"图层属性"对话框中设置完成。双击图层名称右边的 标记，即可打开"图层属性"对话框，如图 15-3 所示。

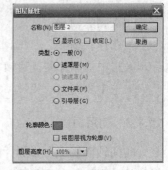

- 名称：在该文本框中可输入图层的名称。选中下方的"显示"复选框，可使图层处于显示状态。选中下方的"锁定"复选框，可使图层处于锁定状态。

- 类型：用于设置图层的类型，包括一般、遮罩层、被遮罩、文件夹和引导层 5 个选项。

- 轮廓颜色：单击"颜色"按钮，对轮廓的颜色进行设置。选中下方的"将图层视为轮廓"复选框，可将图层设置为轮廓显示。

图 15-3   图层属性

- 图层高度：在其右边的下拉列表框中可设置图层的高度。

15.1.4   元件与实例

在制作 Flash 动画时，可能会遇到某个对象需要在舞台中多次出现的情况。如果把每个对象都分别制作的话，既浪费时间又增加了文件大小。为此，Flash 中的"库"面板，将这样的对象放置其中，形成称为"元件"的对象，在需要使用元件对象时，只需用鼠标将该元件拖到舞台中即可。

元件是一种可重复使用的对象，重复使用它不会增加文件的大小，元件还简化了文档的编辑。把元件拖到舞台后形成的对象称为"实例"，即元件的复制品。实例与元件具有不同的特性，一个场景可以放置多个由相同元件复制的实例对象，但库中与之对应的元件对象只有一个。当元件对象的属性（如颜色、大小等）改变时，由它生成的实例对象的属性也会相应地发生改变。

1. 元件的类型

元件分为3种类型，即包括影片剪辑元件、按钮元件和图形元件。

- 图形：可用来制作静态图像。还能用来创建动画，在动画中可以包含其他元件，但交互式控件和声音在图形元件中失效。
- 按钮：是制作交互动画的基础，用来制作交互式的按钮。创建按钮元件的关键是设置4种不同状态的帧，即"弹起"、"指针"、"按下"、"点击"。
- 影片剪辑：一个独立的小影片，它们可以包含交互式控件、声音甚至其他影片剪辑实例。

2. 创建图形元件

图形元件是一种最简单的 Flash 元件，经常使用图形元件来制作静态图像和动画。

创建图形元件的具体操作方法如下：

1）执行菜单"插入" |"新建元件"命令（或按组合键 Ctrl+F8）。

2）弹出"创建新元件"对话框，在"名称"文本框中输入名称如"蝴蝶"，在"类型"选项的下拉列表中选择"图形"选项，如图 15-4 所示。

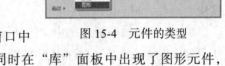

3）单击"确定"按钮，创建一个新的图形元件。

图 15-4 元件的类型

4）舞台切换到了图形元件"蝴蝶"的窗口，窗口中间出现了代表图形元件中心定位点的十字"＋"，同时在"库"面板中出现了图形元件，如图 15-5 所示。

5）执行菜单"文件" |"导入" |"导入到舞台"命令，在弹出的"导入"对话框中，选择要导入的图形导入到舞台，如图 15-6 所示，完成了图形元件的创建。

图 15-5 "库"面板

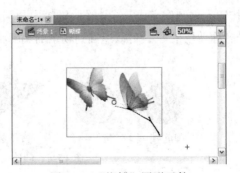

图 15-6 "蝴蝶"图形元件

6）单击舞台左上方的场景名称"场景1"返回到场景的编辑模式下。

此外，还可以使用"库"面板来创建图形元件。单击"库"面板左下角的"新建元件" ⬚ 按钮；或从"库"面板右上角的"库选项"菜单中选择"新建元件"命令，在"创建新元件"对话框中，输入元件名称及元件类型，然后单击"确定"按钮，创建图形元件。也可在"库"面板中创建按钮元件或影片剪辑元件。

3. 创建按钮元件

按钮元件实际上是 4 帧的交互影片剪辑。它可以根据可能出现的每一种状态，显示不同的图像，鼠标响应动作并执行指定的行为。

按钮元件通过在时间轴的 4 个帧上创建关键帧，可以指定不同的按钮状态，其编辑模式如图 15-7 所示。

图 15-7　按钮编辑模式

- 弹起帧：鼠标指针不在按钮上时按钮的状态。
- 指针帧：鼠标指针放在按钮上时按钮的状态。
- 按下帧：鼠标单击按钮时按钮的状态。
- 点击帧：定义鼠标单击时响应的区域。这个区域在影片中不可见。

创建按钮元件的具体操作方法如下：

1）执行菜单"插入 | 新建元件"（或按组合键 Ctrl+F8），弹出"创建新元件"对话框，在"名称"框后面输入"newbutton"，并选择"按钮"作为元件类型，单击"确定"按钮，这时舞台切换到了按钮元件的编辑窗口，时间轴转变为由 4 帧组成的编辑模式。同时在"库"面板中出现了按钮元件。

2）在时间轴面板中选中"弹起帧"，选择"圆工具"，设置相应的属性，按下 Shift 键，在中心点处绘制一个圆形。

3）在时间轴面板中选中"指针帧"，按 F6 键，插入关键帧，选择"颜料桶工具"，在工具箱中设置填充色，在圆形上单击，改变圆形的颜色。

4）在时间轴面板中选中"按下帧"，按 F7 键，插入空白关键帧，选择"多角星形工具"，设置相应的属性，在中心点处绘制出一个五角星形。

5）用鼠标右键单击时间轴面板上的"点击帧"，在弹出的快捷菜单中选择"插入空白关键帧"命令，插入空白关键帧。选择"矩形工具"，在中心点处绘制出一个矩形，作为按钮元件响应鼠标的工作区域。

6）按钮元件制作完成，在 4 个关键帧中分别显示的图形如图 15-8 所示。单击舞台左上方的场景名称"场景 1"，可以返回到场景的编辑状态下。

弹起帧　　　　指针帧　　　　按下帧　　　　　点击帧

图 15-8　创建按钮元件

4. 创建影片剪辑元件

影片剪辑元件是位于影片中的小影片。可以在影片剪辑中添加动画、动作、声音，以及其他元件设置和其他的影片剪辑。影片剪辑元件有自己的时间轴，其运行独立于主时间轴。

创建影片剪辑元件的操作方法如下：

1）执行菜单"插入 | 新建元件"（或按 Ctrl+F8 组合键）命令，弹出"创建新元件"对话框，在"名称"框中输入名称"小动画"，然后选择"影片剪辑"作为元件类型。

2）单击"确定"按钮，舞台切换到了影片剪辑元件"小动画"的窗口，同时在"库"面板中出现了影片剪辑元件。选择"多角星形工具"，在中心点上绘制一个五边形。

3）在时间轴面板中选中第 5 帧，按下 F7 键，插入空白关键帧。选择"矩形工具"按下 Shift 键，绘制一个正方形。

4）在"时间轴"面板中选中第 1 帧，单击鼠标右键，在弹出的快捷菜单中选择"创建补间形状"命令。在"时间轴"面板上出现箭头标志线，如图 15-9 所示。

5）影片剪辑元件制作完成，是一个从五边形变为正方形的小动画。单击舞台左上方的场景名称"场景 1"，可以返回到场景的编辑状态下。

图 15-9　创建"影片剪辑"元件

5. 转换为元件

在舞台上已经创建好的对象，以后还要多次使用，可将其转换为元件。转换元件的操作方法如下：

1）在舞台上选择一个或多个对象，然后执行菜单"修改" | "转换为元件"（或按快捷键 F8）命令；或者右击选中的对象，从弹出的快捷菜单中选择"转换为元件"命令。

2）在弹出的"转换为元件"对话框中，输入元件名称并选择"图形"、"按钮"或"影片剪辑"作为元件类型，然后在中心定位点处单击，如图 15-10 所示。

3）单击"确定"按钮。舞台上选定的对象将变成一个元件。如果要对其进行再次编辑，可以双击该元件进入编辑状态。

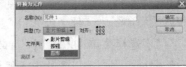

图 15-10　"转换为元件"对话框

15.2　逐帧动画

逐帧动画类似于传统动画，每一帧都是关键帧，需要创建每帧动画的内容，设置它们的颜色、形状和大小等变化，然后逐帧播放。它比较适合于每一帧的图像都有改变，而并非仅仅简单地在舞台上移动、淡入淡出、颜色变换等动画。

制作逐帧动画的方法非常简单，只需要绘制一帧一帧的图像就可以了，关键在于动作设计及节奏的掌握。逐帧动画在时间轴面板上表现为连续出现的关键帧，如图 15-11 所示。

由于逐帧动画的每帧内容不一样，制作过程较为复杂而且最终输出的文件也很大。但它也有自己的优势，逐帧动画的每一帧都是独立的，它很适合于表演很细腻的动画，如人物 3D 效果、动物急剧转身及各种动作效果，所以在许多优秀的动画设计中也用到逐帧动画。

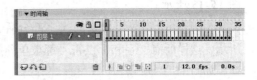

图 15-11　逐帧动画

15.2.1　创建逐帧动画的方法

创建逐帧动画的方法有以下几种方法：

1）导入静态图片：用 jpg、png 等格式的静态图片连续导入 Flash 中，就会建立逐帧动画。

2）绘制矢量逐帧动画：在每个关键帧中，直接用 Flash 的绘图工具绘制出每一帧中的内容。

3）导入序列图像：直接导入 gif 序列图像、swf 动画文件或者使用第 3 方软件（如 swish、swift 3D 等）制作的动画序列。在序列图像中包含多帧画面，导入后，将会把动画中的每一帧自动分配到每一个关键帧中。

4）文字逐帧动画：用文字作为帧中的元件，实现文字旋转、跳跃等特效。

5）指令逐帧动画：在时间帧面板上，逐帧写入动作脚本语句来完成元件的变化。

15.2.2　制作过程

本节以两个实例的制作来说明逐帧动画的制作流程。

【例 15-1】打字机文字。

这是一个文字逐帧动画，效果如图 15-12 所示。步骤如下：

1）新建一个动画文档。选择菜单"文件"|"新建"命令，在弹出的对话框中选择"常规"|"ActionScript3.0"选项后，单击"确定"按钮。在"时间轴"面板上双击"图层 1"名称，将其重新命名为"打字机"。

2）选择菜单"文件"|"导入"|"导入到舞台"命令，将打字机图片导入舞台中。在"时间轴"面板的"打字机"图层上用鼠标右击，在弹出的快捷菜单中选择"插入图层"命令，并将新图层重命名为"文字"，如图 15-13 所示。

图 15-12　打字机文字

3）单击"文字"图层的第 1 帧，选择"文本工具"，输入静态文字。输入好文字后，可以进行编辑排版，调整字体为"宋体"、大小为"15"。如图 15-14 所示。

4）选中文字后鼠标右击，在打开的快捷菜单中选择"分离"命令，这样就把每个字和标点符号都分成独立的部分，如图 15-15 所示。

图 15-13　添加图层

5）选择全部分离出来的文字部分后鼠标右击，选择"分离到图层"命令，如图 15-16 所示，这样所有文字和标点符号都被单独放到对应的新图层中，并按文字由下到上的顺序排列，如图 15-17 所示。

6）移动文字图层中所有的关键帧，使上一个图层的关键帧比紧靠的下一个图层的关键帧多三帧，如图 15-18 所示。按此方法依次进行，直到所有文字图层中的关键帧都移动完成。

图 15-14 输入文字

图 15-15 文字分离

图 15-16 文字分散到图层

图 15-17 文字分散到图层后的时间轴

图 15-18 移动关键帧

7）此时已经有初步的打字效果，但每个字出现后又会消失，因此还要把出现的文字保留下来。单击"打字机"图层中第 95 帧（比最后一个文字或符号的关键帧大即可），按住 Shift 键不放，移动鼠标到最上面的图层，再单击该图层第 95 帧，这样选择了所有图层的第 95 帧。按下鼠标右键选择"插入帧"命令，所有图层都延长到第 95 帧。设置后时间轴如图 15-19 所示。

8）保存文档，按 Ctrl+Enter 快捷键测试打字机效果的文字动画。

图 15-19　为每个图层插入帧

【**例 15-2**】奔驰的骏马。

这是一个利用导入连续图片的方法来创建逐帧动画，如图 15-20 所示。步骤如下：

1）创建一个动画文档。选择菜单"文件"|"新建"命令，在弹出的对话框中选择"常规"|"ActionScript3.0"选项后，单击"确定"按钮。选择菜单"修改"|"文档"命令，打开"文档设置"对话框，设置文件尺寸为 400 像素（宽度）×290 像素（高度），如图 15-21 所示。

图 15-20　奔驰的骏马

图 15-21　新建文档

2）创建背景图层。将图层 1 重命名为"背景"，选择第 1 帧，选择菜单"文件"|"导入"|"导入到舞台"命令，将背景图片导入舞台中，调整图片大小正好与背景一致，在第 8 帧处按 F5 键插入普通帧，使第 1 帧内容延续到第 8 帧。

3）导入素材到库。选择菜单"文件"|"导入"|"导入到库"命令，在弹出的对话框中找到素材所在的文件夹，按 Ctrl+A 组合键，把素材全部选中，再单击右下角的"打开"按钮，这样所有素材都导入到"库"面板中。如图 15-22 所示。

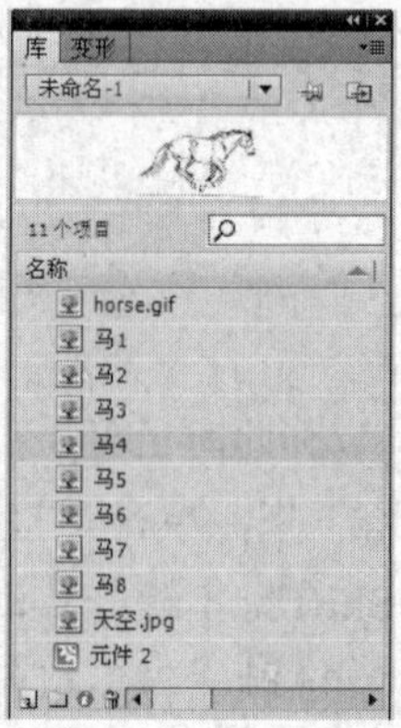

4）将马的图片添加到舞台上。插入一个新的图层并选中第 1 帧，单击库里的"马 1"，按住鼠标左键拖动到舞台上，然后释放鼠标，这样"马 1"图形就拖到舞台上了。选中第 2 帧，按 F7 键插入 7 个空白关键帧，依次在各个空白关键帧上，分别从库里拖出"马 2"、"马 3"、"马 4"、"马 5"、"马 6"、"马 7"、"马 8"到舞台上，"时间轴"面板上所有的空白关键帧都变成关键帧。如图 15-23 所示是导入的图片序列。

图 15-22　素材导入到库中

5）调整对象位置。单击"时间轴"面板下方的"编辑多个帧"按钮，再单击"修改

绘图纸标记"按钮，在弹出的菜单中选择"所有绘图纸"命令，最后执行菜单"编辑"|"全选"命令。

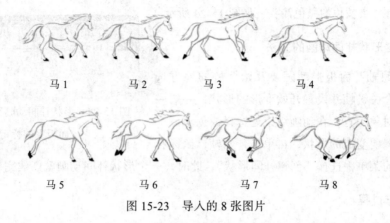

马1　　　　　马2　　　　　马3　　　　　马4

马5　　　　　马6　　　　　马7　　　　　马8

图 15-23　导入的 8 张图片

选择菜单"窗口"|"对齐"命令，在弹出的"对齐"面板中，选中"与舞台对齐"复选框，再单击"水平中齐"按钮和"垂直中齐"按钮，将所有的图像居中对齐，然后取消"编辑多个帧"设置。

6）测试存盘。选择菜单"控制"|"测试影片"命令，观察动画效果。如果满意，选择菜单"文件"|"保存"命令，将文件存盘。

15.3　形状补间动画

逐帧动画制作动画时需要一帧一帧绘制，既费时又费力，因此，在制作动画时使用最多的还是补间动画。补间动画是指只需创建动画的起始帧和结束帧，中间变化过程由 Flash 自动生成动画。补间动画是创建随时间移动或更改形状的动画，并且尽可能地减小生产文件的大小。补间动画分为形状补间动画和动作补间动画两种。

15.3.1　形状补间动画的基本概念

1. 形状补间动画的概念

形状补间动画即在"时间轴"面板的"帧控制区"，一个关键帧上绘制一个形状，然后在另一个关键帧上更改该形状或绘制另外一个形状，Flash 根据二者之间帧的值或形状的改变来创建动画。形状补间动画也是 Flash 中非常重要的动画之一，利用它可以制作出不可思议的、各种奇妙的变形效果，比如文本之间的变化、动物形状之间的转变等。

2. 构成形状补间动画的对象

形状补间动画适用于图形对象，即可以在两个关键帧之间制作出变形效果，使一种形状随时间变化为另外一种形状，还可以对形状的大小、位置和颜色进行变化。

形状补间动画的对象是分离的可编辑图形。如果图形元件、文本、按钮元件或组合想要进行形状渐变，则必须选择菜单"修改"|"分离"命令，使之变成分离的图形，然后再变形（文本块必须分离两次）。

3. 形状补间动画的时间轴表示

形状补间动画建好后，"时间轴"面板的"帧控制区"的背景色变为淡绿色，在起始帧和结束帧之间有一个长长的黑色箭头，如图 15-24 所示。

15.3.2　创建形状补间动画的方法

在"时间轴"面板上动画要开始播放的地方选择或创建一个关键帧并设置开始变形的形状，一般一帧中以一个对象为宜，在动画结束处选择或创建一个关键帧并设置要变成的形状，再单击开始帧，鼠标右击，在弹出的菜单中选择"创建补间形状"，此时，一个形状补间动画就创建完成。

图 15-24　形状补间动画在"时间轴"面板上的标记

15.3.3　制作过程

本节通过字母变形的实例来说明形状补间动画的制作流程。

【例 15-3】字母变形。

步骤如下：

1）新建文档。执行菜单"修改"｜"文档"命令，在打开的"文档设置"对话框中，将设置文档尺寸为 600 像素（宽度）×300 像素（高度），单击"确定"按钮。

2）选择"文本工具"，输入大写字母"A"，选中字母"A"，打开"属性"面板，设置字体为"黑体"、字号为"300"、颜色为"红色"，如图 15-25 所示。

3）在第 10、20、30 帧处分别按 F6 键创建关键帧，用"文本工具"将第 10 帧的文字改为"B"、颜色改为"绿色"，将第 20 帧的文字改为"C"、颜色改为"蓝色"，将第 30 帧的文字改为"D"、颜色改为"黄色"。

4）分别选择各关键帧的文字，选择菜单"修改"｜"分离"命令，将各关键帧的文字分离为图形，如图 15-26 所示。

图 15-25　设置文本属性

图 15-26　字母"A"、"B"、"C"和"D"分别分离为图形

5）在第 40 帧，按快捷键 F7，插入空白关键帧。然后鼠标右击第 1 帧，从弹出的快捷菜单中选择"复制帧"命令，接着右击第 40 帧，在弹出的快捷菜单中选择"粘贴帧"命令，从而将第 1 帧的内容复制到第 40 帧。

6）创建形状补间动画。分别选择第 1、10、20、30 帧，然后鼠标右击，从弹出的快捷菜单中选择"创建补间形状"命令。设置后时间轴如图 15-27 所示。

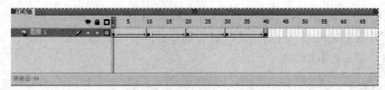

图 15-27 创建形状补间动画

7）按快捷键 Ctrl+Enter，即可看到文字从"A"变化到"B"、然后从"B"变化到"C"，接着从"C"变化到"D"，最后从"D"变化到"A"的效果，如图 15-28 所示。

图 15-28 字母变形效果

15.4 动作补间动画

动作补间动画也是 Flash 中的一种重要的动画形式，与形状补间动画不同的是，动作补间动画的对象必须是元件或成组对象。只有这些对象才能产生渐变运动，分离的图形不能制作动作补间动画，除非将它转换成元件或成组对象。

15.4.1 动作补间动画的基本概念

1. 动作补间动画的概念

动作补间动画即在"时间轴"面板的"帧控制区"，在一个关键帧放置一个元件对象，然后在另一个关键帧改变这个元件对象的位置、大小、颜色和透明度等，由 Flash 来控制两个关键帧之间变化的动画。通过动作补间可以将两个关键帧中不同状态的对象补间出来。

2. 动作补间动画的构成元素

动作补间动画的构成元素是元件或成组对象，其中元件包括影片剪辑元件、图形元件和按钮元件等。其他的文本、位图图像等都必须转换成元件后才能创建动作补间动画。

3. 动作补间动画的时间轴表示

动作补间动画建好后，"时间轴"面板的"帧控制区"的背景色变为紫色，在起始帧和结束帧之间有一个长长的黑色箭头，如图 15-29 所示。

如果一个补间动画的两个关键帧之间的线条是虚线，如图 15-30 所示，那么表示补间是断的或不完整的，两个关键帧之间的动作没有创建完整或创建时操作错误。

图 15-29 动作补间动画在"时间轴"面板上的标记

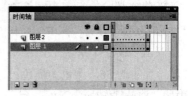

图 15-30 错误补间

15.4.2 创建动作补间动画的方法

动作补间动画的创建可以用两种不同的方式：

- 先创建好两个帧的状态，然后在两个关键帧之间建立动作补间关系。
- 先创建好起点关键帧，然后给此帧赋予动作补间模式，再去创建终点关键帧，两帧之间就建立了动作补间关系。

15.4.3 制作过程

本节以实例的制作来说明动作补间动画的制作流程。

【例 15-4】弹跳彩球。

步骤如下：

1）新建文档。执行菜单"修改"｜"文档"命令，在弹出的"文档设置"对话框中，设置文档尺寸为 300 像素（宽度）×400 像素（高度），单击"确定"按钮。

2）双击"图层 1"，将"图层 1"名称改为"彩球"。选择"椭圆工具"，设置填充色为"彩色"，在舞台上绘制一个彩球。

3）在"彩球"层上，右键单击第 1 帧，在打开的快捷菜单中选择"创建传统补间"命令。单击第 30 帧，按 F6 键，创建从第 1 帧到第 30 帧的补间动画。选择第 15 帧，按 F6 键，将第 15 帧的彩球垂直移到舞台的下边，选择"任意变形工具"，将彩球适当缩小。

4）新建图层 2，把图层 2 拖到图层 1 的下面，将图层 2 的名称改为"阴影"。选中"阴影"层的第 1 帧，在舞台上彩球正下方绘制一个无轮廓线的灰色椭圆。

5）选择菜单"修改"｜"形状"｜"柔化填充边缘"命令，打开如图 15-31 所示对话框，对灰色椭圆进行"柔化填充边缘"操作。

6）创建"阴影"层从第 1 帧到第 30 帧的补间动画，单击第 15 帧，按 F6 键，将阴影缩小。设置后的时间轴如图 15-32 所示。

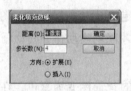

图 15-31 "柔化填充边缘"对话框

图 15-32 创建动作补间动画

【例 15-5】文字动画。

步骤如下：

1）新建文档。执行菜单"修改"｜"文档"命令，在弹出的"文档设置"对话框中，设置文档尺寸为 500 像素（宽度）×400 像素（高度），单击"确定"按钮。

2）双击"图层 1"，将"图层 1"名称改为"文字"，输入文字"图像浏览"，字体为"华文彩云"，大小为 36，颜色为黑色。选中文字，执行菜单中的"修改"｜"转换为元件"命令，在打开的"转换为元件"对话框中，输入名称"文字"，选择类型为"图形"，单击"确定"按钮，将文字转换为元件，如图 15-33 所示，调整文字位置至舞台左上方。

图 15-33 将文字转换为图形元件

3）选中第 10 帧，将文字移动到舞台右上方，选择"任意变形工具"将文字适当变小；在第 20 帧插入关键帧，将文字移动到舞台中间。选择文字层中的第 1 帧、第 10 帧，单击鼠标右键，在弹出的快捷菜单中选择"创建传统补间"命令。

4）新建图层并重命名为"郁金香"，选中第 1 帧，选择"文件"|"导入"|"导入到舞台"命令，导入"郁金香"图像，如图 15-34 所示。在"信息"面板上设置该图像的大小为 500(px) × 350(px)，X 轴坐标为 0，Y 轴坐标为 50，如图 15-35 所示。再把图像转换为名为"郁金香"的图形元件。

图 15-34　导入的"郁金香"图像　　　　　图 15-35　"信息"面板

5）在"郁金香"图层之上创建一个新图层，命名为"向日葵"，导入"向日葵"图像，如图 15-36 所示，在"信息"面板上设置该图像的大小及位置。把图像转换为名为"向日葵"的图形元件，注册点在中心。

6）分别在"郁金香"和"向日葵"图层的第 20 帧、第 40 帧、第 60 帧处插入关键帧，锁定、隐藏"向日葵"图层，如图 15-37 所示。

图 15-36　导入的"向日葵"图像　　　　图 15-37　锁定、隐藏"向日葵"图层

7）选择"郁金香"图层的第 1 帧，选择舞台上的"郁金香"元件实例，打开如图 15-38 所示的"属性"面板，在"色彩效果"选项的"样式"下拉列表中选择"Alpha"，将其值设置为 0；选第 60 帧，设置 Alpha 为 0；分别选第 1 帧和第 40 帧，创建传统补间动画。

8）在"时间轴"面板上解除"向日葵"图层的锁定和隐藏，选择第 1 帧，选择舞台上的"向日葵"元件实例，在"属性"面板上"色彩效果"选项的"样式"下拉列表中选择"高级", 设置效果如图 15-39 所示。

图 15-38   设置"郁金香"图像 alpha 为 0   图 15-39   设置"向日葵"图像高级属性

9) 在"向日葵"图层上, 选择第 60 帧, 选择"向日葵"元件实例, 在"属性"面板上设置与第 1 帧相同。分别选择"向日葵"图层的第 1 帧、第 40 帧, 创建传统补间动画。选择"向日葵"图层的第 1 帧与第 60 帧之间的所有帧, 将其拖曳到第 50 ~ 110 帧处。

10) 同时选择"郁金香"图层和"文字"图层第 110 帧, 插入帧。设置后的"时间轴"面板如图 15-40 所示。

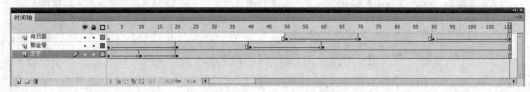

图 15-40   "时间轴"面板

11) 保存文件, 按 Ctrl+Enter 快捷键预览动画。

15.5   遮罩动画

在 Flash 的作品中, 我们常常看到很多眩目神奇的效果, 而其中不少就是利用最简单的"遮罩"完成的, 如探照灯效果、水波效果、流动效果、百叶窗效果等。

现在, 我们将给大家介绍"遮罩"的基本知识, 还将结合实际经验介绍一些"遮罩"的应用技巧, 最后提供一个实用的范例, 以加深对"遮罩"原理的理解。

15.5.1   遮罩的创建

1. 遮罩及其作用

遮罩动画是 Flash 中的一个很重要的动画类型, 很多效果丰富的动画都是通过遮罩动画来完成的。在 Flash 的图层中有一个遮罩图层类型, 由于遮罩图层的存在, 不能看到下面图层的内容。但可以在遮罩图层上绘制图形或输入文字, 相当于在遮罩图层上挖掉了相应形状的洞, 通过形成的挖空区域, 下面图层的内容就可以被显示出来, 而其他区域的内容将不会显示。

在 Flash 动画中, "遮罩"主要有两种用途, 一个作用是用在整个场景或一个特定区域, 使场景外的对象或特定区域外的对象不可见, 另一个作用是用来遮罩住某一元件的一部分, 从而实现一些特殊的效果。

2. 创建遮罩的方法

（1）创建遮罩

在 Flash 中没有一个专门的按钮来创建遮罩层，遮罩层其实是由普通图层转化而来的。只要在某个图层上单击右键，在弹出的菜单中选择"遮罩层"命令（即在其左边出现一个小勾），该图层就会转化为遮罩层，"层图标"就会从普通层图标 变为遮罩层图标 ，系统会自动把遮罩层下面的一层关联为"被遮罩层"，在缩进的同时图标变为 ，如果你想关联更

多层被遮罩，只要把这些层拖到被遮罩层下面就行了，如图 15-41 所示。

图 15-41　多层遮罩动画

（2）构成遮罩层和被遮罩层的元素

遮罩层中的图形或文字对象在播放时是看不到的，遮罩层中的对象可以是填充的形状、文字对象、影片剪辑元件的实例或图形元件的实例。

被遮罩层中的对象只能透过遮罩层中的对象被看到。在被遮罩层，可以使用按钮、影片剪辑、图形、位图、文字、线条，可以将多个图层组织在被遮罩层来创建复杂的效果。

（3）遮罩中可以使用的动画形式

可以在遮罩层、被遮罩层中分别或同时使用形状补间动画、动作补间动画、引导线动画等动画形式，从而使遮罩动画变成一个可以施展无限想象力的创作空间。

15.5.2　制作过程

本节以实例的制作来说明遮罩动画的制作流程。

图 15-42　模拟探照灯效果

【例 15-6】模拟探照灯效果，如图 15-42 所示。

步骤如下：

1）新建文档。在"属性"面板中设置文档的尺寸为 500(px)×400(px)，背景色为黑色。

2）按 Ctrl+F8 快捷键插入一个"图形"元件，并命名为"文字"。选择"文本工具"，输入文字"I LOVE YOU"，然后在"属性"面板中设置字体为"黑体"、字号为"55"、颜色为"红色"（颜色也可以任意设置）。

3）按 Ctrl+F8 快捷键插入一个"图形"元件，并命名为"圆形"。选择菜单"窗口"|"颜色"命令，打开"颜色"面板，选择填充类型为"线性渐变"，同时选择填充颜色为"七彩色"，如图 15-43 所示。选择"圆形工具"，绘制一个比刚才输入文字的区域更高大一些的一个圆形。

4）单击文档窗口左上方的"场景 1"按钮，回到主场景中。选择菜单"窗口"|"库"命令，打开"库"面板，从"库"面板中拖动"圆形"元件到舞台上适当的位置。

图 15-43　设置渐变填充色

5）右击当前图层，在弹出的快捷菜单中选择"插入图层"命令，在当前图层的上方插入一个新的"图层 2"。从"库"面板中拖动"文字"元件到舞台上，如图 15-44 所示。

6）在"图层2"的第30帧处按F5键，插入普通帧。在"图层1"的第30帧处按F6键，插入关键帧。将"图层1"第1帧处的"圆形"实例向左平移，使第一个字母靠近圆形的左边线，再将"图层1"第30帧处的"圆形"实例向右平移，使最后一个字母靠近圆形的右边线。

7）在"图层1"的第1帧右击鼠标，在弹出的菜单中选择"创建传统补间"命令。

8）右击"图层2"，在弹出的快捷菜单中选择"遮罩层"命令，将"图层2"转成遮罩层，这时"图层1"自动变成了被遮罩层。设置后时间轴面板如图15-45所示。

9）制作完成，按Ctrl+Enter快捷键预览动画。

图15-44 在舞台上加入图形实例

图15-45 时间轴

15.6 引导路径动画

简单的动作补间动画只能使对象产生直线方向的移动，而对于一个曲线运动，就必须不断设置关键帧，为运动指定路线。为此，Flash提供了一个自定义运动路径的功能——运动引导层路径的绘制。利用运动引导层绘制路径，将某个图层移动到该运动引导层下面，使得某图层中包含的对象沿着所绘制的路径运动，实现自由路径动画效果。在播放时，运动引导层是隐藏的。在运动引导层中绘制路径，图像实例、组合或文本块均可以沿着这些路径运动。也可以将多个层链接到一个运动引导层，使多个对象沿同一条路径运动。

15.6.1 创建引导路径动画的方法

1. 创建引导层和被引导层

通常，一个最基本的"引导路径动画"由两个图层组成，上面一层是"引导层"，它的图层图标为，下面一层是"被引导层"，图层图标为 ，同普通图层一样。

在普通图层上右击鼠标，在打开的快捷菜单中选择"添加传统运动引导层"命令，该图层左边就会添加一个引导层图标，同时其下面的一个普通图层会缩进成为"被引导层"，如图15-46所示。

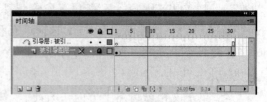

图15-46 引导路径动画

2. 引导层和被引导层中的对象

引导层是用来指示运动路径的，所以"引导层"中的内容可以是用钢笔工具、铅笔工具、线条工具、矩形工具或画笔工具等绘制的线段。而"被引导层"中的对象是跟着引导线走的，可以使用影片剪辑元件、图形元件、按钮元件、文字等，但不能使用形状。

由于引导线是一种运动轨迹，"被引导"层中最常用的动画形式是动作补间动画，当播放动画时，一个或数个元件将沿着运动路径移动。

3. 向被引导层中添加元件

"引导路径动画"最基本的操作就是使一个运动动画"附着"在"引导线"上。所以操作时特别注意"引导线"的两端，即被引导对象的起始帧和终点帧的两个"中心点"一定要对准"引导线"的两个端头，如图 15-47 所示。"元件"中心的十字心正好对着线段的端头，这一点非常重要，是引导线动画顺利运行的前提。

图 15-47　元件中心十字心分别对准引导线的起始帧和终点帧

15.6.2　应用引导路径动画的技巧

1）"被引导层"中的对象在被引导运动时，还可以做更细致的设置，比如运动方向，在"属性"面板上，选中"调整到路径"复选框，对象的基线就会调整到运动路径，如图 15-48 所示。

2）引导层中的内容在播放时是看不见的，利用这一特点，可以单独定义一个不含"被引导层"的"引导层"，该引导层中可以放置一些文字说明、元件位置参考等。在普通图层上右击鼠标，在打开的快捷菜单中选择"引导层"命令，该图层左边就会添加一个引导层图标为 。

图 15-48　被引导层的"帧"属性

3）引导路径的转折不宜太多，应为一条流畅的、从头到尾连贯的线条，而且线条不能出现中断情况。

4）向被引导层中放入元件时，在动画开始和结束的关键帧上，被引导对象必须准确吸附到引导线上，否则被引导对象无法沿引导路径运动。

5）如果想解除引导，可以把被引导层拖离"引导层"，或在引导层上单击右键，在弹出的菜单上选择"属性"，在"图层属性"对话框的"类型"选项上选择"一般"，转为普通图层类型，如图 15-49 所示。

6）如果想让对象做圆周运动，可以在"引导层"画一个圆形轮廓，再用"橡皮擦工具"擦去一小段，使圆形出现两个端点，再把对象的起点、终点分别对准端点即可。

图 15-49　"图层属性"对话框

15.6.3　制作过程

本节以实例的制作来说明引导路径动画的制作流程。

【例 15-7】小球沿曲线运动。效果如图 15-50 所示。

步骤如下：

1）新建文档。在"属性"面板中设置文档尺寸为 500(px)×400(px)，背景色为黑色。

2）选择菜单"视图"｜"网格"｜"显示网格"命令，在舞台上显示网格线。

3）绘制曲线。选择"钢笔工具"，在"颜色"设置里将笔触颜色设为红色。首先在场景中单击，出现一个控制点，然后在它的右斜上方单击并拖动鼠标，直到第 1 个控制点和第 2 个控制点间出现圆滑的曲线，满意松开鼠标。再在第 2 个控制点的右斜下方单击并拖动鼠标，这时在第 2 个控制点和第 3 个控制点间出现圆滑的曲线。最后在第 3 个控制点的右斜上方单击并拖动鼠标，这时在第 3 个控制点和第 4 个控制点间出现圆滑的曲线。绘制的曲线如图 15-51 所示。

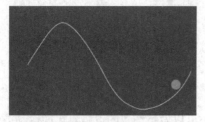

图 15-50 小球沿曲线运动

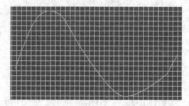

图 15-51 用"钢笔工具"绘制的曲线

如果绘制的曲线不满意，可以用"选择工具"指向需要修整的地方，鼠标指针变成 时拖动鼠标，即可调整曲线的弯曲度。

4）右击当前图层名，在弹出的快捷菜单中选择"插入图层"命令，插入一个新的图层。选择"椭圆工具"，设置笔触颜色为无、填充颜色为蓝色。按住 Shift 键并拖动鼠标，绘制一个大小适中的圆。

5）添加引导层。在"图层 2"的名称上右击，在弹出的快捷菜单中选择"添加传统运动引导层"命令，增加了一个引导层，如图 15-52 所示。

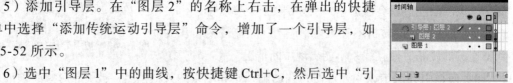

6）选中"图层 1"中的曲线，按快捷键 Ctrl+C，然后选中"引导层"，按 Ctrl+V 快捷键在"引导层"上粘贴曲线图形。拖动"引导层"上的曲线到"图层 1"中曲线的正上方，使两条曲线间隔大约是刚才绘制的圆的直径的距离。

图 15-52 引导层

7）单击文档窗口右上角的显示比例按钮 ，将文档的显示比例设置为"400%"。用"工具箱"中的"橡皮擦工具"，将"引导层"中的曲线的最高的地方擦去一小块、最低的地方也擦去一小块。此时曲线被分成 3 部分。

8）拖动"图层 2"中的圆，使圆的注册点对准"引导层"图层中第 1 段曲线的起始位置。移动"图层 1"中的曲线，使之与圆外切，擦除该曲线的起始点到圆的切点之间的一段曲线。用"选择工具"对"图层 1"中的曲线调整，使之与"引导层"的曲线平行，擦除"引导层"中曲线末尾多余的部分，效果如图 15-53 所示。

9）单击"图层 1"中的第 30 帧，按 F5 键插入普通帧（使第 1 帧的内容延续到这一帧）。

10）单击"引导层"中的第 30 帧，按 F5 键插入普通帧。

11）单击"图层 2"中的第 10 帧，按 F6 键插入一个关键帧。拖动圆，使圆的注册点对准"引导层"的第 1 段曲线的结束点。

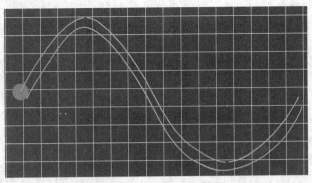

图 15-53 调整好的曲线

12）分别单击"图层 2"的第 11、20、21、30 帧，按 F6 键插入关键帧。拖动圆，使圆的注册点分别对准"引导层"的第 2 段曲线的起始点和结束点、第 3 段曲线的起始点和结束点。

13）创建动作补间动画。分别在"图层 2"的第 1 帧、11 帧、21 帧右击，在弹出快捷菜单中选择"创建传统补间"命令。设置后的时间轴面板如图 15-54 所示。

图 15-54 时间轴

14）制作完成，按 Ctrl+Enter 快捷键预览动画。

15.7 动画实例

15.7.1 飞翔的文字

本例要制作的效果是字母一个接一个地飞动，主要用到了设置渐变运动属性、设置实例的透明效果等操作。由于要实现字母一个接一个地飞动的效果，字母应当放在不同的图层上，同时对每一个图层设置动画的渐变运动属性。因此，本例涉及大量对象在不同位置、不同播放时间的动画，需要对不同图层的内容进行控制。

【例 15-8】飞翔的文字。

步骤如下：

1）新建文档。设置文档尺寸为 500(px)×400(px)，将当前图层命名为"文字"，在"文字"层上右击，在弹出的快捷菜单中选择"引导层"命令，将"文字"层转化为引导层。

2）选择"文本工具"，设置字体为"黑体"、字号为"40"、颜色为"黑色"，在舞台上单击 5 次，每次输入一个字母，分别为"F"、"L"、"A"、"S"、"H"。

3）选择菜单"窗口"|"对齐"命令，打开"对齐"面板。选取舞台上所有字母，依次单击"对齐"面板中"垂直中齐"按钮、"水平平均间隔"按钮，使字母横向均匀对齐。

4）分别选中每个字母，按 F8 键，将每个字母都转换为图形元件，并在"库"面板中按字母名称为图形元件命名。

5）选取所有的字母，按住 Ctrl 键，同时将选取的字母向下拖动一段距离，这样就将选取的字母复制到了指定的地方。

6）选取上面一排字母，选择菜单"修改"|"变形"|"水平翻转"命令，将选取的字母水平翻转。

7）单击该层的第 100 帧，按 F5 键，插入普通帧，如图 15-55 所示。

8）单击"时间轴"左下角的 按钮，新建图层，命名为"F"。

9）选中"文字"层，选取上排的字母 F，按 Ctrl+C 键，复制字母 F，单击"F"层，选择菜单"编辑"|"粘贴到当前位置"命令，将复制的字母按原位粘贴到该层上。

10）选中"F"层上的字母 F，在"属性"面板中设置"Alpha"值为 0%，即完全透明。

11）单击"F"层的第 10 帧，按 F6 键，创建关键帧，并将该帧上沿用的内容删除。复制"文字"层中下一排的字母 F，并按原位粘贴到"F"层的第 10 帧上。

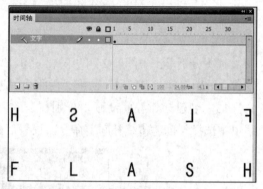

图 15-55　创建"文字"引导层

12）在"F"层两个关键帧之间右击，在弹出的快捷菜单中选择"创建传统补间"命令，创建动作补间动画，如图 15-56 所示。

13）单击 按钮，在"F"层上面新建一层，命名为"L"。

14）选中"文字"层，选取上排的字母 L，按 Ctrl+C 键，复制字母 L，单击"L"层，选取第 3 帧，插入空白关键帧，并将复制的字母 L 按原位粘贴到该层上。

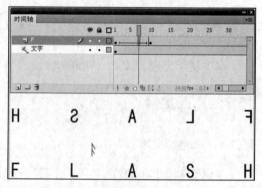

图 15-56　创建动作补间动画

15）选中"L"层上的字母 L，在"属性"面板中设置"Alpha"值为 0%，即完全透明。

16）单击"L"层的第 12 帧，按 F6 键，创建关键帧，并将该帧上沿用的内容删除。复制"文字"层中下一排的字母 L，并按原位粘贴到"L"层的第 12 帧上。

17）在"L"层两个关键帧之间右击，在弹出的快捷菜单中选择"创建传统补间"命令，创建动作补间动画。

18）以后按照步骤 13）～ 17），为每个字母新建层，并且每层上的动作补间动画，起始关键帧较前一层的起始关键帧晚 2 帧，补间动画的长度为 10 帧。起始关键帧的字母由"文字"层的上排文字决定，终点关键帧的字母位置由"文字"层的下排文字决定。

下面制作字母飞走的动作补间动画。制作的方法与前面的类似，主要用到了动作补间动画来实现飞动的效果。

创建字母 H 飞走的效果：

19）单击"H"层第 25 帧，按 F6 键，创建关键帧。选取第 35 帧，按 F6 键，创建关键帧，并删除沿用的内容。

20）单击"文字"层，选取并复制上排的字母 H。单击"H"层，选取第 35 帧，按原位粘贴复制的字母 H，并在"属性"面板中设置该帧上的字母 H 的"Alpha"值为 0%。

21）在"H"层的第 25 帧右击，在弹出的快捷菜单中选择"创建传统补间"命令，创建两个关键帧之间的动作补间动画。

创建字母 S 飞走的效果：

22）选取"S"层上的第 27 帧，按 F6 键，创建关键帧。选取第 37 帧，按 F6 键，创建关键帧，并删除沿用的内容。

23）单击"文字"层，选取并复制上排的字母 S。单击"S"层，选取第 37 帧，按原位粘贴复制的字母 S，并在"属性"面板中设置该帧上的字母 S 的"Alpha"值为 0%。

24）在"S"层的第 27 帧，在弹出的快捷菜单中选择"创建传统补间"命令，创建两个关键帧之间的动作补间动画，如图 15-57 所示。

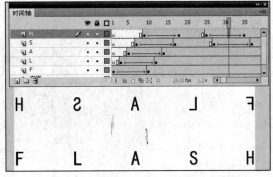

图 15-57 创建字母飞走的动作补间动画

25）按照步骤 22）～ 24）的方法。在每层上创建字母飞走的动作补间动画，且每层的动作补间动画的起始帧较上一层动画的起始帧晚 2 帧，起始关键帧上字母的位置继承前一个关键帧的位置，终点关键帧的位置由"文字"层的上排决定，如图 15-58 所示。

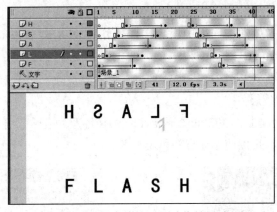

图 15-58 创建其他层的动作补间动画

26）删除每层上多余的帧。按下 Ctrl 键，将鼠标指针指向每一层的最后一帧，鼠标指针变成 时，往左拖动鼠标即可删除多余的帧。

27）"文字"层作为引导层，在输出时不会显示出来，因而可以不去管它，但最好将其多余的帧删除，动画最后效果的时间轴如图 15-59 所示。

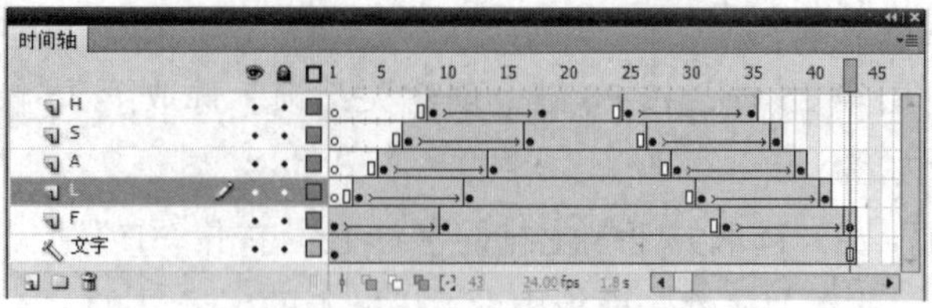

图 15-59　最终动画的时间轴

28）按 Ctrl+Enter 快捷键，预览动画效果。

15.7.2　溪流效果

本例要制作的效果是溪水在流动。主要用到了设置动作补间动画的属性、运用蒙版实现效果。最终效果如图 15-60 所示。

图 15-60　最终效果预览

【例 15-9】溪流效果。

步骤如下：

1）新建文档，在"属性"面板中设置文档尺寸为 600(px)×400(px)，背景色任意（这里设置背景色为 #99FF99）。

2）选择菜单"文件"|"导入"|"导入到舞台"命令，导入如图 15-61 所示的位图图像，将其放置在主场景的背景层。

3）按 Ctrl+F8 快捷键制作关键的图形元件，并取名为"矩形"。使用"矩形工具"绘制如图 15-62 所示的矩形，可以使用任意颜色填充。

图 15-61　导入位图图像

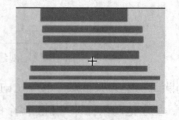

图 15-62　绘制矩形

4）按 Ctrl+F8 快捷键，新建图形元件，并取名为"流水"。将位图图像放到图形元件内

部，然后执行菜单"修改"|"分离"命令，将位图分离，用"套索工具"将位图图像中小溪流水的部分选取出来，其余部分删除，如图 15-63 所示。

5）按 Ctrl+F8 快捷键，新建一个名为"小"的图形元件。选中"椭圆工具"，在"属性"面板中设置笔触颜色为"#0000FF"、大小为"5"，填充颜色为"#FFFF00"，在舞台上绘制一个椭圆。选中"文本工具"，在"属性"面板中设置字体为"隶书"、字号为"45"、颜色为"#FF00FF"，并输入"小"，如图 15-64 所示。

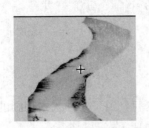

图 15-63　图形元件的内容

图 15-64　绘制图形

6）按照步骤 5）的方法，分别制作"河"、"弯"、"向"、"南"、"流"5 个图形元件。

7）回到主场景，新建图层，将刚刚制作的图形元件"流水"拖动到舞台上与整体位图小溪位置重复的地方，并降低其透明度为 50%。

8）新建一个名为"矩形"的层，在第 30 帧处插入空白关键帧。将"矩形"元件放置在这一层的第 1 帧和第 30 帧，"矩形"元件的位置分别在小溪的开始处和结束处。

9）在"矩形"层的第 1 帧右击，在弹出的快捷菜单中选择"创建传统补间"命令，创建两个关键帧之间的动作补间动画，并将其他图层的内容也延续到第 30 帧。。

10）在"矩形"元件所在的层右击，在打开的菜单中选择"遮罩层"，创建蒙版动画，使矩形被挖空，看到小溪，即设置"矩形"层为遮罩层，"流水"层为被遮罩层。

11）新建名为"小"的图层，在第 2 帧处插入空白关键帧。在这一帧上，从"库"面板中拖动"小"图形元件到舞台的左上角，并设置其透明度为 0%。在第 6 帧处按 F6 键，创建关键帧，将图形元件实例移到舞台的左下角，并设置其透明度为 100%。创建这两个关键帧之间的动作补间动画。

12）新建名为"河"的图层，在第 6 帧处插入空白关键帧。在这一帧上，从"库"面板中拖动"河"图形元件到舞台上，并设置其透明度为 0%。在第 7 帧处按 F6 键，创建关键帧，设置其透明度为 100%。创建这两个关键帧之间的动作补间动画。

13）以后按照步骤 12）的方法，为剩下的每个图形元件分别新建一层，并且每一层上的动作补间动画的起始关键帧较前一层的起始关键帧晚 4 帧，动画的长度为 4 帧。但在"弯"图层上放置两个"弯"元件实例。最后元件实例放置的位置如图 15-65 所示，最后的时间轴如图 15-66 所示。

图 15-65　元件实例放置的位置

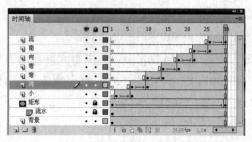

图 15-66 最终的时间轴

14）按 Ctrl+Enter 快捷键，预览动画效果。

本章小结

本章首先介绍了 Flash 动画制作的基础知识，然后介绍了 5 种基本动画的制作，要熟练掌握帧和层的设置，以及熟练使用工具箱中的各种工具。

思考题

1. 元件和实例的区别是什么？

2. Flash 的帧分为哪几种，有何区别？

3. 什么是逐帧动画？什么是补间动画？

4. 逐帧动画和补间动画有什么不同？

5. 补间的形式有哪几种？

6. 形状补间动画和动作补间动画的区别？

7. 一个遮罩效果能有几个遮罩层？

8. 遮罩动画和引导路径动画有什么区别？

上机操作题

1. 制作逐帧动画：打字效果。

操作内容和要求：

1）在图层 1 的第 3 帧处使用"文本工具"写入"欢"字。

2）在图层 2 的第 4 帧处写入"迎"字，接着以类似的方法，依次写入"光"、"临"、"计"、"算"、"机"、"论"、"坛"。

3）选择所有写入文字的图层的第 20 帧，插入普通帧。

4）设置播放速度为每秒 6 帧。

5）控制测试影片，观看效果。

2. 制作形状补间动画：变换文字。

操作内容和要求：

1）设置宽 300 像素、高 100 像素的粉红色舞台。

2）单击第 1 帧，输入大小为"60"的蓝色隶书"网页设计"四个字，居中。在第 5 帧插入关键帧。

3）选中第 5 帧上的文本，按下快捷键 Ctrl+B 两次，把文字打散。

4）在第 20 帧插入空白关键帧，用同样的大小和字体输入红色"快乐学习"三个字，居中。用同样的方法把这三个字打散。

5）选中第 5 帧，创建补间形状。

6）在第 25 帧插入一个普通帧。

7）控制测试影片，观看效果。

3. 制作动作补间动画：风车动画。

操作内容和要求：

1）新建 Flash CS5 文档，大小 550×400 像素，背景白色，文件名为"风车动画"。

2）导入风景画到库中，并拖放到舞台，使其适合舞台。

3）新建名为"风车"的图形元件，绘制一个黑边线、蓝绿色填充的椭圆，调整好风叶，如图 15-67 所示。

4）新建"旋转风车"影片剪辑元件，把风车元件拖入，在第 40 帧插入关键帧，做传统补间动画，设置顺时针，圈数为 1，如图 15-68 所示。

图 15-67　图形元件"风车"

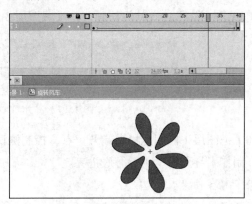

图 15-68　影片剪辑元件"旋转风车"

5）返回场景，拖入"旋转风车"影片剪辑，改变大小和位置。

6）控制测试影片，观看效果。

4. 制作遮罩动画：水波纹。

操作内容和要求：

1）新建 Flash CS5 文档，命名为"水波纹特效"。大小 600×480 像素，背景白色。

2）导入水面图片到库中，并拖放到舞台，使图片适合舞台。

3）新建图层 2，把图层 1 的第 1 帧中的图复制到图层 2 的第 1 帧上。

4）锁定图层 1 和图层 2，新建图层 3，画一个无填充的暗红色椭圆，如图 15-69 所示。

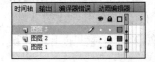

图 15-69　绘制椭圆

5）选择刚画好的椭圆，复制（Ctrl+C）和粘贴到当前位置（Ctrl+Shift+V 键），选择变形工具，均匀放大椭圆，重复多次，如图 15-70 所示。

6）选中图层 3 的第一帧（所有椭圆）。单击"修改"|"形状"|"将线条转换为填充"，再转换为图形元件（按下 F8 键），命名为"水波纹"，如图 15-71 所示。

7）解锁图层 1 和图层 2，在图层 1 和图层 2 的第 110 帧，插入帧（F5 键）。

8）在图层 3 的第 55 帧和第 110 帧插入关键帧（F6 键），并改变第 55 帧实例的大小。

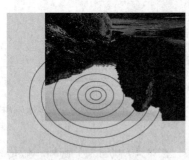
图 15-70   重复放大椭圆

图 15-71   水波纹

9）给图层 3 做传统补间动画，并设置图层 3 为遮罩层。时间轴面板如图 15-72 所示。

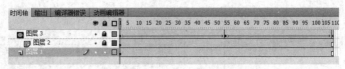
图 15-72   "水波纹"时间轴

10）把图层 1 的图片稍微错开一点，控制测试影片。

5. 制作引导路径动画：海底世界。

操作内容和要求：

将制作分成"水泡部分"、"海底部分"、"游鱼部分"三个部分。

1）创建"单个水泡"元件。

执行菜单"插入"|"新建元件"命令，新建一个图形元件，名称为"单个水泡"。先在场景中画一个无边框的圆，颜色任意，大小为 40×40，再设置"颜色"面板的参数，4 个调节手柄全为白色，Alpha 值从左向右依次为 100%、30%、10%、100%，用油漆筒工具 🖦 在画好的圆的中心偏左上的地方点一下，如对填充的颜色不满意，可以用填充变形工具 🖦 进行调整。

2）创建"一个水泡及引导线"元件。

执行菜单"插入"|"新建元件"命令，新建一个影片剪辑，名称为"一个水泡及引导线"。添加传统运动引导层，在此层中用铅笔工具 ✏ 从场景的中心向上画一条曲线并在第 60 帧处加普通帧。在其下的被引导层的第一帧，拖入库中的名为"单个水泡"的元件，放在引导线的下端，在第 60 帧加关键帧，把"单个水泡"元件移到引导线的上端并设置 Alpha 值为 50%，如图 15-73 所示。

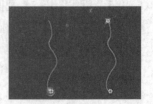
图 15-73   水泡及引导线

3）创建"成堆的水泡"元件。

执行菜单"插入"|"新建元件"命令，新建一个影片剪辑，名称为"成堆的水泡"。从库里拖入数个"一个水泡及引导线"元件，任意改变大小位置如图 15-74 所示。

图 15-74　成堆的水泡（放大 200 倍）

4）创建"鱼及引导线"元件。

执行菜单"插入"|"新建元件"命令，新建一个影片剪辑，名称为"鱼及引导线"。此元件只有引导层和被引导层二层，添加传统运动引导层，在引导层中用铅笔工具 画一条曲线作鱼儿游动时的路径，在被引导层中执行"文件"|"导入到场景"命令，将本实例中的名为"鱼"的元件导入到场景中，在第 1 帧及第 100 帧中分别置于引导线的两端，在第一帧中建立补间动画，在"属性"面板上的"路径调整"、"同步"、"对齐"三项前均打勾。

5）创建海底元件。

创建一个图形元件，命名为"海底"。选择第一帧，然后导入一幅海底画面。

6）创建动画。

● 创建背景层。

从库中把名为"海底"的元件拖到场景中，在第 130 帧插入普通帧，该层命名为"背景"。

● 创建水泡层。

新建名为"水泡"的图层，在第 1 帧、第 30 帧从库里把名为"成堆的水泡"的元件拖到场景中来，数目、大小、位置任意，在第 130 帧插入普通帧。

● 创建游鱼层。

新建名为"鱼"的图层，从库里把名为"鱼及引导线"的元件拖放到场景的左侧，数目、大小、位置任意，在第 130 帧插入普通帧。

7）控制测试影片，查看效果。

参 考 文 献

[1] 吴涛. 网站全程设计技术 [M]. 北京：清华大学出版社，2005.

[2] 薛欣，等. Adobe Dreamweaver CS5 标准培训教材 [M]. 北京：人民邮电出版社，2010.

[3] 吴黎兵，罗云芳. 网页设计教程 [M]. 武汉：武汉大学出版社，2006.

[4] 李晓黎，张巍. ASP+SQL Server 网络应用系统开发与实例 [M]. 北京：人民邮电出版社，2004.

[5] 龙马工作室. ASP+SQL Server 组件动态网站实例精讲 [M]. 北京：人民邮电出版社，2004.

[6] 王志强，池同柱. 中文版 Flash CS5 标准教程 [M]. 北京：中国电力出版社，2011.

[7] 文杰书院. Flash CS5 动画制作基础教程 [M]. 北京：清华大学出版社，2012.

[8] 胡仁喜. Fireworks CS5 中文版标准实例教程 [M]. 北京：机械工业出版社，2010.

[9] 数字艺术教育研究室. 中文版 Dreamweaver CS5 基础培训教程 [M]. 北京：人民邮电出版社，2010.

[10] 袁建洲，尹喆. JavaScript 编程宝典 [M]. 北京：电子工业出版社，2006.

[11] 王征. JavaScript 网页特效实例大全 [M]. 北京：清华大学出版社，2006.